大数据应用人才能力培养
新形态系列

大数据通识教程

数字文明与数字治理

微课版

杨武剑 史麒豪◎主编

左浩 周苏 刘闫锋◎副主编

人民邮电出版社
北　京

图书在版编目（CIP）数据

大数据通识教程：微课版. 数字文明与数字治理 / 杨武剑，史麒豪主编. -- 北京：人民邮电出版社，2024.2
（大数据应用人才能力培养新形态系列）
ISBN 978-7-115-61911-2

Ⅰ. ①大… Ⅱ. ①杨… ②史… Ⅲ. ①数据处理
Ⅳ. ①TP274

中国国家版本馆CIP数据核字(2023)第098875号

内容提要

　　"文明"是人类经过教化后达到的一种状态，代表着社会的进步。自人类社会发端以来，人类文明就进入了一个漫长的演进过程。从原始文明、农业文明、工业文明到数字文明，每一次新文明的诞生都代表着文明形态的重塑和社会的变更。数字文明是一种基于大数据、云计算、物联网、区块链等新一代技术，以高科技为主要特征的文明，其核心是网络化、信息化与智能化的深度融合。它在提高生产力水平、丰富物质供给的同时，也塑造了一种全新的人类文明形态。

　　"大数据导论"是一门知识性和指导性都很强的课程。本书针对各专业大学生的大数据通识教育需求，系统、全面地介绍关于大数据技术及其应用的基础知识和技能，包括走进数字文明、数字化转型与数字经济、大数据思维变革、大数据商业规则、大数据促进医疗与健康、大数据与城市大脑、大数据可视化、大数据预测分析、大数据处理与存储、大数据与云计算、大数据与人工智能、大数据安全与法律、数据科学与职业技能以及大数据的未来等内容，具有较强的可读性和实用性。

　　本书可作为高等院校非计算机类专业的大数据通识课程教材，也可供相关科技人员参考使用。

- ◆ 主　　编　杨武剑　史麒豪
　　副主编　左　浩　周　苏　刘闫锋
　　责任编辑　刘　博
　　责任印制　王　郁　胡　南
- ◆ 人民邮电出版社出版发行　　北京市丰台区成寿寺路 11 号
　　邮编　100164　电子邮件　315@ptpress.com.cn
　　网址　https://www.ptpress.com.cn
　　固安县铭成印刷有限公司印刷
- ◆ 开本：787×1092　1/16
　　印张：16.75　　　　　　　　　　2024 年 2 月第 1 版
　　字数：356 千字　　　　　　　　2025 年 3 月河北第 3 次印刷

定价：59.80 元

读者服务热线：(010)81055256　印装质量热线：(010)81055316
反盗版热线：(010)81055315

文明是社会经济条件综合作用的产物。人类文明具有丰富的历史内涵，表现出多种文明形态，特定的历史阶段产生了特定的人类文明。从人类发展历程可以看出，经济基础决定上层建筑，人类文明的每一次进步都与科技相关，科技力量是文明发展的最根本动力。人类文明发展的显性标志就是科技，正是人类在生产实践的过程中掌握了科技这一重要成果，文明才得以诞生。

大数据时代，成功的关键在于找出大数据的内涵。以前，人们总说信息就是力量，但如今，对数据进行分析、利用和挖掘才是力量之所在。大数据技术的战略意义不在于掌握庞大的数据量，而在于对这些有意义的数据进行专业化处理。换而言之，如果把大数据比作一种产业，那么这种产业实现盈利的关键，在于提高对数据的"加工能力"，通过"加工"实现数据的"增值"。

目前，对于各个专业来说，如何适应大数据时代的到来，满足新时代的需求都是一个必须面对的问题。本书针对该问题，为满足各专业对于了解并使用大数据技术的需求，系统介绍了与大数据相关的基本知识和技能。全书共分为14章，分别是走进数字文明、数字化转型与数字经济、大数据思维变革、大数据商业规则、大数据促进医疗与健康、大数据与城市大脑、大数据可视化、大数据预测分析、大数据处理与存储、大数据与云计算、大数据与人工智能、大数据安全与法律、数据科学与职业技能、大数据的未来。

本书的主要特色如下。

（1）内容全面，通俗易懂。本书几乎覆盖与大数据相关的各个知识点，并且深入浅出的文字、丰富生动的案例，以及与各行各业的密切结合，十分适合各专业的学生了解和学习大数据相关知识。

（2）条理清晰，意义深刻。本书简述了数字文明及其意义，阐述数字文明与大数据技术的密切关系，有利于学生从宏观的角度把握大数据技术的发展趋势。

（3）辅助教学，资源丰富。本书配有30讲微课教学视频、与全书配套的教学PPT、与各章结合的习题及参考答案等，帮助学生理解并掌握大数据相关知识。

对于在校大学生来说，"大数据导论"是一门理论性和实践性都很强的"必修"课程。本书精心设计课程教学过程，每章都针对性地安排了导读案例、教学内容和课后习题等，要求和指导学生在课前导读、课后阅读与网络浏览的基础上，拓展学习内容，深入理解和掌握大数据知识。

本书的教学进度设计见"课程教学进度表"（附录），该表可作为教师授课参考。实际执行时，教师应按照教学大纲安排教学进度，实际确定本书的教学进度。

本书的教学评测可以从以下几个方面入手，即：

（1）每章的课前导读案例（全书共 14 项）；

（2）每章的阅读笔记（全书共 14 项）；

（3）每章的课后作业（全书共 14 项）；

（4）平时考勤情况；

（5）任课老师认为有必要的其他评测方法。

本书是 2021 年中华人民共和国教育部首批"新文科"研究与改革实践项目"'城市数字治理'人才培养的探索与实践"、2021 年中华人民共和国教育部产学合作协同育人项目"大数据平台基础与实践课程建设"和2021年浙江省"十三五"高校虚拟仿真实验教学项目"市大脑赋能街区智治的人流精细化管理虚拟仿真实验"的研究成果之一。本书的编写得到浙大城市学院"城市数字治理科教创新综合体"（天枢计划）、浙大城市学院超大规模时序图数据高性能智能计算中心（大图计算中心）的支持。

本书的撰写还得到了浙大城市学院、浙江大学、西安汽车职业大学、温州商学院、浙江安防职业技术学院等多所院校师生的支持。参加本书编写工作的还有朱准、王贵鑫、章小华等，在此一并表示感谢！

浙大城市学院城市大脑研究院　杨武剑

2023 年 3 月于西子湖畔

目 录 CONTENTS

第1章 走进数字文明 ············1

1.1 数字劳动推动数字文明 ·········4
1.2 大数据时代 ·················5
　1.2.1 天文学——信息爆炸的起源 ···5
　1.2.2 爆发式增长的数据量 ·······7
　1.2.3 大数据的定义 ···········9
　1.2.4 用 3V 描述大数据特征 ·····9
　1.2.5 广义的大数据 ··········11
1.3 大数据结构类型 ············12
1.4 大数据的发展 ············13
　1.4.1 硬件性价比提高与软件技术
　　　　进步 ···············13
　1.4.2 云计算的普及 ·········14
　1.4.3 大数据作为 BI 的进化形式 ··14
　1.4.4 从交易数据到交互数据 ····15
【习题】 ····················16

第2章 数字化转型与数字
　　　　经济 ··············19

2.1 数字化 ·················21
　2.1.1 数字化的概念 ·········22
　2.1.2 从历史发展看数字化 ·····23
　2.1.3 从技术层面看数字化 ·····25
　2.1.4 数字化的意义 ·········26
2.2 数字化转型 ··············26
　2.2.1 购物流程的变化 ·······27
　2.2.2 信息化与数字化 ·······27
　2.2.3 数字化企业解决方案 ····28
2.3 数字孪生 ···············29
　2.3.1 数字孪生的原理 ·······30
　2.3.2 数字孪生基本组成 ·····30
　2.3.3 数字孪生的研究 ·······31

　2.3.4 数字孪生与数字生产线 ····32
2.4 数字经济 ················34
　2.4.1 数字经济的概念 ········34
　2.4.2 数字经济的要素 ········35
　2.4.3 数字经济的研究 ········36
【习题】 ·····················37

第3章 大数据思维变革 ·······40

3.1 大数据思维 ··············44
3.2 转变之一：样本=总体 ·······44
　3.2.1 小数据时代的随机采样 ···45
　3.2.2 全数据模式 ··········47
3.3 转变之二：接受数据的混杂性 ···48
　3.3.1 允许不精确 ··········49
　3.3.2 大数据简单算法与小数据复杂
　　　　算法 ··············50
　3.3.3 从纷繁的数据中获取事物发展的
　　　　概率 ··············51
　3.3.4 混杂性是标准途径 ·····52
3.4 转变之三：数据的相关关系 ····53
　3.4.1 预测的关键——关联物 ··53
　3.4.2 探求"是什么"而不是
　　　　"为什么" ··········55
　3.4.3 对小数据的因果关系分析 ··56
　3.4.4 对大数据的相关关系分析 ··57
【习题】 ·····················58

第4章 大数据商业规则 ·······61

4.1 大数据的跨界年度 ··········62
　4.1.1 商业动机和驱动力 ·····63
　4.1.2 企业的大数据行动 ·····64
　4.1.3 数据驱动的企业文化 ····65

4.2 将信息变成竞争优势 ·········65
　4.2.1 数据价格下降而需求上升 ····67
　4.2.2 大数据应用程序兴起 ·······67
　4.2.3 企业构建大数据战略 ·······68
4.3 大数据营销 ················69
　4.3.1 像媒体公司一样思考、行动 ·70
　4.3.2 面对新的机遇与挑战 ·······70
　4.3.3 自动化营销 ·············71
　4.3.4 创建高容量和高价值内容 ··72
　4.3.5 用投资回报率评价营销效果 ·73
4.4 内容创建与众包 ············73
【习题】 ···················75

第5章　大数据促进医疗与
　　　　健康 ················78

5.1 大数据与循证医学 ··········80
5.2 大数据带来的医疗新突破 ····81
　5.2.1 量化自我，关注个人健康 ···82
　5.2.2 可穿戴的个人健康设备 ·····83
　5.2.3 大数据时代的医疗信息 ·····84
　5.2.4 对抗癌症的新工具 CellMiner ···85
5.3 医疗信息数字化 ············87
5.4 超级大数据的最佳伙伴——搜索 ·89
5.5 数据决策的崛起 ············91
　5.5.1 数据辅助诊断 ···········91
　5.5.2 辅助诊断的决策支持系统 ··91
　5.5.3 大数据分析使数据决策崛起 ·93
【习题】 ···················94

第6章　大数据与城市大脑 ······97

6.1 智慧交通驶入快车道 ········100
　6.1.1 导航和感知更精准 ·······101
　6.1.2 机场管理更精细 ·········102
　6.1.3 数字航道动态监测 ·······103
　6.1.4 创新驱动赋能增效 ·······103
6.2 城市大脑建设 ·············104
　6.2.1 对城市大脑的认识 ·······104
　6.2.2 城市大脑产生的根源和背景 ···105

　6.2.3 城市大脑的未来目标 ······106
　6.2.4 城市大脑的重要性 ·······107
6.3 大数据——智慧城市的"核心" ···108
　6.3.1 城市大脑与数据可视化 ····108
　6.3.2 城市大脑与数据共享 ·····108
　6.3.3 大数据驱动城市大脑 ·····108
6.4 大数据治理 ···············109
　6.4.1 数据治理内容 ··········109
　6.4.2 数据治理类型 ··········110
　6.4.3 元数据管理 ···········112
　6.4.4 数据治理方案 ··········113
　6.4.5 数据治理模型 ··········114
　6.4.6 数据治理技术 ··········115
【习题】 ···················115

第7章　大数据可视化 ·········118

7.1 数据与可视化 ·············120
　7.1.1 数据的可变性 ··········120
　7.1.2 数据的不确定性 ········122
　7.1.3 数据的背景信息 ········122
　7.1.4 打造最好的可视化效果 ···124
7.2 数据与视觉信息 ···········124
　7.2.1 数据与走势 ···········125
　7.2.2 视觉信息的科学解释 ·····126
7.3 视觉分析 ················127
　7.3.1 热点图 ··············127
　7.3.2 时间序列图 ···········127
　7.3.3 网络图 ··············128
　7.3.4 空间数据制图 ·········129
7.4 实时可视化 ··············129
7.5 数据可视化的运用 ·········130
【习题】 ···················131

第8章　大数据预测分析 ·······134

8.1 预测分析 ················138
　8.1.1 预测分析的作用 ········139
　8.1.2 数据具有内在预测性 ·····141

8.1.3　定量分析与定性分析 ·············142

8.2　统计分析 ···········142

8.2.1　A/B 测试 ············142

8.2.2　相关性分析 ···········143

8.2.3　回归性分析 ···········144

8.3　数据挖掘 ···········145

8.4　大数据分析的生命周期 ·········146

8.4.1　商业案例评估 ··········147

8.4.2　数据标识 ············147

8.4.3　数据获取与过滤 ········147

8.4.4　数据提取 ············148

8.4.5　数据验证与清理 ········149

8.4.6　数据聚合与表示 ········150

8.4.7　数据分析 ············150

8.4.8　数据可视化 ···········151

8.4.9　分析结果的使用 ········151

【习题】 ··············152

第 9 章　大数据处理与存储 ···· 155

9.1　开源技术商业支援 ·········157

9.2　Hadoop 基础 ·········158

9.2.1　Hadoop 的由来 ········158

9.2.2　Hadoop 的优势 ········159

9.3　分布式处理 ··········160

9.3.1　分布式系统 ···········160

9.3.2　分布式文件系统 ········161

9.3.3　并行数据处理与分布式数据
处理 ···············162

9.3.4　分布式存储 ···········162

9.4　NoSQL 数据库 ·········163

9.4.1　NoSQL 的主要特性 ······164

9.4.2　键–值存储设备 ·········165

9.4.3　文档存储设备 ··········166

9.4.4　列簇存储设备 ··········167

9.4.5　图存储设备 ···········168

9.4.6　与 RDBMS 的主要区别 ···169

9.5　NewSQL 数据库 ·········171

【习题】 ··············171

第 10 章　大数据与云计算 ····· 174

10.1　与数字化相关的技术 ·········177

10.2　云计算概述 ··········178

10.2.1　云计算的定义 ·········178

10.2.2　云基础设施 ··········180

10.3　计算虚拟化 ··········181

10.4　网络虚拟化 ··········182

10.4.1　网卡虚拟化 ··········182

10.4.2　虚拟交换机 ··········183

10.4.3　接入层虚拟化 ·········184

10.4.4　覆盖网络虚拟化 ········184

10.4.5　软件定义网络 ·········184

10.5　存储虚拟化 ··········185

10.6　云计算服务形式 ········186

10.6.1　云计算的服务层次 ·······186

10.6.2　大数据与云相辅相成 ·····187

10.6.3　云的挑战 ···········188

10.7　大数据与云计算 ········189

【习题】 ··············189

第 11 章　大数据与人工智能 ··· 192

11.1　人工智能概述 ·········194

11.2　机器学习基础 ·········194

11.2.1　机器学习的定义 ········195

11.2.2　机器学习系统的基本结构 ···196

11.2.3　机器学习的研究领域 ·····197

11.3　机器学习分类 ·········197

11.3.1　基于学习策略分类 ·······197

11.3.2　基于知识表示形式分类 ····198

11.3.3　按应用领域分类 ········199

11.3.4　按学习形式分类 ········200

11.4　神经网络与深度学习 ·······202

11.4.1　人工神经网络的特征 ·····202

11.4.2　深度学习的意义 ········203

11.4.3　深度学习的方法 ········204

11.4.4　深度学习的实现 ········206

11.5　机器学习与深度学习 ·······208

【习题】 ·································209

第12章 大数据安全与
法律 ·······················212

12.1 大数据的安全问题 ·········214
12.1.1 采集汇聚安全 ···········214
12.1.2 存储处理安全 ···········215
12.1.3 共享使用安全 ···········216
12.2 大数据的管理维度 ·········217
12.3 大数据的安全体系 ·········218
12.3.1 大数据安全技术体系 ···218
12.3.2 大数据安全治理 ·········219
12.3.3 大数据安全测评 ·········219
12.3.4 大数据安全运维 ·········219
12.3.5 以数据为中心的安全防护
要素 ·······················220
12.4 大数据伦理与法规 ·········220
12.4.1 大数据的伦理问题 ······221
12.4.2 大数据的伦理规则 ······222
12.4.3 数据安全法施行 ·········223
【习题】 ·································224

第13章 数据科学与职业
技能 ·······················227

13.1 计算思维 ·····················230
13.1.1 计算思维的概念 ·········231
13.1.2 计算思维的作用 ·········231
13.1.3 计算思维的特点 ·········232
13.2 数据工程师的社会责任 ···234
13.2.1 职业化和道德责任 ······234
13.2.2 ACM 职业道德责任 ·····235
13.2.3 软件工程师道德基础 ···236

13.3 数据科学与职业技能 ······237
13.3.1 数据科学的相关技能 ···237
13.3.2 重要数据科学技能排序 ···238
13.3.3 技能因职业角色而异 ···239
13.3.4 大数据生态系统关键角色 ···241
【习题】 ·································241

第14章 大数据的未来 ·······245

14.1 连接开放数据 ···············247
14.1.1 LOD 运动 ···············247
14.1.2 利用开放数据的创业型公司 ···248
14.2 大数据资产的崛起 ·········249
14.2.1 数据市场的兴起 ·········249
14.2.2 不同的商业模式 ·········249
14.2.3 将原创数据变为增值数据 ···250
14.2.4 大数据催生新的应用程序 ···250
14.2.5 在大数据"空白"中提取最大
价值 ·······················251
14.3 大数据发展趋势 ···········251
14.3.1 信息领域的突破性发展 ···251
14.3.2 未来发展趋势的专家预测 ···253
14.4 大数据技术展望 ···········255
14.4.1 数据管理仍然很难 ······255
14.4.2 "数据孤岛"继续激增 ···255
14.4.3 流媒体分析的突破 ······256
14.4.4 技术发展带来技能转变 ···256
14.4.5 "快速数据"和"可操作
数据" ·····················256
14.4.6 预测分析将数据转换为预测 ···257
【习题】 ·································257

附录 课程教学进度表 ·········260

01

第1章　走进数字文明

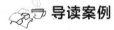

导读案例

数字文明到底是什么文明？

　　一到乌镇（乌镇鸟瞰图见图1-1），就仿佛进入了一段静谧的旧时光里，乌镇是慢的，车、马、邮件都慢。沿岸人家的烟火，旖旎波折的流水，被按了暂缓键。但是，沉溺在这旧时光里的，只有如织游人，乌镇是不会停留在过去的，它在互联网近乎光速的世界里急速变革。

图1-1　乌镇鸟瞰图

　　每年的深秋或初冬，世界的目光总是聚焦这里，在各国语言的碰撞里，人们谋划着、构建着更广阔、更宏大的数字文明。

　　2022年11月9日，国家主席习近平向2022年世界互联网大会乌镇峰会致贺信，"中国愿同世界各国一道，携手走出一条数字资源共建共享、数字经济活力迸发、数字治理精准高效、数字文化繁荣发展、数字安全保障有力、数字合作互利共赢的全球数字发展道路，加快构建网络空间命运共同体，为世界和平发展和人类文明进步贡献智慧和力量。"

当天下午，作为今年峰会的 3 个"永久举办地"特色活动之一，"长三角一体化数字文明共建研讨会"在乌镇互联网国际会展中心展览中心 3 号馆举行，从宏观经济、产业发展等多角度探讨数字文明新未来。

作为新晋热词，数字文明到底是个什么文明？它离我们还有多远？它将带来哪些巨大价值？长三角的数字文明一体化构建着力点又在哪里？面向数字文明，我们又该展现什么样的迎接姿态？

1. 文明的 4.0 版

数字文明，拆开来看，首先是一种新"文明"的诞生。

"文明"一词，在我国先秦的历史文献中就有涉及。《尚书·舜典》里记载"睿哲文明"，唐代孔颖达对《尚书》的疏解称："经天纬地曰文，照临四方曰明"。"文明"是社会历史长期发展的产物。

纵观人类发展史，人类文明进入了一个漫长的演进过程。人们在原始文明中进化了数百万年，在农业文明中进化了几千年，在工业文明中进化了两百多年，现在正开启数字文明，每一次新文明的诞生都看似偶然，实则必然。

按照经济基础决定上层建筑的逻辑，每一次文明形态的重塑，都脱离不开技术的驱动。18 世纪，蒸汽机的轰鸣声，拉开了工业文明的序幕；20 世纪 40 年代，计算机的问世，开启了信息技术的大门。而数字文明的基础就是数字技术（数字技术抽象示意见图 1-2）。

图 1-2　数字技术抽象示意

短短数十年，人类已然置身于数字的海洋。以大数据、数字化、人工智能等为代表的数字技术，正以新理念、新业态、新模式，全面融入人类经济、政治、文化、社会、生态文明建设各领域和全过程。国家主席习近平向 2021 年世界互联网大会乌镇峰会致贺信，强调"……让数字文明造福各国人民，推动构建人类命运共同体"。

由此可见，无论从深度还是广度，数字技术都从量的积累迈向了质的飞跃，到了足以塑造一种人类新文明的高度。

或许，我们可以试着参照工业文明的定义，给数字文明一个轮廓——工业文明是以工业化为重要标志、机器化大生产占主导地位的一种现代社会文明形态，而数字文明则是以数字化为重要标志、数字经济占主导地位的一种现代社会文明形态。

历史车轮滚滚向前，工业文明的火车正缓缓驶向落日的余晖，而一张数字文明的"大网"正在无形中笼住每一个人。

2. 全球视野下的数字文明

站在全球的视野下，数字文明正以"变局者"的姿态，给全世界带来巨变。

《全球数字经济白皮书（2022年）》指出，2021年，测算的47个国家数字经济增加值规模为38.1万亿美元，同比名义增长15.6%，占GDP比重为45.0%。可以看到，数字经济几乎占了全球经济的"半壁江山"。处在数字文明的开端，全球都在抢占风口。

那为什么数字文明要看中国？

从1994年首次接入国际互联网开始，中国就在加速追赶数字的大浪潮。党的十八大以来，发展数字经济上升为国家战略。党的二十大报告进一步提出，"加快建设网络强国、数字中国"。

从供给侧来看，数字脉动成为中国经济和社会发展的主旋律，2021年中国数字经济规模增至45.5万亿元，总量稳居世界第二。截至2021年年底，我国建成全球最大5G网络；人工智能、云计算、大数据、区块链、量子信息等新兴技术跻身全球第一梯队……

从需求侧来看，庞大的用户市场，也为中国带来了巨大的变革效应，远程医疗、在线教育、网络直播、移动支付、电子政务等，给全球带来了一系列广泛的创新。

2014年，第一届世界互联网大会在乌镇举办，而后"永久落户"。9年来，世界在变，乌镇在变。但不变的是，每年多国政要、国际组织代表、企业高管、网络精英和专家学者都不远万里来到乌镇，激荡观点，寻求共识，推动互联网更好地造福人类。可以说，在这场文明变革中，中国正在从"追随者"转变为"引领者"，并隐然触摸到了数字文明的脉搏。

如果缩小视野，那么数字文明要看长三角。为何要看长三角？众所周知，长三角一直承担着创新开路先锋的重任。特别是长三角一体化发展上升为国家战略后，这片发展的热土，从产业集聚到协同创新，从基础设施到公共服务，开创了高质量一体化发展新局面。同时，加快数字化转型，建设以5G网络为基础的"数字长三角"，截至2022年6月底，长三角已累计建成5G基站约43万个，约占全国1/4。长三角组织实施的"5G+工业互联网"融合应用项目1300余项。

作为我国经济发展最活跃、开放度最高、创新能力最强的区域之一，长三角三省一市将如何共建网络世界、共创数字未来，对于"数字中国"建设具有示范意义。

再将视野锁定在一个省，那么数字文明要看浙江。为何还要看浙江？浙江是数字经济先发地。"数字浙江"这条路，浙江已经走了近20年。

2003年，习近平总书记在浙江工作期间，就创造性地提出打造"数字浙江"。彼时的世界，互联网泡沫危机从美国席卷全球，整个互联网产业跌入历史最低谷。

眼前的"危"，蕴含着未来的"机"。"数字浙江"的发令枪响了。

《数字浙江建设规划纲要（2003—2007年）》面世；杭州的中国公用计算机互联网核心节点建成；连续举办七年的"春回燕归•浙籍IT精英峰会"；"数字浙江"被写入了"八八战略"……

此后，浙江历届省委坚持一张蓝图绘到底、一任接着一任干，深入推进"数字浙江"建设，以数字化改革为牵引，以科技创新为动力，深入实施数字经济"一号工程"，深化国家数字经济创新发展试验区建设，加快构建以数字经济为核心的现代化经济体系，努力建设全民共享、引领未来、彰显制度优势的数字文明。

资料来源：浙江新闻客户端，记者为沈烨婷，2022-11-09。

阅读上文，请思考、分析并简单记录。

（1）请通过网络搜索，了解世界互联网大会的相关信息，简单记录你的搜索体会。

答：_____

_____

_____

（2）人们在原始文明中进化了数百万年，在农业文明中进化了几千年，在工业文明中进化了两百多年。你对现在正开启的数字文明有什么认识？

答：_____

_____

_____

（3）党的二十大报告中指出，要"加快建设数字中国"。请简单阐述你对"加快构建以数字经济为核心的现代化经济体系，努力建设全民共享、引领未来、彰显制度优势的数字文明"的认识。

答：_____

_____

_____

_____

（4）请简单记述你所知道的上一周内发生的国际、国内或者身边的大事。

答：_____

_____

_____

1.1　数字劳动推动数字文明

生产资料是人类文明的核心。农业时代生产资料是土地，工业时代生产资料是机器，数字时代生产资料是数据。劳动方式是人类文明的重要表征。

数字文明与
大数据

农业时代形成的是以手工劳动为主要方式的"手工文明",工业时代发展为以机器劳动为主要方式的"机器文明",数字时代则基于数字劳动而不断发展和丰富着"数字文明",例如古籍的数字化。

2021 年 9 月 26 日,国家主席习近平在向 2021 年世界互联网大会乌镇峰会致贺信时指出,"中国愿同世界各国一道,共同担起为人类谋进步的历史责任,激发数字经济活力,增强数字政府效能,优化数字社会环境,构建数字合作格局,筑牢数字安全屏障,让数字文明造福各国人民,推动构建人类命运共同体"。

这里,数字文明折射出以大数据、人工智能等为代表的数字技术对世界和人类的影响,在广度和深度上有了质的飞跃,到了塑造一种人类文明新形态的高度。

习近平主席在贺信中对此有高屋建瓴的解读:数字技术正以新理念、新业态、新模式全面融入人类经济、政治、文化、社会、生态文明建设各领域和全过程,给人类生产、生活带来广泛而深刻的影响。以数字技术为基座的互联网,在促进交流、提高效率,也在重塑制度、催生变革,更在影响着社会思潮和人类文明进程。这是不可逆转的时代趋势。

顺势而为、共建共治是各国应有的眼光和抉择。特别是,恰逢世界百年未有之大变局,不确定、不稳定因素增多,人类需要以数字文明为桅,升起网络空间命运共同体之帆,助力人类命运共同体的巨轮乘风破浪,驶向宁静祥和的彼岸。事实证明,以信息化、数字化、网络化、智能化为发力点,加强国际交流合作,是实现经济复苏的重要抓手,也是增强全人类福祉的强大"武器"。

建设数字文明这条路,不能只靠单个企业的自觉,也不能靠某个国家单打独斗,而是需要越来越多的志同道合者参与进来,共建、共治、共享,走出一条互惠互利共赢的康庄大道。目标在前,我们不应踌躇迟疑,而要以"志之所趋,无远弗届"(只要志向所趋,即便再远,也可以到达)的魄力,尽早伸出合作之手、大步迈出坚实步伐。

1.2 大数据时代

信息社会所带来的好处是显而易见的:几乎每个人口袋里都有一部手机,每个办公桌上都放着一台计算机,每间办公室内都连接到局域网,甚至互联网。半个世纪以来,随着计算机技术全面和深度地融入社会生活,信息爆炸已经积累到了一个开始引发变革的程度。计算机不仅使世界充斥着比以往更多的信息,而且其增长速度也在加快。信息总量的变化还导致了信息形态的变化——量变引起了质变。

最先经历信息爆炸的学科,如天文学和基因学,创造出了"大数据"这个概念。如今,这个概念几乎应用到了所有人类致力发展的领域中。

1.2.1 天文学——信息爆炸的起源

综合观察社会各个方面的变化趋势,我们能真正意识到信息爆炸或者说大数据的时代已经到来。以天文学为例，2000 年，位于新墨西哥州阿帕奇山顶天文台的斯隆数字巡天项目启动的时候，位于新墨西哥州的望远镜（见图 1-3）在短短几周内收集到的数据，就比世界天文学历史上总共收集的数据还要多。到了 2010 年，信息档案大小已经高达 1.4×2^{42} 字节。2016 年在智利投入使用的大型视场全景巡天望远镜能在 5 天之内就获得同样多的信息。

图 1-3　斯隆数字巡天望远镜

　　天文学领域发生的变化在社会各个领域都在发生。2003 年，人类第一次破译人体基因密码的时候，辛苦工作了 10 年才完成了 30 亿个碱基对的排序。大约 10 年之后，世界范围内的基因序列分析仪 15 分钟就可以完成同样的工作。在金融领域，美国股市每天的成交量高达 70 亿股，而其中 2/3 的交易都是由建立在数学模型和算法之上的计算机程序自动完成的，这些程序运用海量数据来预测收益和降低风险。

　　互联网公司更是要被数据淹没了。谷歌公司每天要处理超过 24 拍字节（PB，2^{50} 字节）的数据，这意味着其每天的数据处理量是美国国会图书馆所有纸质出版物所含数据量的上千倍。

　　微信是 2011 年 1 月 21 日推出的一个为智能终端提供即时通信服务的免费应用程序。微信支持跨通信运营商、跨操作系统平台通过网络快速发送免费（需消耗网络流量）语音短信、视频、图片和文字，同时，也可以使用共享流媒体内容的资料和基于位置的社交服务插件。微信已经覆盖中国 94% 以上的智能手机，月活跃用户数达到 8.06 亿，用户覆盖 200 多个国家和地区、涉及 20 种语言。此外，各品牌的微信公众账号总数已经超过 800 万个，移动应用对接数量超过 85 000 个，广告收入增至 36.79 亿人民币，微信支付用户数则为 4 亿左右。

　　从科学研究到医疗保险，从银行到互联网，各个不同的领域都在讲述着一个类似的故事，那就是爆发式增长的数据量。这种增长速度超过了我们创造机器的速度，甚至超出了我们的想象。

1.2.2 爆发式增长的数据量

我们周围到底有多少数据？增长的速度有多快？许多人试图测量出一个确切的数字。尽管测量的对象和方法有所不同，但他们都获得了不同程度的成功。南加利福尼亚大学安嫩伯格通信学院的马丁·希尔伯特进行了一个比较全面的研究，他试图得出人类所创造、存储和传播的一切数据的确切大小。他的研究范围不仅包括书籍、图画、电子邮件、照片、音乐、视频（模拟视频和数字视频），还包括电子游戏、电话、汽车导航和信件。马丁·希尔伯特还以收视率和收听率为基础，对电视、电台这些广播媒体进行了研究，他指出，仅在 2007 年，人类存储的数据就超过了 300 艾字节（EB，2^{60} 字节）。下面这个比喻应该可以帮助人们更容易地理解这意味着什么：一部完整的数字电影可以压缩成 1 吉字节（GB，2^{30} 字节）的文件，而 1 艾字节相当于 10 亿吉字节，1 泽字节（ZB，2^{70} 字节）则相当于 1 024 艾字节。总之，这是一个非常庞大的数量。

有趣的是，在 2007 年的数据中，只有约 7%是存储在报纸、书籍、图片等媒介上的模拟数据，其余全部是数字数据。

模拟数据也称为模拟量，相对于数字量而言，它指的是取值范围是连续的变量或者数值，例如声音、图像、温度、压力等。模拟数据一般采用模拟信号来表示，例如用一系列连续变化的电磁波或电压信号来表示。数字数据也称为数字量，相对于模拟量而言，指的是取值范围是离散的变量或者数值。数字数据则采用数字信号或光脉冲来表示，例如用一系列断续变化的电压脉冲来表示（如用恒定的正电压表示二进制数 1，用恒定的负电压表示二进制数 0）。

但在不久之前，情况却完全不是这样的。虽然 1960 年就有了"信息时代"和"数字村镇"的概念，但在 2000 年的时候，数字数据仍只占全球数据量的 1/4，当时，另外 3/4 的数据都存储在报纸、胶片、黑胶唱片和盒式磁带这类媒介上。

早期数字数据的数量并不多。对于长期在网上冲浪和购书的人来说，那只是一个微小的部分。事实上，在 1986 年的时候，世界上约 40%的计算都在袖珍计算器上运行，那时候，所有个人计算机的处理能力之和还没有所有袖珍计算器处理能力之和高。但是因为数字数据的快速增长，整个局势很快就颠倒过来了。按照希尔伯特的说法，数字数据的数量每 3 年多就会翻一倍。相反，模拟数据的数量则基本上没有增加。

到 2013 年，世界上存储的数据为约 1.2 泽字节，其中非数字数据只占不到 2%。这样大的数据量意味着什么？如果将之存储在只读光盘上，这些光盘可以堆成 5 堆，每一堆都可以伸到月球。

公元前 3 世纪，埃及的托勒密二世竭力收集了当时所有的书写作品，所以亚历山大图书馆（见图 1-4）可以代表世界上所有的知识。亚历山大图书馆藏书丰富，有据可考的超过50 000 卷（纸草卷），包括《荷马史诗》《几何原本》等。但是，当数字数据的洪流席卷世界之后，每个地球人都可以获得大量的数据，相当于当时亚历山大图书馆存储的数据总量的 320 倍之多。

图 1-4　古代文化中心——亚历山大图书馆（毁于 3 世纪末的战火）

数据量增长这件事真的在快速发展。人类存储数据量的增长速度比世界经济的增长速度快 4 倍左右，而计算机数据处理能力的增长速度则比世界经济的增长速度快 9 倍左右。难怪人们会抱怨数据过量，因为每个人都受到了这种极速发展的冲击。

历史学家伊丽莎白·艾森斯坦发现，1453—1503 年，这 50 年间大约印刷了 800 万本书，比 1 200 年之前君士坦丁堡建立以来整个欧洲所有的手抄书还要多。换言之，欧洲的数据存储量 50 年才增长了一倍（当时的欧洲还占据了世界上相当大部分的数据存储份额），而如今大约每 3 年就能增长一倍。

量变导致质变。物理学和生物学都告诉我们，当我们改变规模时，事物的状态有时也会发生改变。以纳米技术为例，纳米技术专注于把东西变小而不是变大，其原理就是当事物达到分子级别时，它的物理性质就会发生改变。一旦你知道新的性质，你就可以用同样的原料来做以前无法做的事情。铜本来是用来导电的物质，但它一旦达到纳米级别就不能在磁场中导电了。银离子具有抗菌性，但当它以分子形式存在的时候，这种性质会消失。一旦达到纳米级别，金属可以变得柔软，陶土可以具有弹性。同样，当我们增加所利用的数据量时，也可以做很多在小数据量的基础上无法完成的事情。

有时候，我们认为约束自己生活的那些限制，对于世间万物都有着同样的约束力。事实上，尽管规律相同，但是我们能够感受到的约束，很可能只对我们这样尺度的事物起作用。对于人类来说，最重要的物理定律之一便是万有引力定律。这个定律无时无刻不在控制着我们。但对于细小的昆虫来说，重力是无关紧要的。对它们而言，物理宇宙中有效的约束是表面张力，这个张力可以让它们在水上自由行走而不会掉下去。但人类对于表面张力几乎毫不在意。

大数据的科学价值和社会价值正体现在：一方面，大数据可以转化为经济价值；另一方面，大数据已经撼动了世界的方方面面，涉及商业、科技到医疗、政府、教育、经济、人文和社会的其他各个领域。尽管我们还处在大数据时代的初期，但我们的日常生活已经离不开它了。

1.2.3　大数据的定义

大数据，狭义上可以定义为：**用现有的一般技术难以管理的大量数据的集合**。对大量数据进行分析，并从中获得有用观点，这种做法在一部分研究机构和大型企业中，过去就已经存在了。现在的大数据与过去相比，主要有 3 点区别：第一，随着社交媒体和传感器网络等的发展，在我们身边正产生出大量且多样的数据；第二，随着硬件和软件技术的发展，数据的存储、处理成本大幅下降；第三，随着云计算的兴起，大数据的存储、处理环境已经没有必要自行搭建。

所谓"用现有的一般技术难以管理"，举例来说是指用目前在企业数据库占据主流地位的关系数据库无法进行管理的、具有复杂结构的数据。或者也可以说，是指由于数据量的增大，导致数据的查询响应时间超出允许范围的庞大数据。

高德纳咨询公司给出了这样的定义：大数据是在新处理模式下才能具有更强的决策力、洞察发现力和流程优化能力的海量、高增长率和多样化的信息资产。

麦肯锡公司指出，大数据指的是所涉及的数据集规模已经超过了传统数据库软件获取、存储、管理和分析的能力。这是一个被故意设计成具有主观性的定义，并且是一个关于多大的数据集才能被认为是大数据的可变定义，即并不定义数据集超过一个特定大小才叫大数据。因为随着技术的不断发展，符合大数据标准的数据集容量也会增长，并且定义在不同的行业也有变化，这依赖于在一个特定行业通常使用何种软件和数据集有多大。因此，大数据的大小在今天不同行业中的范围可以是从几十太字节（TB，2^{40} 字节）到几拍字节（PB，2^{50} 字节）。

随着大数据的出现，数据仓库、数据安全、数据分析、数据挖掘等围绕大数据商业价值的利用正逐渐被行业人士争相追捧，在全球引领了又一轮数据技术革新的浪潮。

1.2.4　用 3V 描述大数据特征

从字面来看，大数据这个词可能会让人觉得只是数量非常大的数据集合而已。但数量只不过是大数据的一个特征，如果只拘泥于数量，就无法深入理解当前围绕大数据所进行的讨论。因为"用现有的一般技术难以管理"这样的状况，并不仅仅是由数量增大这一个因素所造成的。

大数据的 3V 特征

IBM 公司说过，可以用 3 个特征相结合来定义大数据，即数量（Volume，或称容量）、种类（Variety，或称多样性）和速度（Velocity），如图 1-5 所示，或者我们可以简单地称其为 3V，即庞大容量、极快速度和种类丰富的数据。

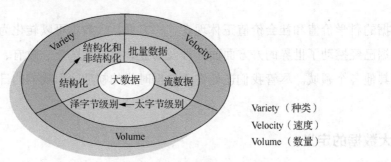

图 1-5 用数量、种类和速度来定义大数据

1. 数量

用现有技术无法管理的数据，从现状来看，基本上是指从几十太字节到几拍字节这样的数量级的数据。当然，随着技术的进步，这个范围也会不断变化。

如今，存储的数据数量正在急剧增长中，我们存储所有数据，包括环境数据、财务数据、医疗数据、监控数据等。有关数据数量的对话已从太字节级别转向拍字节级别，并且不可避免地会转向泽字节级别。可是，随着可供企业使用的数据的数量不断增长，可处理、理解和分析的数据的比例却不断下降。

2. 种类

随着传感器、智能设备的激增，企业的数据也变得更加复杂，因为它不仅包含传统的关系数据，还包含来自网页、互联网日志文件（包括点击流数据）、搜索索引、社交媒体论坛、电子邮件、文档、主动和被动系统的传感器数据等的原始、半结构化和非结构化数据。

种类表示所有的数据类型。其中，爆发式增长的一些数据，如互联网上的文本数据、位置信息、传感器数据、视频等，用主流的关系数据库是很难存储的，它们都属于非结构化数据。

当然，在这些数据中，有一些是过去就一直存在并保存下来的。与过去不同的是，除了存储，还需要对这些数据（例如监控摄像机中的视频数据）进行分析，并从中获得有用的信息。近年来，超市、便利店等几乎都配备了监控摄像机，最初目的是防范盗窃，但现在也出现了使用监控摄像机中的视频数据来分析顾客购买行为的案例。

例如，制造商万宝龙过去大多是凭经验和直觉来决定商品陈列布局的，现在尝试利用监控摄像机对顾客在店内的行为进行分析。通过分析监控摄像机中的数据，将最想卖出去的商品移动到最容易吸引顾客目光的位置，使得销售额提高了20%左右。

某移动运营商也在其 1 000 多家店中安装带视频分析功能的监控摄像机，使得可以统计来店人数，还可以追踪顾客在店内的行动路线、在展台前停留的时间，甚至可观察顾客试用了哪一款手机、试用了多长时间等，对顾客在店内的购买行为进行分析。

3. 速度

数据产生和更新的频率，也是大数据的重要特征。就像我们收集和存储的数据数量及种类发生了变化一样，生成和需要处理数据的速度也在变化。不要将速度的概念限定为与数据存储相关的增长速率，应动态地将其应用到数据，即表示数据流动的速度。有效处理大数据需要在数据变化的过程中对它的数量和种类进行分析，而不只是在它静止后进行分析。

每天都在产生极为庞大的数据，例如，遍布全国的便利店在 24 小时内产生的消费数据、电商网站中由用户访问所产生的网站点击流数据、高峰时达到每秒近万条的微信消息、全国公路上安装的交通堵塞探测传感器和路面状况传感器（可检测结冰、积雪等路面状态）产生的数据等。

IBM 公司在 3V 的基础上又归纳总结了第四个 V——Veracity（真实而准确）。"只有真实而准确的数据才能让对数据的管控和治理真正有意义。随着社交数据、企业内容、交易与应用数据等新数据源的兴起，传统数据源的局限性被打破，企业愈发需要有效的信息治理以确保其真实性及安全性。"

IDC（Internet Data Center，互联网数据中心）说："大数据是一个貌似不知道从哪里冒出来的大的'动力'。但是实际上，大数据并不是新生事物。然而，它确实正在进入主流，并得到重大关注，这是有原因的。廉价的存储器、传感器和数据采集技术的快速发展、通过云和虚拟化存储设施增加的信息链路，以及创新软件和分析工具，正在驱动着大数据。大数据不是一个'事物'，而是一个跨多个信息技术领域的'动力'（活动）。大数据技术描述了新一代的技术和架构，其被设计用于通过高速地采集、发现和/或分析，从超大容量的多样数据中经济地提取信息。"这个定义除了揭示了大数据传统的基本特征（3V），即数量、种类和速度，还增添了一个新特征：价值。

大数据的主要价值可以基于下面 3 个评价准则中的 1 个或多个进行评判。

（1）提供了更有用的信息。

（2）提升了信息的精确性。

（3）提升了响应的及时性。

总之，大数据的定义是动态的，不同行业根据其应用的不同有着不同的理解，其衡量标准也随着技术的进步而改变。

1.2.5　广义的大数据

狭义上，大数据的定义着眼于数据的性质上。我们在广义层面上再为大数据下一个定义（见图 1-6）：**所谓大数据，是一个综合性概念，它包括因具备 3V（数量、种类、速度）特征而难以进行管理的数据，对这些数据进行存储、处理、分析的技术，以及能够通过分析这些数据获得实用意义和观点的人才和组织。**

"存储、处理、分析的技术"，指的是用于大规模数据分布式处理的框架 Hadoop、具备良好扩展性的 NoSQL 数据库，以及机器学习和统计分析等；"能够通过分析这些数据获得实用意义和观点的人才和组织"，指的是目前十分紧俏的"数据科学家"这类人才，以及能够对大数据进行有效运用的组织。

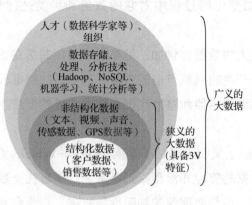

图 1-6　广义的大数据

1.3　大数据结构类型

大数据结构类型

大数据具有多种形式，从高度结构化的财务数据到文本、多媒体数据和基因定位图等的任何数据，都可以称为大数据。数据量大是大数据的一致特征。由于数据自身的复杂性，作为一个必然的结果，处理大数据的首选方法就是在并行计算的环境中进行大规模并行处理，这使得同时发生并行摄取、并行数据装载和分析成为可能。实际上，大多数的数据都是非结构化或半结构化的，需要不同的技术和工具来处理和分析。

大数据最突出的特征是它的结构。图 1-7 显示了几种结构类型数据的增长趋势。由图 1-7 可知，未来增长的数据大部分不是结构化类型（半、准和非结构化）的数据。

图 1-7　数据增长日益趋向非结构化

虽然图 1-7 显示了 4 种相分离的数据类型，实际上，有时这些数据类型是可以被混合在一起的。例如，有一个传统的关系数据库管理系统保存着一个软件支持呼叫中心的通话日志，这里有典型的结构化数据，如日期/时间戳、机器类型数据、问题类型数据、操作系统数据，这些都是在线支持人员通过图形用户界面上的下拉式菜单输入的。另外，还有非结构化数据或半结构化数据，如自由形式的通话日志信息，这些可能来自包含问题的电子邮件，或者包含技术问题和解决方案的实际通话描述。此外，还可能有与结构化数据有关的实际通话的语音日志，或者音频文字实录。即使是现在，大多数分析人员还无法分析这种通话日志历史数据库中的最普通和高度结构化的数据，这是因为挖掘高度结构化的数据是一项强度很大的工作，并且无法简单地实现自动化。

人们通常最熟悉结构化数据的分析。然而，半结构化数据（XML 数据）、准结构化数据（网站地址字符串）和非结构化数据代表了不同的挑战，需要使用不同的技术来分析。

1.4　大数据的发展

如果仅仅是从数据量的角度来看，大数据在过去就已经存在了。例如，波音公司的喷气发动机每 30 分钟就会产生 10 太字节的运行信息数据，安装有 4 台发动机的大型客机，每次飞越大西洋就会产生 640 太字节的数据。世界各地每天有超过 2.5 万架的飞机在工作，可见相应数据量是何等庞大。生物技术领域中的基因组分析，以及太空开发领域，从很早就开始使用十分昂贵的高端超级计算机来对庞大的数据进行分析和处理了。

对于大数据，现在和过去的区别之一，就是大数据已经不仅产生于特定领域中，而且产生于我们每天的日常生活中，微信、QQ 等社交媒体上的文本数据就是最好的例子。而且，尽管我们无法得到全部数据，但大部分数据可以通过公开的 API（Application Program Interface，应用程序接口）相对容易地进行采集。在 B2C（Business to Customer，企业对用户）企业中，使用文本挖掘和情感分析等技术，可以分析消费者对自家产品的评价。

1.4.1　硬件性价比提高与软件技术进步

随着计算机性价比的提高，磁盘价格的下降，利用通用服务器对大量数据进行高速处理的软件技术 Hadoop 的诞生，以及随着云计算的兴起，甚至已经无须自行搭建大规模环境——上述这些因素大幅降低了大数据存储和处理的门槛。因此，过去只有像美国 NASA（National Aeronautics and Space Administration，国家航空航天局）这样的研究机构以及屈指可数的几家特大型企业才能做到的对大量数据的深入分析，现在只要极小的成本和极少的时间就可以完成。无论是刚刚创业的公司还是存在多年的公司，也无论是小、中型企业还是大型企业，都可以对大数据进行充分的利用。

（1）计算机性价比的提高。承担数据处理任务的计算机，其处理能力遵循摩尔定律，一直在不断进化。摩尔定律是英特尔公司共同创始人之一的戈登·摩尔于 1965 年提出的一个观点，即"集成电路芯片上所集成的电路的数量，大约每 18 个月会翻一番"。从家电卖场中所陈列的计算机规格指标就可以一目了然地看出，现在以同样的价格能够买到的计算机，其处理能力已经与过去不可同日而语了。

（2）磁盘价格的下降。除了CPU（Central Processing Unit，中央处理器）性能的提高，硬盘等存储器（数据的存储装置）的价格也明显下降。2000 年的硬盘平均每吉字节容量的单价约为 16 美元到 19 美元，而现在却只有 7 美分（换算成人民币，就相当于 0.4～0.5 元），相当于下降到了10 年前的 1/270～1/230。

变化的不仅仅是价格，存储器在重量方面也产生了巨大的进步。1982 年日立最早开发的超 1 吉字节级硬盘（容量为 1.2 吉字节），重量约为 250 磅（约合 113 千克）。而现在，32 吉字节的微型 SD 卡的重量却只有 0.5 克左右，技术进步的速度相当惊人。

（3）大规模数据分布式处理技术 Hadoop 的诞生。Hadoop 是一种可以在通用服务器上使用的开源分布式处理技术，它的诞生成为目前大数据浪潮的"第一推动力"。如果只是结构化数据不断增长，用传统的关系数据库和数据仓库，或者其衍生技术，就可以对这类数据进行存储和处理了，但这样的技术无法对非结构化数据进行处理。Hadoop 的最大特征，就是能够对大量非结构化数据进行高速处理。

1.4.2　云计算的普及

大数据的处理环境现在在很多情况下并不一定要自行搭建了。例如，使用亚马逊的云计算服务 EC2（Elastic Compute Cloud，弹性计算云）和 S3（Simple Storage Service，简单存储服务），就可以在无须自行搭建大规模数据处理环境的前提下，以按用量付费的方式，来使用由计算机集群组成的计算处理环境和大规模数据存储环境。此外，EC2 和 S3 还利用预先配置的 Hadoop 工作环境提供了 EMR（Elastic Map Reduce，弹性地图缩减）服务，利用这样的云计算服务，即使是资金不太充裕的创业型公司，也可以进行大数据的分析了。

1.4.3　大数据作为 BI 的进化形式

认识大数据，我们还需要理解 BI（Business Intelligence，商务智能）的潮流和大数据之间的关系。对企业内外所存储的数据进行组织性、系统性的集中、整理和分析，从而获得对各种商务决策有价值的知识和观点，这样的概念、技术及行为称为 BI。大数据作为 BI 的进化形式，被充分利用后不仅能够高效地预测未来，还能够提高预测的准确率。

BI 这个概念，是 1989 年由时任高德纳咨询公司分析师的霍华德·德雷斯纳所提出的。德雷斯纳当时提出的观点是，应该将过去 100%依赖信息系统部门来完成的销售分析、客户分析等业务，让作为数据使用者的管理人员以及一般商务人员等最终用户来亲自参与，从而实现决策的迅速化以及生产效率的提高。

BI 的主要目的是分析从过去到现在发生了什么、为什么会发生，并做出报告。也就是说，BI 是将过去和现在进行可视化的一种方式。

然而，现在的商业环境变化十分剧烈。对于企业今后的活动来说，在将过去和现在进行可视化的基础上，预测出接下来会发生什么显得更为重要。也就是说，从观察现在到预测未来，BI 也正在经历着不断的进化。

要对未来进行预测，可从庞大的数据中发现有价值的规则和模式的数据挖掘是一种非常有用的手段。为了让数据挖掘的执行更加高效，要使用能够从大量数据中自动学习知识和有用规则的机器学习技术。从特性上来说，机器学习对数据的要求是越多越好。也就是说，它与大数据可谓是"天生一对"。一直以来，机器学习的瓶颈在于如何存储并高效处理学习所需的大量数据。然而，随着硬盘单价的大幅下降、Hadoop 的诞生，以及云计算的普及，这些问题正逐步得以解决。现实中，对大数据应用机器学习的实例正在不断涌现。

1.4.4 从交易数据到交互数据

对从像"卖出了一件商品""一位客户解除了合同"这样的交易数据中得到的"点"信息进行统计还不够，我们想要得到的是"为什么卖出了这件商品""为什么这个客户离开了"这样的上下文（背景）信息。而这样的信息，需要从与客户之间产生的交互数据这种"线"信息中来获取。以非结构化数据为中心的大数据分析需求的不断高涨，也正是这种趋势的一个反映。

例如，像京东这样运营电子商务（简称电商）网站的企业，可以通过网站的点击流数据，追踪客户在网站内的行为，从而对客户从访问网站到最终购买商品的行为路线进行分析。这种点击流数据，正是表现客户与公司网站之间相互作用的一种交互数据。

举个例子，如果知道通过单击站内广告最终购买商品的客户比例较高，那么针对其他客户，就可以根据其过去的单击记录来展示他/她可能感兴趣的商品，从而提高其最终购买商品的概率。或者，如果知道很多客户都会从某一个特定的页面离开网站，就可以下功夫来改善这个页面的可用性。通过交互数据分析所得到的信息的价值是非常大的。

对于消费品公司来说，可以通过客户的会员数据、购物记录、呼叫中心通话记录等数据来寻找客户解约的原因。上述这些都是表现与客户之间交流的交互数据，只要推进对这些交互数据的分析，就可以越来越清晰地掌握客户解约的原因。最近，随着"社交化 CRM（Customer Relationship Management，客户关系管理）"呼声的高涨，越来越多的企业都开始利用微信、推特等社交媒体来提供客户支持服务了。

一般来说，网络上的数据比真实世界中的数据更加容易收集，因此来自网络的交互数据也得到了越来越多的利用。不过，今后随着传感器等物态探测技术的发展和普及，在真实世界中对交互数据进行利用也将不断推进。

例如，在超市中，可以将由植入购物车中的 IC（Integrated Circuit，集成电路）标签收集到的顾客行动路线数据与销售数据相结合，从而分析出顾客买或不买某种商品的理由，这样的应用现在已经开始出现了。或者，也可以像前面讲过的那样，通过分析监控摄像机中的视频资料来分析店内顾客的行为。以前也并不是没有对店内顾客的购买行为进行分析的方法，只不过，那种分析方法大多是由调查员肉眼观察并记录，这种记录是非数字化的，成本很高，而且收集到的数据也比较有限。

进一步讲，今后更为重要的是对连接网络世界和真实世界的交互数据进行分析。在市场营销的世界中，O2O（Online to Offline，线上到线下）已经逐步成为一个关键词，它是指网络上（线上）的信息对真实世界（线下）的购买行为产生的影响。举例来说，很多人在准备购买一种商品时会先到评论网站去查询商品的价格和评价，然后到实体店去购买该商品。

对于O2O，网络上的哪些信息会与实际来店顾客的消费行为产生关联，对这种线索的分析，即对交互数据的分析，显得尤为重要。

【习题】

1.（　　）是人类文明的核心，在农业时代它是土地，在工业时代它是机器，在数字时代它是数据。

    A. 自然环境　　　　B. 物质财富　　　　C. 生产资料　　　　D. 信息资源

2.（　　）方式是人类文明的重要表征。在数字时代，基于数字劳动而不断发展和丰富着数字文明。

    A. 劳动　　　　B. 学习　　　　C. 生活　　　　D. 生产

3. 以（　　）技术为基座的互联网，在促进交流、提高效率，也在重塑制度、催生变革，更在影响着社会思潮和人类文明进程。这是不可逆转的时代趋势。

    A. 物理　　　　B. 信息　　　　C. 电子　　　　D. 数字

4. 随着计算机技术全面和深度地融入社会生活，信息爆炸不仅使世界充斥着比以往更多的信息，而且其增长速度也在加快。信息总量的变化导致了（　　）——量变引起了质变。

    A. 数据库的出现　　　　　　B. 信息形态的变化

    C. 网络技术的发展　　　　　D. 软件开发技术的进步

5. 综合观察社会各个方面的变化趋势，我们能真正意识到信息爆炸或者说大数据的时代已经到来。不过，（　　）不是本书中提到的典型领域或行业。

    A. 天文学　　　　B. 互联网公司　　　　C. 医疗保险　　　　D. 医疗器械

6. 马丁·希尔伯特进行了一个比较全面的研究，他试图得出人类所创造、存储和传播的一切数据的确切大小。有趣的是，根据马丁·希尔伯特的研究，在2007年的数据中，（　　）。

    A. 只有约7%是模拟数据，其余全部是数字数据

    B. 只有约7%是数字数据，其余全部是模拟数据

    C. 几乎全部都是模拟数据

    D. 几乎全部都是数字数据

7. 公元前 3 世纪，亚历山大图书馆可以代表世界上所有的知识。但是，当数字数据的洪流席卷世界之后，每个地球人都可以获得大量的数据，相当于当时亚历山大图书馆存储的数据总量的（　　）倍之多。

    A. 3　　　　　　　　B. 320　　　　　　　C. 30　　　　　　　D. 3 200

8. 对于人类来说，最重要的物理定律之一便是（　　）。但对于细小的昆虫来说，物理宇宙中有效的约束是（　　）。

    A. 表面张力　万有引力　　　　　　B. 万有引力　表面张力

    C. 万有引力　万有引力　　　　　　D. 能量守恒　表面张力

9. 对于大数据，现在和过去的区别之一，就是大数据已经不仅产生于特定领域中，而且产生于我们每天的日常生活中。但是，（　　）不是促进大数据时代到来的主要动力。

    A. 硬件性价比提高　　　　　　　　B. 云计算的普及

    C. 大数据作为 BI 的进化形式　　　D. 贸易保护促进了地区经济的发展

10. 大数据，狭义上可以定义为（　　）。

    A. 随着互联网的发展，在我们身边产生的大量数据

    B. 用现有的一般技术难以管理的大量数据的集合

    C. 随着硬件和软件技术的发展，数据的存储、处理成本大幅下降，从而促进数据大量产生

    D. 随着云计算的兴起而产生的大量数据

11. 所谓"用现有的一般技术难以管理"，举例来说是指（　　）。

    A. 用目前在企业数据库占据主流地位的关系数据库无法进行管理、具有复杂结构的数据

    B. 由于数据量的增大，导致对非结构化数据的查询产生了数据丢失

    C. 分布式处理系统无法承担如此巨大的数据量

    D. 数据太少无法适应现有的数据库处理条件

12. 大数据的定义是一个被故意设计成具有主观性的定义，即并不定义数据集超过一个特定大小才叫大数据。随着技术的不断发展，符合大数据标准的数据集容量（　　）。

    A. 稳定不变　　　B. 略有精简　　　C. 大幅压缩　　　D. 也会增长

13. 可以用 3 个特征相结合来定义大数据，即（　　）。

    A. 数量、速度和价值　　　　　　　B. 庞大容量、极快速度和丰富的数据

    C. 数量、种类和速度　　　　　　　D. 丰富的数据、极快的速度、极大的能量

14. IBM 公司在 3V 的基础上又归纳总结了第四个 V（　　），只有这样的数据，才能让对数据的管控和治理真正有意义。

    A. 真实而准确　　　　　　　　　　B. 具体而细致

    C. 标准且规范　　　　　　　　　　D. 少而精

15. 数据产生和更新的频率，也是大数据的重要特征。在下列选项中，（   ）更能说明大数据速度（速率）这一特征。

　　① 在大数据环境中，数据产生得很快，在极短的时间内就能聚集起大量的数据

　　② 从企业的角度来说，数据的速率代表数据从进入企业边缘到能够马上进行处理的时间

　　③ 处理快速的数据输入流，需要设计弹性的数据处理方案，也需要强大的数据存储能力

　　④ 在数据变化的过程中动态地对大数据的数量和种类执行分析

　　A. ①②③　　　　B. ②③④　　　　C. ①③④　　　　D. ①②③④

16. （   ）、传感器和数据采集技术的快速发展、通过云和虚拟化存储设施增加的信息链路，以及创新软件和分析工具，正在驱动着大数据。

　　A. 廉价的存储器　　　　　　　　B. 昂贵的存储器

　　C. 小而精的存储器　　　　　　　D. 昂贵且精准的存储器

17. 在广义层面上为大数据下的定义为：所谓大数据，是一个综合性概念，它包括因具备 3V 特征而难以进行管理的数据，（   ）。

　　A. 对这些数据进行存储、处理、分析的技术

　　B. 对这些数据进行存储、处理、分析的技术，以及能够通过分析这些数据获得实用意义和观点的人才和组织

　　C. 能够通过分析这些数据获得实用意义和观点的人才和组织

　　D. 数据科学家、数据工程师和数据工作者

18. 实际上，大多数的数据都是（   ）的。

　　A. 结构化　　　　　　　　　　　B. 非结构化

　　C. 非结构化或半结构化　　　　　D. 半结构化

19. 一般来说，网络上的数据比真实世界中的数据更加容易收集。不过，今后随着（   ）等物态探测技术的发展和普及，在真实世界中对交互数据进行利用也将不断推进。

　　A. 算法　　　　B. 程序　　　　C. 大数据　　　　D. 传感器

02 第2章　数字化转型与数字经济

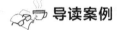导读案例

数字文明如何作答四问

国家主席习近平在 2022 年世界经济论坛视频会议中指出,"当今世界正在经历百年未有之大变局。这场变局不限于一时一事、一国一域,而是深刻而宏阔的时代之变。"

一问。数字文明之于现实?是融合的、进化的。

当"工业文明"深度融合"数字",进化出的就是"数智生产力"。成立仅 1 年多的乌镇实验室就是最生动的注解。截至目前,乌镇实验室科研团队总人数已达 82 人,硕博人才和高级职称研发人员占比超 83%,强大的人才队伍加速推动技术成果从"实验室"向"车间"转化,为新材料产业构建起"最强智库"。工业文明与数字文明的抽象化示意如图 2-1 所示。

图 2-1　工业文明与数字文明的抽象化示意

以"县域经济"起家的浙江,提出打造数字经济"一号工程"升级版,以科技创新和数字变革催生新的发展动能,全面建设数字经济强省。

二问。数字文明之于大众?是可知的、可感的。

其实任何文明，真正来到我们身边时，在未知的时间角落里都已经存在很久，直到在关键场景触及大众的普遍利益。

"浙有善育""浙里优学""浙派工匠""浙里健康""浙里长寿""浙里安居""浙有众扶"，一张张"数字"金名片犹如柴米油盐，浸润着普通人的生活，注入了共富因子……

三问。数字文明之于人类命运？是开放的、共享的。

拉伸历史的长焦镜头，世界互联网大会已开展了9届。从"互联互通 共享共治""构建网络空间命运共同体"，到"发展数字经济 促进开放共享""创造互信共治的数字世界"，再到今天的"共建网络世界 共创数字未来"。不同的主题，相同的愿景，中国始终为推动构建更紧密的人类命运共同体而努力。

而中国对于数字文明有更深刻的理解与定义。中国式数字文明作为社会主义文明的当代新形态，拥有悠长历史及深厚底蕴的古老文明和社会主义制度优势，呈现出这片土地与西方国家不同的秉性与特质，具有共享性、共治性和全人类正向性的鲜明特点。

"相通则共进，相闭则各退。"中国式数字文明，为世界各国描绘了共同发展、互利共赢的发展前景。

四问。数字文明之于未来？是流动的、发展的。

站在明天看今天。面向呼啸而来的数字文明，我们不可忽视还有许多没有消弭、暂时未能跨越的"数字鸿沟"（见图2-2），世界范围内数字领域发展不平衡、规则不健全、秩序不合理等问题日益凸显，侵害个人隐私、侵犯知识产权、网络犯罪等时有发生，网络监听、网络攻击、网络恐怖主义活动等成为全球公害。

图 2-2　数字鸿沟

在数字文明全面到来前，就要努力填平这一道道沟壑，在流动发展中，构建更加公平、可持续发展的经济和社会环境，以数字公平保障共同富裕，实现"文明共享"。

关于数字文明的明天，"唯一可以确定的是，明天会使我们所有人大吃一惊"。但我们相信，有了更多的"数字中国"方案，有了更多的"数字长三角"先试先行，我们可以一路摸索、一路创新，更好地抢占未来的制高点。

资料来源：浙江新闻客户端，记者为沈烨婷，2022-11-09。

阅读上文，请思考、分析并简单记录。

（1）请问，你怎么理解"当'工业文明'深度融合'数字'，进化出的就是'数智生产力'"？

答：＿＿＿＿＿＿＿＿＿＿＿＿＿＿＿＿＿＿＿＿＿＿＿＿＿＿＿＿＿＿＿＿＿＿＿

＿＿＿＿＿＿＿＿＿＿＿＿＿＿＿＿＿＿＿＿＿＿＿＿＿＿＿＿＿＿＿＿＿＿＿＿＿

＿＿＿＿＿＿＿＿＿＿＿＿＿＿＿＿＿＿＿＿＿＿＿＿＿＿＿＿＿＿＿＿＿＿＿＿＿

（2）到 2022 年，乌镇的世界互联网大会已开展了 9 届。请搜索、记录这 9 届大会的不同主题。请简单阐述"不同的主题，相同的愿景"。

答：＿＿＿＿＿＿＿＿＿＿＿＿＿＿＿＿＿＿＿＿＿＿＿＿＿＿＿＿＿＿＿＿＿＿＿

＿＿＿＿＿＿＿＿＿＿＿＿＿＿＿＿＿＿＿＿＿＿＿＿＿＿＿＿＿＿＿＿＿＿＿＿＿

＿＿＿＿＿＿＿＿＿＿＿＿＿＿＿＿＿＿＿＿＿＿＿＿＿＿＿＿＿＿＿＿＿＿＿＿＿

（3）在数字文明全面到来前，要努力填平"数字鸿沟"的这一道道沟壑，在流动发展中，构建更加公平、可持续发展的经济和社会环境，以数字公平保障共同富裕，实现"文明共享"。请简单阐述你对填平"数字鸿沟"的看法。

答：＿＿＿＿＿＿＿＿＿＿＿＿＿＿＿＿＿＿＿＿＿＿＿＿＿＿＿＿＿＿＿＿＿＿＿

＿＿＿＿＿＿＿＿＿＿＿＿＿＿＿＿＿＿＿＿＿＿＿＿＿＿＿＿＿＿＿＿＿＿＿＿＿

＿＿＿＿＿＿＿＿＿＿＿＿＿＿＿＿＿＿＿＿＿＿＿＿＿＿＿＿＿＿＿＿＿＿＿＿＿

（4）请简单记述你所知道的上一周内发生的国际、国内或者身边的大事。

答：＿＿＿＿＿＿＿＿＿＿＿＿＿＿＿＿＿＿＿＿＿＿＿＿＿＿＿＿＿＿＿＿＿＿＿

＿＿＿＿＿＿＿＿＿＿＿＿＿＿＿＿＿＿＿＿＿＿＿＿＿＿＿＿＿＿＿＿＿＿＿＿＿

＿＿＿＿＿＿＿＿＿＿＿＿＿＿＿＿＿＿＿＿＿＿＿＿＿＿＿＿＿＿＿＿＿＿＿＿＿

2.1 数字化

数字化能改变人们的思维、行动和运营方式，它允许实现系统自动化，并释放人力资源以增加价值，使企业更加敏感，使事情发生得更快，而不是通过管理任务进行磨炼。数字化是信息技术发展的高级阶段，是数字经济的主要驱动力。

数字化与数字化转型

与数字化相关的技术主要有大数据、人工智能、云计算、5G 通信、工业互联网、物联网、区块链等。实现数字化，需要这些技术的参与。

2.1.1　数字化的概念

国际咨询公司高德纳在 2011 年定义了数字化转型，定义内容如下。

digital（数字）：形容词或名词，是指通过二进制代码表示的物理项目或活动。当用作形容词时，它描述的是最新数字技术在改善组织流程，改善人员、组织与事物之间的交互或使新的业务模型成为可能方面的主要用途。

digitalization（数字化）：名词，是指利用数字技术来改变商业模式并提供新的收入和价值创造机会；它是转向数字业务的过程。

digital-business-transformation（数字化-业务-转型）：是开发数字技术及其支持功能以创建强大的新数字业务模型的过程。

数字化的概念分为狭义数字化和广义的数字化。

（1）狭义的数字化主要是利用数字技术，对具体业务、场景的数字化改造，更关注数字技术本身对业务的降本增效作用。具体来说，狭义的数字化是指利用信息系统、各类传感器、机器视觉等信息通信技术，将物理世界中复杂多变的数据、信息、知识转变为一系列二进制代码，引入计算机内部，形成可识别、可存储、可计算的数字或数据，再以这些数字、数据建立起相关的数据模型，进行统一处理、分析、应用。这是数字化的基本过程。通常用模数转换器执行这个转换。

（2）广义的数字化是利用互联网、大数据、人工智能、区块链等新一代数字技术，对企业、政府等各类组织的业务模式、运营方式进行系统化、整体性的变革，更关注数字技术对组织的整个体系的赋能和重塑，强调的是数字技术对整个组织的重塑，数字技术能力不再只是单纯地解决降本增效问题，而成为赋能模式创新和业务突破的核心力量。

场景、语境不同，数字化的含义也不同。针对具体业务的多为狭义的数字化，针对企业、组织整体数字化变革的多为广义的数字化。广义的数字化在概念上包含狭义的数字化。

数字化的优点如下。

（1）与模拟信号相比，数字信号属于加工信号，它对于有杂波和易产生失真的外部环境及电路条件来说，具有较好的稳定性。可以说，数字信号适用于易产生杂波和波形失真的录像机及远距离传送。数字信号传送具有稳定性好、可靠性高的优点。

（2）数字信号需要使用集成电路和大规模集成电路，而且计算机可以容易地处理数字信号。数字信号还适用于数字特技和图像处理。

（3）数字信号处理电路简单。它没有模拟电路需要的各种调整工作，因而电路工作稳定，使得技术人员能够从日常的调整工作中解放出来。例如，模拟摄像机需要使用 100 个以上的可变电阻，在有些地方调整这些可变电阻的同时，还需要调整摄像机的摄像特性。各种调整工作彼此之间又相互有微妙的影响，需要反复进行调整，才能够使摄像机接近于完善的工作状态。在电视广播设备里，摄像机还算是较小的电子设备。如果摄像机 100%数字化，就可以不需要调整了。这对厂家来说，降低了摄像机的成本费用；对客户来说，不需要熟练的工程师，还缩短了节目制作时间。

（4）数字信号易于进行压缩。这一点对于数字化摄像机来说，是主要的优点。

但是，数字化处理会造成图像质量的损伤。换句话说，经过"模拟→数字→模拟"的处理，图像的质量多少会有所降低。严格地说，从数字信号恢复到模拟信号，将其与原来的模拟信号相比，不可避免地会有损失。为了提高数字化图像的质量，我们需要进一步增加信息量。这是数字化技术需要解决的难题，同时也是数字信号的基本问题。

例如，在胶卷相机（见图 2-3）和数码相机中，机器芯片处理的是模拟信息，得到的则为二进制信息，这就实现了数字化。

图 2-3　胶卷相机

胶卷相机的原理是：光线映入镜头，镜头把景物影像聚焦在胶片上，胶片上的感光剂随光线发生变化，可经显影液显影和定影。

数码相机的原理是：光线映入镜头，经过影像检测传感器将光线作用强度转换为电荷的累积，再通过模数转换芯片转换成数字信号（也就是 0 与 1 的信号）。

也就是说，数码相机将影像经过机器芯片处理直接变成二进制数字信号。如果不符合这个原理，那就不是数字化。这是数字化的关键判别原则。

2.1.2　从历史发展看数字化

对于数字化这个前沿的名词，从历史发展规律的角度来看，其实不难理解。下面我们通过几次工业革命来寻找科技发展的规律。

第一次工业革命：机械时代。第一次工业革命开始于 18 世纪 60 年代，标志性的事件是织布工哈格里夫斯发明了"珍妮纺织机"（见图 2-4），从此棉纺织业出现了螺机、水力织布机等先进机器。不久以后，采煤、冶金等许多工业行业也陆续出现机器生产。随着各行业机器生产越来越多，原有的动力（如畜力、水力和风力等）已经无法满足需要。1785 年，瓦特制成的改良型蒸汽机投入使用，它提供了更加便利的动力，人类社会进入了"机械化时代"。大机器生产开始取代手工业。大机器生产促进了工厂和城市的兴盛，生产力开始大爆发。第一次工业革命也催生了一大批新行业，如铁路、钢铁、机器、轮船等行业。当然，这些企业中也有很多企业后来消失在了历史的长河里，但还是有小部分存活下来了，如杜邦公司等。

第二次工业革命：电气时代。1866年，德国人西门子研制出发电机（见图2-5），随后电灯、电车、电影放映机相继问世，人类进入了"电气时代"。19世纪70年代到19世纪80年代，以煤和汽油为燃料的内燃机相继诞生，解决了交通工具的动力问题，让汽车、轮船和飞机得到迅速发展，并推动了石油开采业的发展和石油工业的产生。19世纪70年代贝尔发明了电话，19世纪90年代马可尼发明了无线电报，为迅速传递信息提供了可能。发电机、电灯、电车、内燃机、电话和无线电报等的发明，推动了第二次工业革命，它催生了一批新行业，如电力、通信、化学、石油和汽车等行业，这些新行业都实行大规模的集中生产，这样也让生产和资本变得更加集中，以至于少数采用新技术的企业挤垮了大量技术落后的企业。当时诞生了许多现在依然活跃的跨国公司，包括德国的西门子、奔驰，美国的通用电气、通用汽车、埃克森美孚，等等。

图2-4 珍妮纺织机

图2-5 西门子发电机

第三次工业革命：信息时代。第三次工业革命于20世纪40年代开始，其代表技术是电子计算机（第一台电子计算机——ENIAC如图2-6所示）、原子能、航天、人工合成材料、分子生物学等，它让生产效率的提升从以前主要依靠提高劳动强度，变成通过生产技术的不断进步、劳动者的素质和技能的不断提高实现。这一改变也使经济、管理、生活等发生重大变化，人类的衣、食、住、行、用也在发生重大变化。对人类社会影响极大的是计算机的发明和应用，它推动了生产自动化、管理自动化、科技手段现代化和国防技术现代化。第三次工业革命也催生出了一大批新行业，如计算机、新材料、生物制药、航空航天（见图2-7）、原子能等行业，现代服务也是从这个时期开始兴起的，经济全球化和全球产业分工成为趋势。第三次工业革命期间诞生了一大批现在依然活跃的公司，如苹果、微软等公司。

第四次工业革命：数字时代。现在，我们正处于第四次工业革命时期，它是第三次工业革命的延续或者更准确点说是升级。其标志性事件就是万维网的诞生。1990年，蒂姆·伯纳斯·李第一次成功通过互联网实现HTTP代理与服务器的通信，这意味着万维网诞生了。万维网让互联网开始走向商用并成为一个产业，让人们从信息时代走向数字时代。第四次工业革命催生了很多新兴行业，如互联网、人工智能等行业，也催生了很多公司，包括现在十分活跃的阿里巴巴、腾讯、百度、小米等公司，一些传统企业也在通过转型涉足这些行业，如IBM、苹果、微软、华为等公司。

图 2-6　ENIAC　　　　　　　　图 2-7　航空航天

5G 是中国在科技领域"翻身"的开始。前两次工业革命时，我们正处在清政府时期，由于没有及时跟随时代的发展，导致国家和民族的衰落，与西方的差距越来越大，科技的发展很大程度上关乎国家和民族的兴衰。直到第三次工业革命，我们才开始慢慢步入世界发展的轨道，但依然落后于欧美发达国家，要实现国家的复兴目标，科技领域的追赶必定是重中之重。

我们从能量和信息两个维度来看技术的发展。第一次和第二次工业革命的重心是对能量进行充分利用，第三次和第四次工业革命是对信息进行充分利用。当综合运用信息和能量的时候，人类改造世界的能力极大增强，这就是我们审视这 4 次工业革命的思维框架。

每一次工业革命都催生了一批新的行业和企业，也"摧毁"了一批传统行业，并对其他行业产生革命性影响。如 100 多年前，发电机的发明对人们的生活和生产产生了很大影响，另外，企业也面临是否接入电网的问题，因为如果不接入电网，企业将失去竞争力。在互联网时代，企业同样面临是否接入互联网的问题，因为不接入互联网、不实现数字化转型，企业将面临淘汰。

2.1.3　从技术层面看数字化

从信息化到数字化，其背后是 3 种底层技术（各种智能终端、中央信息处理功能以及互联网）的广泛应用。

智能终端包括手机、可穿戴设备、传感器和应用程序等。智能终端可以自动产生和传输信息，例如，当我们用手机定位系统时，手机会自动向系统发送位置信息；当我们使用支付软件时，它会自动向系统提供我们的信用信息；等等。个体不仅是信息的消费者，也是信息的生产者，海量的信息数据为大数据提供基础。

中央信息处理功能的升级，主要体现为人工智能、大数据和云计算的广泛应用。在信息时代，数据处理是由计算机完成的，但互联网可以把计算能力集中在一起，通过网络向每个终端输出计算能力，终端只需要具备简单的处理和展示功能。

互联网的升级，主要体现为从有线互联网到无线互联网，摆脱了物理空间的限制，从 3G 到 4G 再到 5G，网速越来越快，同时接入的设备也越来越多，响应时间越来越短，智能驾驶、物联网变得越来越成熟和普及。

2.1.4　数字化的意义

数字化是信息技术发展的高级阶段，是数字经济的主要驱动力。随着新一代数字技术的快速发展，各行各业利用数字技术创造了越来越多的价值，加快推动了数字化变革。

（1）数字技术革命推动人类的数字化变革。人类社会的经济形态随着技术的进步不断演变，农耕技术开启了农业经济时代，工业革命实现了农业经济向工业经济的演变，如今数字技术革命推动人类生产、生活的数字化变革，孕育出一种新的经济形态——数字经济。数字化成为数字经济的核心驱动力。

（2）数字技术成本的降低让数字化价值充分发挥。自计算机的发明开始，物联网、云计算、人工智能等各类数字技术不断涌现，成本不断降低，使得数字技术从科学走向实践，形成了完整的数字化价值链。它在各个领域实现了应用，推动了各个行业的数字化，促进了各个行业不断创造新的价值。

（3）数字基础设施快速发展推动数字化应用更加广泛、深入。政府和社会各界全面加快数字基础设施建设，推进工业互联网、人工智能、物联网、车联网、大数据、云计算、区块链等技术集成创新和融合应用，让数字化应用更加广泛、深入，涉及社会经济运行的各个层面，成为推动数字经济发展的核心动力。

2.2　数字化转型

当企业随着技术进步而采用全新的方式——数字化方式来开展业务时，它们就是在实施数字化转型。这一过程是使用数字化工具从根本上实现转变的过程，这种转型是指通过技术和文化变革来改进或替换现有的资源。数字化转型并不是指购买某个产品或某种解决方案，而是指会影响各行各业中涉及 IT（Information Technology，信息技术）的所有要素。一个标准的企业数字化转型的架构设计如图 2-8 所示。

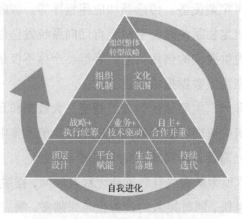

图 2-8　企业数字化转型的架构设计

2.2.1　购物流程的变化

我们来看看大家熟悉的购物流程所发生的变化。过去，人们去商场购物，后来到超市购物，而现在可能是应用电商来购物。

购物有个一般流程：挑选商品→确认商品→结算→支付。

过去在商场购物，商品是售货员给拿的，顾客自己不能随便拿。

后来有了超市，顾客可以在超市自主随意挑选商品，然后到出口处收银员那里进行收银结算和支付。

应用电商后，人们不仅能自主随意挑选商品，而且系统自动结算，可用微信支付或支付宝支付来付款。

现在又出现了一种购物方式，那就是无人零售商店：你到里面去自主随意挑选商品，然后拿了商品直接出门就可以了，后台会自动识别你、自动跟踪你的行走轨迹、自动识别商品、自动完成结算、自动完成支付。这就是真正的数字化，也就是说，这个购物活动经过机器芯片处理直接变成二进制数字信号。这就是真正的数字化转型，它带来的用户体验的改变、业务流程的改变，甚至商业模式的改变，太大了。这一点才是数字化转型的效果和价值。

所以说，数字化转型并不是指用新技术（移动、容器、大数据、人工智能）重新开发一次系统，然后将其放到云上，做成多租户、年度订阅持续收费的模式。因为这种模式是信息化，并不是数字化转型。简单来说，数字化以机器为主，以人为辅；信息化以人为主，以机器为辅。

2.2.2　信息化与数字化

所谓信息，一定是经过人为理解、加工提炼的，而不是最原始的百分之百的事实。在传统超市购物，你从进门到挑选商品，再到结账，乃至支付，收银员只能记录下你买的商品的信息，而且是通过几个字段来描述你买的商品，如商品名称、型号规格、数量、价格……这些信息就是明显的收银员人为理解、加工提炼的。如果你进入的是真正的数字化商店，整个购物过程，从进门到出门，都会被全程全息忠实记录。

数字化以机器为主，以人为辅。为了满足这个原则，需要一系列的技术支撑，如业务在线自动化智能化处理、数据驱动和大数据技术（需要云资源来进行海量数据存储与计算）、人工智能技术（需要云资源来进行海量数据分析）、物联网（Internet of Things，IoT）技术（需要云资源来接入 IoT 设备）等。

与传统的信息化相比，无论是狭义的数字化还是广义的数字化，都是在信息化高速发展的基础上诞生和发展的。但与传统信息化的条块化服务业务的方式不同，数字化更多的是对业务和商业模式进行系统性变革、重塑。

（1）数字化打通了企业数据"孤岛"，释放了数据价值。信息化是指充分利用信息系统，根据企业的生产过程、事务处理、现金流动、客户交互等业务过程，加工生成相关数据、信息、知识来支持业务效率提升，更多的是一种条块分割、烟囱式的应用。而数字化则是指利用新一代ICT（Information and Communication Technology，信息与通信技术），通过对业务数据的实时获取、网络协同、智能应用，打通企业数据"孤岛"，让数据在企业系统内自由流动，以充分发挥数据价值。

（2）数字化以数据为主要生产要素。数字化以数据作为企业主要生产要素，要求将企业中所有的业务、生产、营销、客户等有价值的事、物、人全部转变为数字数据，形成可存储、可计算、可分析的数据，并将其与外部数据一起进行实时分析来指导企业生产、运营等各项业务。

（3）数字化改变了企业生产关系，提升了企业生产力。数字化让企业从传统生产要素转向以数据为主要生产要素，从传统部门分工转向网络协同的生产关系，从传统层级驱动转向以数据智能化应用为核心驱动的方式，让生产力得到指数级提升。它使企业能够实时洞察各类动态业务的一切信息，实时做出最优决策，企业资源得到合理配置，以适应瞬息万变的市场经济竞争环境，实现最大的经济效益。

虽然我们正处在信息化向数字化过渡的阶段，但很多企业连最起码的信息化都还没完成。随着互联网的快速发展，新的事物和行业出现得越来越快，这是由时代发展决定的。

在信息时代，我们把信息输入计算机中。企业资源计划（Enterprise Resource Planning，ERP）、办公自动化（Office Automation，OA）、客户关系管理（CRM）、商务智能（BI）等系统都属于信息时代的产物。为了方便管理和业务的有序发展，大部分企业现在至少有一到两个系统在使用中。

但是，随着新技术如人工智能、云计算、大数据和智能终端的普及，数据能自动产生并被集中处理，我们对数据的利用程度极大提高，这就是从信息化到数字化的转变。"信息技术"如今正在被"数字技术"替代。从历史的规律也不难看出，数字化是信息化的延续和升级。

2.2.3 数字化企业解决方案

企业通过信息数字化来实现数字化转换，通过流程数字化来实现数字化升级，通过业务数字化，从而进一步实现数字化转型。

企业是国家经济的基本组成单位，所以数字经济的基础设施建设核心就是数字化企业，全力发展数字化企业是构建中国数字经济的关键。传统企业完成数字化转型才可能形成中国经济发展的内核。如果企业不快速地进行数字化，仍旧采用传统的低效运营管理方式，即使拥有了先进的数字化技术，可能仍旧不具备可持续发展的能力。只有大部分企业都实现了数字化转型，中国数字经济的发展才能取得最终的胜利。快速、高效地进行企业的数字化转型，进而形成数字化产业集群，是未来用数字经济构建核心竞争力的重要保障。

数字化企业具备以下三大特点。

（1）企业管理人员形成数字化思维意识，具体是管理人员要具有数字经济相关知识和技能。

（2）与企业数字化改造关联的规章制度和奖惩机制。

（3）管理人员数字化思维落地的监督和考核。

除了考虑以上 3 点特点，企业在实现数字化转型时，还应考虑以下两点。

企业构建围绕数字化的运营管理模式，具体包含围绕数字化修订的企业发展战略和商业模式，根据企业自身情况制订的数字化落地方案和实施计划，构建起企业的数字资产、数字信用和数字商业积分体系等内容。

企业具备全面数字化的高效软、硬件体系，具体涉及企业内部管理增效的数字化软、硬件体系，企业外部市场及销售增效的数字化软、硬件体系，企业通过数字化技术（互联网、大数据、云技术、人工智能、区块链、虚拟现实和增强现实等）研发、设计、生产、运营的新产品/服务综合体系相关内容。

2.3　数字孪生

数字孪生又称数字镜像、数字化映射，它是指充分利用物理模型、传感器、运行历史等，集成多学科、多物理量、多尺度、多概率的仿真过程，在虚拟空间中完成映射，从而反映对应的实体的全生命周期过程。数字孪生是一种超越现实的概念，它可以被视为一个或多个重要的、彼此依赖的装备系统的数字映射系统。一架飞机的数字孪生示意如图 2-9 所示。

数字孪生与数字
经济

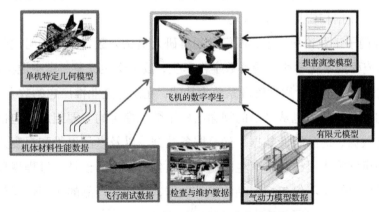

图 2-9　一架飞机的数字孪生示意

数字孪生是一个普遍适应的理论技术体系，它可以在众多领域应用，尤其是在产品设计、产品制造、医学分析、工程建设等领域应用较多。数字孪生在国内被应用最深入的是工程建设领域，被关注度最高、研究最多的是智能制造领域。

2.3.1　数字孪生的原理

最早，数字孪生思想由密歇根大学的迈克尔·格里夫斯命名为"信息镜像模型"，而后演变为术语"数字孪生"。数字孪生是在模型定义基础上发展起来的。企业在实施基于模型的系统工程的过程中产生了大量的物理、数学模型，这些模型为数字孪生的发展奠定了基础。2012年NASA给出了数字孪生的概念描述：数字孪生是指充分利用物理模型、传感器、运行历史等，集成多学科、多尺度的仿真过程，它作为虚拟空间中对实体产品的镜像，反映了对应物理实体产品的全生命周期过程。为了便于理解数字孪生，北京理工大学的庄存波等人提出了数字孪生体的概念，认为数字孪生是采用信息技术对物理实体的组成、特征、功能和性能进行数字化定义和建模的过程。数字孪生体是指在计算机虚拟空间存在的与物理实体完全等价的信息模型。我们可以基于数字孪生体对物理实体进行仿真分析和优化。数字孪生是技术、过程、方法，数字孪生体是对象、模型和数据。

进入21世纪，美国和德国的科研人员均提出了赛博-物理融合系统（Cyber-Physical System，CPS），作为先进制造业的核心支撑技术。CPS的目标就是实现物理世界与信息世界的交互融合。通过大数据分析、人工智能等新一代信息技术在虚拟世界进行仿真分析和预测，以最优的结果驱动物理世界的运行。数字孪生的本质就是信息世界对物理世界的等价映射，因此数字孪生更好地诠释了CPS，成为实现CPS的理想技术。

2.3.2　数字孪生基本组成

2011年，迈克尔·格里夫斯教授在《几乎完美：通过PLM驱动创新和精益产品》一书中给出了数字孪生的3个组成部分：物理空间的实体产品、虚拟空间的虚拟产品、物理空间与虚拟空间之间的数据和信息交互接口。

在"2016西门子工业论坛"上，西门子的科研人员认为数字孪生的组成包括产品数字化孪生、生产工艺流程数字化孪生、设备数字化孪生，数字孪生完整、真实地再现了整个企业。并且西门子以它的产品全生命周期管理系统为基础，在制造企业推广它的数字孪生相关产品。北京理工大学的庄存波等人也从产品的视角给出了数字孪生的主要组成，包括：产品的设计数据、产品工艺数据、产品制造数据、产品服务数据，以及产品退役和报废数据等。

同济大学的唐堂等人提出数字孪生的组成应该包括：产品设计、过程规划、生产布局、过程仿真、产量优化等（不仅包括产品的设计数据，还包括产品的生产过程和仿真分析，其更加全面、更加符合智能工厂的要求）。

北京航空航天大学的陶飞等人从车间组成的角度先给出了车间数字孪生的定义，其组成主要包括物理车间、虚拟车间、车间服务系统、车间孪生数据等部分。物理车间是真实存在的车间，主要负责从车间服务系统接收生产任务，并按照虚拟车间仿真优化后的执行策略，执行并完成任务；虚拟车间是物理车间在计算机内的等价映射，主要负责对生产活动进行仿真分析和优化，并对物理车间的生产活动进行实时的监测、预测和调控；车间服务系统是车间各类软件系统的总称，主要负责车间数字孪生驱动物理车间的运行和接收物理车间的生产反馈。

数字孪生最重要的启发意义在于，它实现了现实物理系统向赛博空间数字化模型的反馈。它是工业领域中逆向思维的一个壮举。人们试图将物理世界发生的一切，塞到数字空间中。只有带有回路反馈的全生命跟踪，才是真正的全生命周期概念。这样，就可以真正在全生命周期范围内，保证数字世界与物理世界的协调一致。各种基于数字化模型进行的仿真、分析、数据积累、数据挖掘，甚至人工智能的应用，都能确保其在现实物理系统的适用性。这就是数字孪生对于智能制造的意义所在。

智能系统首先要感知、建模，然后才分析、推理。如果没有数字孪生对现实生产体系的准确模型化描述，所谓的智能制造系统就是无源之水，无法落实。

2.3.3　数字孪生的研究

美国国防部最早提出将数字孪生技术用于航空航天飞行器的维护与保障：首先在数字空间建立真实飞机的模型，并通过传感器实现模型状态与飞机真实状态完全同步，这样每次飞行后，根据结构的现有情况和过往载荷，及时分析、评估飞机是否需要维修和能否承受下次的任务载荷等。

数字孪生，有时候也用来在建造一个工厂的厂房及生产线之前，就建立数字化模型，从而在虚拟的赛博空间中对工厂进行仿真，并将真实参数用于实际的工厂建设。而厂房和生产线建成之后，在日常的运维中实际的工厂建设和虚拟的赛博空间继续进行信息交互。值得注意的是，数字孪生不是构型管理的工具，也不是制成品的三维尺寸模型，更不是制成品的模型定义。

对于数字孪生的极端需求，同时也驱动着新材料开发，而所有可能影响到设备工作状态的异常将被明确地进行考察、评估和监控。数字孪生正是使用内嵌的综合健康管理系统集成了传感器数据、历史维护数据，以及通过挖掘而产生的相关派生数据。通过对以上数据进行整合，数字孪生可以持续地预测设备或系统的健康状况、剩余使用寿命以及任务执行成功的概率，也可以预测关键安全事件的系统响应，通过将其与实体的系统响应进行对比，揭示设备研制中存在的未知问题。数字孪生可以通过激活自愈的机制或者更改任务参数来减轻损害或进行系统的降级，从而延长系统使用寿命和提高任务执行成功的概率。

实现数字孪生的许多关键技术都已经被开发出来，例如多物理尺度和多物理量建模、结构化的健康管理、高性能计算等，但实现数字孪生需要集成和融合这些跨领域、跨专业的多项技术，从而对设备的健康状况进行有效评估，这与单个技术发展的愿景有着显著的区别。因此，可以设想数字孪生这样一个极具颠覆性的概念，在未来可预见的时间内很难取得足够的成熟度，故建立中间过程的里程碑目标就显得尤为必要。数字孪生的应用如图 2-10 所示。

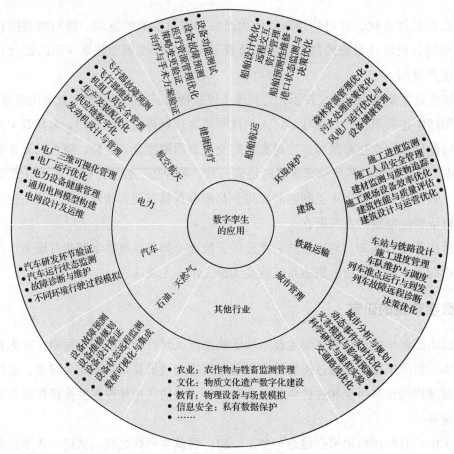

图 2-10　数字孪生的应用

2.3.4　数字孪生与数字生产线

图 2-11 所示为一个数字生产线的典型案例。数字孪生与数字生产线概念既相互关联，又有所区别。

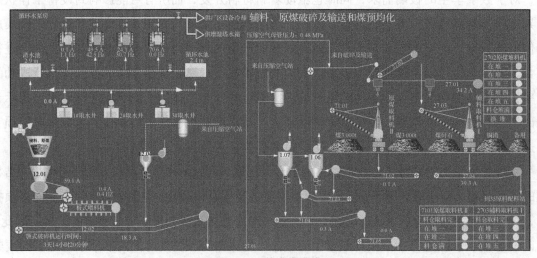

图 2-11　数字生产线

数字孪生是物理产品的数字化表达，以便我们能够从数字化产品上看到实际物理产品可能发生的情况。与其相关的技术包括增强现实和虚拟现实。数字生产线在设计与生产产品的过程中调整仿真分析模型的参数，可以将其传递到产品定义模型，再传递到数字化生产线加工成实际物理产品，接着通过在线的数字化测量/检验系统反映到产品定义模型中，进而又反馈到仿真分析模型中（见图 2-12）。

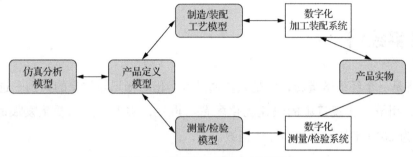

图 2-12　数据经由数字生产线流动

依靠数字生产线，所有数据模型都能够双向沟通，因此实际物理产品的状态和参数将通过与智能生产系统集成的赛博-物理融合系统 CPS 向数字化模型反馈，使生命周期各个环节的数字化模型保持一致，从而实现动态、实时评估系统的性能。而设备在运行的过程中又通过将不断增加的传感器、机器连接而收集的数据进行解释、利用，可以将后期产品生产制造和运营维护的需求融入早期的产品设计过程中，形成设计改进的智能闭环。然而，并不是建立了这样的模型就有了数字孪生，那只是数字孪生的一个角度；必须在生产中把所有真实制造尺寸反馈回模型，再用健康预测管理实时收集相关数据，将其反馈回模型，才有可能形成数字孪生（见图 2-13）。

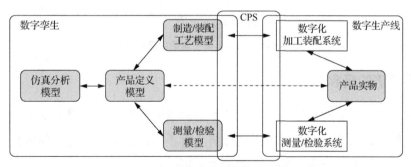

图 2-13　数字孪生与数字生产线

数字孪生描述的是通过数字生产线连接的各具体环节的模型。可以说数字生产线是把各环节集成，再配合利用数字化加工装配系统、数字化测量/检验系统以及赛博-物理融合系统的结果（仿真分析模型）。数字生产线集成了生命周期全过程的模型，这些模型与实际的智能制造系统和数字化测量/检验系统进一步与嵌入式的赛博-物理融合系统进行无缝的集成和同步，从而使我们能够从数字化产品上看到实际物理产品可能发生的情况。

简单地说，数字生产线贯穿了整个产品生命周期，尤其是从产品设计、生产到运维的无缝集成；而数字孪生更像是智能产品的概念，它强调的是从产品运维到产品设计的回馈。数字孪生是物理产品的数字化表达，通过与外界传感器的集成，反映对象从微观到宏观的所有特性，展示产品的生命周期。当然，不止产品，生产产品的系统（生产设备、生产线）和使用维护中的系统也要按需实现数字孪生。

2.4 数字经济

数字经济是一个经济学概念，它是人类通过数字化的知识与信息的识别—选择—过滤—存储—使用，引导、实现资源的快速优化配置与再生，实现经济高质量发展的经济形态。图 2-14 所示为 2019 年长三角数字经济指数。

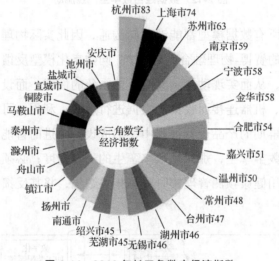

图 2-14　2019 年长三角数字经济指数

2.4.1　数字经济的概念

自人类社会进入信息时代以来，数字技术的快速发展和广泛应用衍生出数字经济。与农业时代的农业经济，以及工业时代的工业经济大有不同，数字经济是一种新的经济、新的动能、新的业态，其引发了社会和经济的整体性深刻变革。

现阶段，数字化的技术、商品与服务不仅在向传统产业进行多方向、多层面与多链条的加速渗透（即产业数字化），而且在推动诸如互联网数据中心建设与运营等数字产业链和产业集群的不断发展壮大（即数字产业化）。中国重点推进建设的 5G 网络、数据中心、工业互联网等新型基础设施，本质上就是围绕科技新产业的数字经济基础设施，数字经济已成为驱动中国经济实现又好又快增长的新"引擎"，数字经济所催生出的各种新业态也将成为中国经济新的重要增长点。

数字经济通过不断升级的网络基础设施与智能机等信息工具，互联网、云计算、区块链、物联网等信息技术，使人类处理数据的能力不断增强，推动人类经济形态由工业经济向信息经济—知识经济—智慧经济转化，极大地降低社会交易成本，提高资源优化配置效率，提高产品、企业、产业附加值，推动社会生产力快速发展，同时为落后国家后来居上、实现超越性发展提供技术基础。数字经济也称智能经济，它是工业 4.0 或后工业经济的本质特征，是信息经济—知识经济—智慧经济的核心要素。正是得益于数字经济，中国得以在许多领域实现超越性发展。

数字经济是一个内涵比较宽泛的概念，凡是直接或间接利用数据来引导资源发挥作用，推动生产力发展的经济形态都可以纳入其范畴。在技术层面，数字经济涉及大数据、云计算、物联网、区块链、人工智能、5G 通信等新兴技术。在应用层面，"新零售""新制造"等都是其应用的典型代表。

数字经济是继农业经济、工业经济之后的主要经济形态，它是以数据资源为关键要素，以现代信息网络为主要载体，以信息技术融合应用、全要素数字化转型为重要推动力，促进公平与效率更加统一的新经济形态。数字经济发展速度快、辐射范围广、影响程度深，正推动生产方式、生活方式和治理方式深刻变革，成为重组全球要素资源、重塑全球经济结构、改变全球竞争格局的关键力量。

数字经济是信息经济的另一种称谓，旨在突出支撑信息经济的信息技术二进制的数字特征，它是一种互联网经济。正如美国复合技术联盟主席 D.塔帕斯科特于 1995 年出版的《数字经济——联网智力时代的承诺和风险》一书中所说的那样，信息技术的数字革命，使数字经济成了基于人类智力联网的新经济。数字经济的发展是同信息技术（尤其是互联网技术）的广泛应用分不开的，也是同传统经济的逐步数字化、网络化、智能化发展分不开的。

发展数字经济之所以会在全球达成广泛共识，是因为当前社会经济生活的生产要素发生了巨大改变，数据已经成为一种新的且重要的生产要素。建立在数据基础上的数字经济则成为一种新的经济发展形态，并作为新动能，重塑经济发展结构和深刻改变生产生活方式。

数字经济作为一种新的经济形态，以云计算、大数据、人工智能、物联网、区块链、移动互联网等信息技术为载体，基于信息技术的创新与融合来驱动社会生产方式的改变和生产效率的提升。

2.4.2 数字经济的要素

数字经济的本质在于信息化。信息化是由计算机与互联网等所引起的工业经济转向信息经济的一种社会经济发展过程。具体说来，信息化包括信息产业化、产业信息化、基础设施的信息化、生活方式的信息化等内容。信息产业化与产业信息化，即信息的生产和应用两大方面是其中的关键。信息生产要求发展一系列高新信息技术及产业，既涉及微电子产品、通信器材和设施、计算机软硬件、网络设备的制造等领域，又涉及信息和数据的采集、处理、存储等领域。信息技术的应用主要表现在用信息技术改造农业、工业、服务业等传统产业上。

数字经济的要素主要有数据、信息和产业。

（1）数据。数据是新的关键生产要素。在数字经济时代下，万物互联，各行各业的一切活动和行为都将数据化。

（2）信息。信息为创新提供动力。以信息技术为基础的数字经济，正在改变传统的供需模式和已有的部分经济学定论，催生出更具普惠性、共享性和开源性的经济生态，并推动高质量的发展，例如基于物联网技术发展出诸如智慧路灯、智慧电梯、智慧物流、智能家居等丰富多彩的应用，为经济生活注入了极大的创新动力。

（3）产业。数字经济推动产业融合。数字经济并不是独立于传统产业而存在的，它更加强调的是融合与共赢，在与传统产业的融合中实现价值增量。数字经济在传统产业融合方面主要体现在生产方式融合、产品融合、服务融合、竞争规则融合以及产业融合。数字经济与各行各业的融合发展将带动新型经济范式加速构建，改变实体经济结构和提升生产效率。

2.4.3　数字经济的研究

传统的治理体系、机制与规则难以适应数字化发展所带来的变革，无法有效解决数字平台崛起所带来的市场垄断、税收侵蚀、侵犯隐私、违背伦理道德等问题，需尽快构建数字治理体系，而数字经济治理无疑是其核心内容之一。数字治理体系的构建是一个长期迭代过程。数字治理体系建设涉及国家、行业和组织3个层次，包含数据的资产地位确立、管理体制机制、共享与开放、安全与隐私保护等内容，需要从制度法规、标准规范、应用实践和支撑技术等方面多管齐下。数字经济发展既对经济发展的内外部环境、现实条件和体制机制产生了显著影响，也为传统经济理论研究的创新发展提供了诸多契机。

数字经济受到如下三大定律的支配。

（1）梅特卡夫定律：网络的价值等于其节点数的平方。所以网络上的计算机越多，网络上每台计算机的价值就越大，"增值"以指数级不断变大。

（2）摩尔定律：集成电路芯片上所集成的电路的数量，约每18个月就翻一番，而价格以减半数下降。

（3）达维多定律：进入市场的第一代产品能够自动获得50%的市场份额，所以任何企业在其产业中必须第一个淘汰自己的产品。

这三大定律决定了数字经济具有以下的基本特征。

（1）快捷性。首先，互联网突破了传统的国家、地区界限，使整个世界紧密联系起来，把地球变成一个"村落"。其次，互联网突破了时间的约束，使人们的信息传输、经济往来可以在更小的时间跨度上进行。再次，数字经济是一种速度型经济，互联网可快速传输信息，数字经济以接近于实时的速度收集、处理和应用信息，节奏极大加快了。

（2）高渗透性。迅速发展的信息技术、网络技术具有极高的渗透性，使得信息服务业迅速地向第一产业、第二产业扩张，使三大产业之间的界限模糊，出现了第一产业、第二产业和第三产业相互融合的趋势。

（3）自我膨胀性。网络的价值等于网络节点数的平方，这说明网络产生和带来的效益将随着网络用户的增加而呈指数级增长。在数字经济中，由于人们的心理反应和行为惯性，在一定条件下，优势或劣势一旦出现并达到一定程度，就会导致不断加剧而自行强化，甚至出现"强者更强，弱者更弱"的"赢家通吃"的垄断局面。

（4）边际效益递增性。该特征主要表现为数字经济边际成本递减和数字经济具有累积增值性。

（5）外部性。（网络的）外部性是指每个用户从使用某产品中得到的效用与用户的总数有关。用户总数越多，每个用户得到的效用就越高。

（6）可持续性。数字经济在很大程度上能有效杜绝传统工业生产对有形资源、能源的过度消耗，避免造成环境污染、生态恶化等危害，实现社会经济的可持续发展。

（7）直接性。由于网络的发展，经济组织结构趋向扁平化，处于网络端点的生产者与消费者可直接联系，降低了传统中间商存在的必要性，从而显著降低了交易成本，提高了经济效益。

【习题】

1.（　　）能改变人们的思维、行动和运营方式，允许实现系统自动化，并释放人力资源以增加价值，使企业更加敏感，使事情发生得更快，而不是通过管理任务进行磨炼。

　　A. 电子化　　　　B. 数字化　　　　C. 信息化　　　　D. 自动化

2. 与数字化相关的技术主要有大数据、人工智能、云计算、5G 通信、（　　）等。实现数字化，需要这些技术的参与。

　　① 工业互联网　　② 社交互联网　　③ 物联网　　　　④ 区块链

　　A. ①③④　　　　B. ①②③　　　　C. ②③④　　　　D. ①②④

3.（　　）是指通过二进制代码表示的物理项目或活动。它描述的是新数字技术在改善组织流程，改善人员、组织与事物之间的交互或使新的业务模型成为可能方面的主要用途。

　　A. 业务-转型　　B. 数字化　　　　C. 数字　　　　D. 数字化

4.（　　）是指利用数字技术来改变商业模式并提供新的收入和价值创造机会；它是转向数字业务的过程。

　　A. 业务-转型　　B. 数字化　　　　C. 数字　　　　D. 数字化

5. 数字化-（   ）是开发数字技术及其支持功能以创建强大的新数字业务模型的过程。

    A. 业务-转型   B. 数字化   C. 数字   D. 数字化

6. （   ）数字化主要是利用数字技术，对具体业务、场景的数字化改造，更关注数字技术本身对业务的降本增效作用。

    A. 深刻的   B. 广义的   C. 狭义的   D. 普遍的

7. （   ）数字化是利用互联网、大数据、人工智能、区块链等新一代数字技术，对企业、政府等各类组织的业务模式、运营方式进行系统化、整体性的变革，更关注数字技术对组织的整个体系的赋能和重塑。

    A. 深刻的   B. 广义的   C. 狭义的   D. 普遍的

8. 场景、语境不同，数字化的含义也不同。针对具体业务的多为狭义的数字化，针对企业、组织整体的数字化变革的多为广义的数字化。广义的数字化在概念上（   ）狭义的数字化。

    A. 等同于   B. 不同于   C. 排除了   D. 包含

9. 当企业随着技术进步而采用全新的方式——数字化方式来开展业务时，它们就是在实施（   ）。这一过程是使用数字化工具从根本上实现转变的过程，这种转型是指通过技术和文化变革来改进或替换现有的资源。

    A. 数据优化   B. 数字化转型   C. 精益化生产   D. 信息化发展

10. 数字化企业具备的三大特点包括（   ）。

    ① 企业管理人员形成数字化思维意识

    ② 企业数字化改造关联的规章制度和奖惩机制

    ③ 管理人员数字化思维落地的监督和考核

    ④ 企业管理人员具有高级信息化职称

    A. ①③④   B. ①②④   C. ②③④   D. ①②③

11. 迈克尔·格里夫斯教授在 2011 年给出了数字孪生的 3 个组成部分：（   ）。

    ① 物理空间的实体产品

    ② 虚拟空间的虚拟产品

    ③ 物理空间和现实世界之间的数据和信息交互接口

    ④ 物理空间和虚拟空间之间的数据和信息交互接口

    A. ②③④   B. ①②③   C. ①②④   D. ①③④

12. 国内的研究者陶飞等人从车间组成的角度先给出了车间数字孪生的定义，其组成主要包括物理车间、虚拟车间、车间服务系统、车间（   ）等部分。

    A. 接口环境   B. 孪生数据   C. 孪生算法   D. 算力设备

13. 对于数字孪生的极端需求，同时也驱动着（   ）开发，而所有可能影响到设备工作状态的异常将被明确地进行考察、评估和监控。

    A. 新材料   B. 新进程   C. 新设备   D. 新方法

14. 数字孪生是物理产品的数字化表达，以便我们能够从数字化产品上看到实际物理产品可能发生的情况。与其相关的技术包括（   ）。

    ① 增强现实   ② 虚拟现实   ③ 元宇宙   ④ 混合现实

    A. ③④   B. ①④   C. ②③   D. ①②

15. （   ）贯穿了整个产品生命周期，尤其是从产品设计、生产到运维的无缝集成。

    A. 信息流程   B. 数字孪生   C. 数字生产线   D. 数字仿真

16. （   ）通过与外界传感器的集成，反映对象从微观到宏观的所有特性，展示产品的生命周期。

    A. 信息流程   B. 数字孪生   C. 数字生产线   D. 数字仿真

17. （   ）经济作为一种新的经济形态，以云计算、大数据、人工智能、物联网、区块链、移动互联网等信息技术为载体，基于信息技术的创新与融合来驱动社会生产方式的改变和生产效率的提升。

    A. 算力   B. 自然   C. 知识   D. 数字

18. 数字经济的要素主要有数据、信息技术和产业，其中，（   ）是新的关键生产要素。

    A. 数据   B. 信息技术   C. 产业   D. 资金

19. 数字治理体系建设涉及（   ）3 个层次，包含数据的资产地位确立、管理体制机制、共享与开放、安全与隐私保护等内容。

    ① 国家   ② 行业   ③ 组织   ④ 个人

    A. ①③④   B. ①②④   C. ①②③   D. ②③④

20. 数字经济受到（   ）等三大定律的支配。

    ① 达芬奇法则   ② 摩尔定律   ③ 达维多定律   ④ 梅特卡夫定律

    A. ①③④   B. ①②④   C. ①②③   D. ②③④

第3章 大数据思维变革

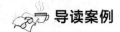 导读案例

购物网站的推荐系统

随着电商的发展，网络购物成为一种趋势。当你打开某个购物网站譬如淘宝、京东的时候，会看到很多给你推荐的产品，你是否觉得这些推荐的产品都是你似曾相识或者正好需要的呢？这种推荐的形式就是现在电商网站里面的推荐系统，向用户推荐商品，模拟销售人员完成导购的过程。

1. 什么是推荐系统

推荐系统，其实属于信息过滤应用。推荐系统能够将可能受喜好的信息或实物（例如电影、电视节目、音乐、图书、新闻、图片、网页等）推荐给使用者。

推荐系统首先收集用户的历史行为数据，然后通过预处理的方法得到用户-评价矩阵，再利用机器学习领域中相关推荐技术形成对用户的个性化推荐。有的推荐系统还会搜集用户对推荐结果的反馈，并根据实际的反馈信息实时调整推荐策略，产生更符合用户需求的推荐结果。

推荐系统的作用如下。

（1）将网站的浏览者转为购买者或者潜在购买者。

（2）提高购物网站的交叉销售能力和成交转化率。

（3）提高用户对网站的忠诚度和帮助用户迅速找到产品。

推荐系统的表现形式主要如下。

（1）浏览：用户提出对特定商品的查询要求，推荐系统根据查询要求返回高质量的推荐结果。

（2）类似商品：推荐系统根据用户购物车和用户可能感兴趣的商品推荐类似的商品。

（3）电子邮件：推荐系统通过电子邮件的方式通知用户可能感兴趣的商品的信息。

（4）文本注释：推荐系统向用户提供其他用户对相应产品的评论信息。

（5）平均评分：推荐系统向用户提供其他用户对相应产品的等级评价。

（6）Top-*N*：推荐系统根据用户的喜好向用户推荐最可能吸引用户的 *N* 件产品。

（7）有序搜索结果：推荐系统列出所有搜索结果，并将搜索结果按用户的感兴趣程度降序排列。

2．推荐系统的分类

推荐系统的技术分类如下。

（1）基于用户统计信息的推荐。

（2）基于其他用户对该产品的平均评价的推荐，这种推荐系统独立于用户，所有的用户得到的推荐结果都是相同的。

（3）基于产品的属性特征的推荐。

（4）根据用户感兴趣的产品推荐相关的产品。

（5）协同过滤，推荐系统根据用户与其他已经购买了商品的用户之间的相关性进行推荐。

推荐系统的数据分类如下。

（1）显式：能准确地反映用户对物品的真实喜好程度，但需要用户付出额外的代价，如用户收藏、用户评价。

（2）隐式：通过一些分析和处理，如分析和处理用户在页面的停留时间、用户访问次数，才能反映用户的喜好程度。

3．推荐算法

谈到推荐系统，当然离不开它的核心——推荐算法。推荐算法最早在1992年就提出来了，但是发展起来是最近这些年的事情。因为互联网的"爆发"，有了更多的数据可以供我们使用，推荐算法才有了用武之地。

几种常用的推荐算法介绍如下。

（1）基于用户信息的推荐（见图3-1）。这是最为简单的一种推荐算法，它只是简单地根据系统用户的基本信息发现用户的相关程度，然后将相似用户喜爱的其他商品推荐给当前用户。

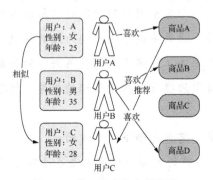

图 3-1　基于用户信息的推荐

系统首先根据用户的信息，例如年龄、性别、兴趣爱好等信息进行分类。根据用户的这些信息计算形似度和匹配度。如图 3-1 所示，发现用户 A 和用户 C 的性别一样，年龄相似，于是推荐用户 A 喜欢的商品给用户 C。

（2）基于内容的推荐（见图 3-2）。这是指根据产品信息做出推荐，不需要依据用户对产品的评价意见，更多地需要用机器学习的方法，从关于内容的特征描述的事例中得到用户的兴趣资料。

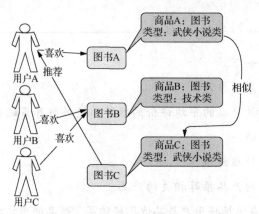

图 3-2　基于内容的推荐

系统首先对商品图书的属性进行建模，图 3-2 中用类型作为属性。在实际应用中只使用类型显然过于粗糙，还需要考虑其他信息。通过相似度计算，发现图书 A 和图书 C 相似度较高，因为它们都属于武侠小说类。系统还会发现用户 A 喜欢图书 A，由此得出结论，用户 A 很可能对图书 C 也感兴趣。于是将图书 C 推荐给用户 A。

（3）协同过滤推荐。其场景是这样的：要为某用户推荐他真正感兴趣的内容/商品，首先要找到与此用户有相似兴趣的其他用户，然后将他们感兴趣的内容推荐给该用户。协同过滤就是利用这个思想，基于其他用户对某一个内容的评价来向目标用户进行推荐。

基于协同过滤的推荐系统可以说是从用户的角度来进行相应的自动推荐，即用户获得的推荐结果是系统从购买模式或浏览行为等隐式获得的。

协同过滤算法，顾名思义就是指用户可以齐心协力，通过不断和网站互动，使自己的推荐列表能够不断过滤掉自己不感兴趣的物品，从而越来越满足自己的需求。

协同过滤算法主要有两种，即基于用户的协同过滤算法和基于物品的协同过滤算法。

（4）基于关联规则的推荐。此算法最早的示例为经典的 Apriori 算法。它的基本思想是：使用一种称作逐层搜索的迭代方法，最终产生用户感兴趣的关联规则。

其他推荐算法还有基于效用的推荐、基于知识的推荐、组合推荐等。

4．推荐系统的发展

推荐系统还在继续发展中，需考虑如下几个方面。

（1）增加推荐的多维性。当前的大部分研究都是基于对象-用户的二维度量空间的，未考虑相关信息。然而，用户对对象的评价和选择常常由很多环境因素决定，例如某个对象在特定时段很流行、用户在某个地方浏览对象的时候偏向于选择某类对象等。推荐系统除了融合了计算机科学，它还融合了心理学、社会学。

（2）上下文感知。个性化搜索结果会把搜索引擎变成上下文感知的推荐系统。推荐系统可以发现用户"现在"所关心的事，例如系统发现你之前买过鞋，现在在搜索衬衫，从而推算你现在想干什么。推荐系统也可以根据你是想和朋友一起去看电影，还是想和家人待在一起，再做出不同推荐。

（3）增加向用户解释的推荐结果。根据用户的知识库，系统可以向用户做出更好的解释，向他们说明是什么样的因素在帮助系统做出这样的推荐。利用这样的系统，用户的体验确实更好了，他们对于系统的信任程度也提高了。

当然，推荐系统的发展方向和研究热点还有很多。随着对推荐系统功能需求（特别是实时性及准确性上的需求）的不断提高，其实现技术也都面临着严峻的挑战，需要不断地完善。

资料来源：博客园，文章原名为"推荐系统介绍"，作者为 AnnieJ，有删改。

阅读上文，请思考、分析并简单记录。

（1）你熟悉京东、天猫等电商网站的推荐系统吗？请列举这样的实例（你选择购买什么商品，网站又给你推荐了其他什么商品）。

答：＿＿＿＿＿＿＿＿＿＿＿＿＿＿＿＿＿＿＿＿＿＿＿＿＿＿＿＿＿＿＿＿＿＿＿＿＿＿

＿＿＿

＿＿＿

＿＿＿

（2）请简单介绍推荐系统的数据分类。

答：＿＿＿＿＿＿＿＿＿＿＿＿＿＿＿＿＿＿＿＿＿＿＿＿＿＿＿＿＿＿＿＿＿＿＿＿＿＿

＿＿＿

＿＿＿

＿＿＿

（3）展望，推荐系统未来会有哪些发展？

答：＿＿＿＿＿＿＿＿＿＿＿＿＿＿＿＿＿＿＿＿＿＿＿＿＿＿＿＿＿＿＿＿＿＿＿＿＿＿

＿＿＿

＿＿＿

＿＿＿

（4）请简单描述你所知道的上一周内发生的国际、国内或者身边的大事。

答：＿＿＿＿＿＿＿＿＿＿＿＿＿＿＿＿＿＿＿＿＿＿＿＿＿＿＿＿＿＿＿＿＿＿＿＿＿＿

＿＿＿

＿＿＿

＿＿＿

3.1 大数据思维

如今，人们不再认为数据是静止和陈旧的。但在以前，一旦达到了收集数据的目的之后，数据就会被认为没有用处了。比方说，在飞机降落之后，本次航班的票价数据就没有用了。又比如某城市的公交车因为价格并不依赖于起点和终点，所以能够反映重要通勤信息的数据被设计人员"自作主张"地舍弃了——设计人员如果没有大数据的理念，就会丢失很多有价值的数据。

数据已经成为一种商业资本、一项重要的经济投入，可以创造新的经济效益。事实上，一旦思维转变过来，数据就能被巧妙地用来激发新产品和新服务。

最初，大数据这个概念是指需要处理的数据量很大，超出了一般计算机在处理数据时所能使用的内存容量，因此，工程师们必须改进处理数据的工具。这一改进促使了新的处理技术的诞生，例如谷歌的 MapReduce 和开源 Hadoop 平台，这些技术使得人们可以处理的数据量极大增加。更重要的是，这些数据不再需要用传统的 SQL 数据库表格来整齐地排列，出现了一些可消除僵化的层次结构和一致性的技术。同时，因为互联网公司可以收集大量有价值的数据，且有利用这些数据的强烈利益驱动力，所以这些公司顺理成章地成为最新处理技术的实践者。

今天，大数据是人们获得新认知、创造新价值的方法，还是改变市场、组织机构，以及政府与公民关系的方法。大数据对我们的生活以及与世界交流的方式都提出了挑战。

3.2 转变之一：样本=总体

人类使用数据已经有相当长一段时间了，无论是日常进行的大量非正式的观察，还是过去几个世纪以来在专业层面上用高级算法进行的量化研究，都与数据有关。

转变之一：样本=总体

在数字时代，数据处理变得更加容易、更加快速，人们能够在瞬间处理成千上万的数据。实际上，大数据的精髓在于发现和理解数据的内容以及数据与数据之间的关系，在于我们分析数据时思维的 3 个转变。这些转变相互联系、相互作用，将改变我们理解和组建社会的方法。

19 世纪以来，当面临大量数据时，社会都依赖于随机采样，而随机采样是数据缺乏和数据流通受限制的模拟数据时代的产物。以前我们通常把这看成理所当然的限制，但高性能数字技术的流行让我们意识到，这其实是一种人为的限制。与局限在小数据范围相比，使用大量数据为我们带来了更高的精确性，也让我们看到了一些以前无法发现的细节——大数据能让我们更清楚地了解到一般样本无法揭示的细节信息。

大数据时代的第一个转变是，我们可以分析更多的数据，有时候甚至可以处理与某个特别现象或事物相关的所有数据，而不再只依赖于随机采样，分析少量的样本数据。

很长时间以来，因为记录、存储和分析数据的工具不够好，为了让分析变得简单，人们会把数据量缩减到最小，而依据少量数据进行分析。准确分析大量数据一直都是一种挑战。如今，信息技术水平已经有了非常大的提高，虽然人类可处理的数据依然是有限的，但是可处理的数据量已经极大增加，而且未来会越来越大。

不过，在某些方面，人们依然没有完全意识到自己已拥有了能够收集和处理更大规模数据的能力，还是假定自己只能收集到少量数据，在数据匮乏的假设下做很多事情。人们甚至发明了一些使用尽可能少的数据的技术，例如，统计学的一个目的就是用尽可能少的数据来证实尽可能重大的发现。事实上，我们也已经形成了一种习惯，那就是在各种制度、事件处理过程和一些激励机制中尽可能地减少数据的使用。

3.2.1　小数据时代的随机采样

数千年来，政府一直都试图通过收集数据来管理国民。直到最近，小型企业和个人才有可能拥有收集和分析大规模数据的能力，而此前，大规模地计数是政府的事情。

以人口普查为例。据说古代埃及曾进行过人口普查，由罗马帝国的开国君主、元首制的创始人屋大维（公元前 63 年 9 月 23 日—公元 14 年 8 月 19 日）主导实施的人口普查，提出了"每个人都必须纳税"。

1086 年的《末日审判书》对当时英国的人口、土地和财产做了一个前所未有的全面记载。皇家委员穿越整个国家，对每个人、每件事都做了记载，每个人的生活都被赤裸裸地记载下来的过程就像接受"最后的审判"一样。然而，人口普查是一项耗资巨大且费时的事情，当时收集的数据也只能体现大概情况，实施人口普查的人也知道事实上他们不可能准确记录下每个人的数据。"人口普查"这个词来源于拉丁语的"censere"，其本意就是推测、估算。样本分析一直都有较大的漏洞，因此，无论是进行人口普查还是完成其他大量数据类的任务，人们还是使用清点这种方法。

考虑到人口普查的复杂性以及费时、耗资巨大的特点，政府极少进行人口普查。古罗马在拥有数十万人口的时候每 5 年普查一次。一直到 19 世纪为止，即使进行这样不频繁的人口普查依然很困难，因为数据变化的速度超过了人口普查统计分析的速度。我国政府也规定每 10 年进行一次人口普查，而随着国家人口越来越多，只能以百万记数。

美国在 1880 年进行的人口普查，耗时 8 年才完成数据汇总。因此，他们获得的很多数据都是过时的。美国在 1890 年进行的人口普查，当时预计要用 13 年的时间来汇总数据。然而，因为税收分摊和国会代表人数确定都是建立在人口的基础上的，所以必须获得正确且及时的数据。很明显，已有的数据处理工具已经难以应对巨大的数据，此时需要新技术的出现。后来，美国人口普查局员工和发明家赫尔曼·霍尔瑞斯签订了一个协议，用他的穿孔卡片制表机（即霍尔瑞斯普查机，如图 3-3 所示）来完成 1890 年的人口普查。

图 3-3 霍尔瑞斯普查机

经过大量的努力，霍尔瑞斯成功地在 1 年时间内完成了人口普查的数据汇总工作。这在当时简直就是一个奇迹，它标志着自动处理数据的开始，也为后来 IBM 公司的成立奠定了基础。但是，将其作为收集、处理大数据的方法依然过于昂贵。毕竟，每个人都必须填一张可制成穿孔卡片的表格，然后进行统计。对于一个跨越式发展的国家而言，10 年一次的人口普查的滞后性已经让普查失去了大部分意义。

是利用所有的数据还是仅仅采用其中的一部分呢？最明智的选择自然是得到有关被分析事物的所有数据，但是，当数量无比庞大时，这种方法又不太现实。那如何选择样本呢？有人提出应该有目的地选择最具代表性的样本。1934 年，波兰统计学家耶日·内曼指出，这样做只会导致更多、更大的漏洞。事实证明，问题的关键是选择样本时的随机性。

统计学家们证明：随机采样的精确性随着采样随机性的增加而大幅提高，但与样本数量的增加关系不大。虽然听起来很不可思议，但事实上，当样本数量达到了某个值之后，从新个体身上得到的信息会越来越少，就如同经济学中的边际效应递减一样。

认为样本选择的随机性比样本数量更重要，这个观点是非常有见地的。它为我们开辟了一条收集数据的新道路。通过收集随机样本数据，我们可以用较少的花费做出高精准度的推断。因此，政府每年都可以用随机采样的方法进行小规模的人口普查，而不是只能每 10 年进行一次。事实上，政府也这样做了。例如，除了 10 年一次的人口大普查，每年都会用随机采样的方法对人口进行上百次小规模的调查。当收集和分析数据都不容易时，随机采样就成为应对办法。

在商业领域，随机采样被用来监管商品质量。这样使得监管商品质量和提升商品品质变得更容易，花费也更少。以前，全面的质量监管要求对生产出来的每个产品进行检查，而现在只需从一批商品中随机抽取部分样品进行检查就可以了。本质上来说，随机采样让大数据问题变得可切实解决。同理，它将客户调查引进了零售行业，将焦点讨论引进了政治界，也将许多人文问题变成了社会科学问题。

随机采样取得了巨大的成功，成为现代测量领域的"主心骨"。但这只是一条捷径，是在不能收集和分析全部数据的情况下的选择，它本身存在许多固有的缺陷。它的成功依赖于采样的绝对随机性，但是实现采样的绝对随机性非常困难。一旦采样过程中存在任何偏见，分析结果就会相去甚远。

更糟糕的是，随机采样不适用于考察子类别的情况。因为一旦继续细分，随机采样结果的错误率会极大增加。因此，通常在宏观领域起作用的方法会在微观领域失去作用。随机采样就像是模拟照片打印，远看很不错，一旦聚焦某个点，可能就会变得模糊不清。

随机采样也需要严密地安排和执行。人们只能从采样数据中得出事先设计好的问题的结果。所以虽说随机采样是一条捷径，但它并不适用于所有的情况，其结果缺乏延展性，即调查得出的数据不可以重新分析以实现计划之外的目的。

3.2.2　全数据模式

采样的目的是用最少的数据得到最多的信息，而当我们可以获得海量数据的时候，它就没有什么意义了。如今，计算和制表不再像过去一样困难。传感器、导航系统、网站和微信等应用被动地收集了大量数据，而计算机可以轻易地对这些数据进行处理。不过，数据处理技术已经发生了翻天覆地的改变，但我们的方法和思维却没有跟上这种改变。

如今，采样忽视细节考察的缺陷越来越为人们所重视。在很多领域，从收集部分数据到收集尽可能多的数据的转变已经发生了。如果可能的话，我们会收集所有的数据，即"样本=总体"。

"样本=总体"是指我们能对数据进行深度探讨。在上面提到的有关采样的例子中，用随机采样的方法分析情况，正确率可达 97%。对于某些事物来说，3%的错误率是可以接受的。但是你无法得到一些细节的信息，甚至还会失去对某些特定子类进行进一步研究的能力。我们不能满足于正态分布一般中庸、平凡的表象。生活中有很多信息经常藏匿在细节之中，而随机采样却无法捕捉到这些细节。

分析整个数据库，而不是对一个小样本进行分析，能够提高微观层面分析的准确性，甚至能够用于推测出某个特定城市的流感病毒传播状况。所以人们现在经常会放弃随机采样这条捷径，而选择收集全面且完整的数据。我们需要足够的数据处理和存储能力，也需要先进的分析技术。同时，简单廉价的数据收集方法也很重要。过去，这些需求中的任何一个都很棘手。在一个资源有限的时代，要满足这些需求需要付出很大的代价。但是现在，满足这些需求已经变得简单、容易。曾经只有大公司才能做到的事情，现在绝大部分的企业都可以做到了。

通过使用所有的数据，我们可以发现那些不使用所有数据则将会在大量数据中被淹没掉的状况。例如，信用卡诈骗是通过观察信用卡异常交易情况来识别的，只有掌握了所有的信用卡交易数据才能做到这一点。在这种情况下，异常值是最有用的信息，你可以把它与正常交易情况进行对比。而且，因为交易是即时的，所以你的数据分析也应该是即时的。

然而，使用所有的数据并不代表完成的是一项艰巨的任务。大数据中的"大"不是绝对意义上的大，虽然在大多数情况下是这个意思。大数据是指不用随机采样这样的捷径，而采用所有数据的方法。

因为大数据建立在掌握所有数据，至少是尽可能多的数据的基础上，所以我们就可以正确地考察细节并进行新的分析。在任何细微的层面，我们都可以用大数据去论证新的假设。当然，有时候我们还是可以使用随机采样，但是更多时候，利用手中掌握的所有数据成为最好、也是更可行的选择。

社会科学是被"样本=总体"撼动得最厉害的学科。随着大数据分析取代了随机采样分析，社会科学不再单纯依赖于分析实证数据。这门学科过去曾非常依赖随机采样分析、研究和调查问卷。若记录下来的是人们的平常状态，也就不用担心在做研究和设计调查问卷时存在偏见了。现在，我们可以收集过去无法收集到的数据，更重要的是，我们不再依赖随机采样，甚至慢慢地，我们会完全抛弃随机采样分析。

3.3 转变之二：接受数据的混杂性

当我们测量事物的能力受限时，关注最重要的事情和获取最精确的结果是可取的。直到今天，我们的数字技术依然建立在精确的基础上。我们假设只要电子数据表格把数据排序，数据库引擎就可以找出匹配我们所检索内容的记录。

转变之二：接受数据的混杂性

这种思维方式适用于"小数据"的情况，因为需要分析的数据很少，所以必须尽可能精确地量化我们的记录。在某些方面，我们已经意识到了差别。例如，一个小商店在晚上打烊的时候要把收银台里的每分钱都数清楚，但是我们不会，也不可能用"分"这个单位去精确度量国内生产总值。随着规模的扩大，人们对精确性的"痴迷"将减弱。

达到精确需要用专业的数据库。针对小数据量和特定事情，追求精确性依然是可行的，例如一个人的银行账户上是否有足够的钱来支付其账单。但是，在大数据时代，很多时候，追求精确性已经变得不可行，甚至不受欢迎了。当我们拥有海量即时数据时，绝对的精确不再是我们追求的主要目标。大数据纷繁多样、优劣掺杂，分布在全球多个服务器上。拥有了大数据，我们不再需要对某个现象刨根究底，只要掌握大体的发展方向即可。当然，我们也不是完全放弃精确性，只是不再沉迷于此。适当忽略微观层面上的精确性会让我们在宏观层面拥有更好的洞察力。

大数据时代的第二个转变是，研究数据如此之多，以至于我们不再热衷于追求其精确性，并开始接受数据的混杂性。在大数据时代，我们乐于接受数据的纷繁复杂。数据量的大幅增加会造成结果的不精确，与此同时，一些错误的数据也会混进数据库。然而，我们要努力避免这些问题，而且学会接受它们。

3.3.1　允许不精确

对"小数据"而言，最基本、最重要的要求就是减少错误、保证质量。因为收集的数据比较少，所以我们必须确保记录下来的数据尽量精确。无论是确定天体的位置还是观测显微镜下物体的大小，为了使结果更加精确，很多科学家都致力于优化测量的工具。在采样的时候，对精确性的要求就更高、更苛刻了。因为收集数据的有限意味着细微的错误会被放大，甚至有可能影响整个结果的精确性。

历史上很多时候，人们会把通过测量世界进而征服世界视为最大的成就。事实上，对精确性的高要求始于 13 世纪中期的欧洲。那时候，天文学家和学者对时间、空间的研究采取了比以往更为精确的量化方式。后来，测量方法逐渐被运用到科学观察、解释方法中，体现为一种进行量化研究、记录，并呈现可重复结果的能力。物理学家开尔文男爵曾经说过："测量就是认知。"这已成为一条至理名言。同时，很多数学家以及后来的精算师和会计师都发展了可以准确收集、记录和管理数据的方法。

然而，在不断涌现的新情况里，允许不精确的出现已经成为一个优点而非缺点。因为放宽了容错的标准，人们掌握的数据也多了起来，进而可以利用这些数据做更多新的事情。这样就不是大量数据优于少量数据那么简单了，而是大量数据创造了更好的结果。

同时，我们需要与各种各样的混乱做斗争。混乱，简单地说就是随着数据的增加，错误率也会相应增加。所以如果桥梁的压力数据量增加 1 000 倍，其中的部分读数就可能是错误的，而且随着读数量的增加，错误率可能也会继续增加。在整合来源不同的各类数据的时候，因为它们通常不完全一致，所以也会加大混乱程度。

混乱还可以指格式的不一致性，因为要达到格式一致，就需要在进行数据处理之前仔细地清洗数据，而这在大数据背景下很难做到。

当然，在萃取或处理数据的时候，混乱也会发生。因为在进行数据转化的时候，我们是在把数据变成另外的事物。例如，假设你要测量一个葡萄园的温度，但是整个葡萄园只有一个温度测量仪，那你就必须确保这个测量仪是精确的且能够一直工作。然而，如果每 100 棵葡萄藤就有一个温度测量仪，有些测量数据可能是错的，会更加混乱，但众多的读数合起来就可以提供一个更加精确的结果。因为这里面包含更多的数据，它不仅能抵消掉错误数据造成的影响，还能提供更多的额外价值。

再来想想增加读数频率这个事情。如果每隔一分钟就测量一下温度，我们至少还能够保证测量结果是按照时间有序排列的。如果变成每分钟测量 10 次，甚至 100 次，不仅读数可能出错，连时间先后都可能弄混。试想，如果数据在网络中流动，那么一条数据很可能在传输过程中被延迟，在其到达的时候已经没有意义了，甚至干脆在奔涌的"数据洪流"中彻底丢失。虽然我们得到的数据不再那么精确，但收集到的数量庞大的数据让我们放弃严格精确的选择变得更为划算。

可见，为了获得更广泛的数据而牺牲精确性，我们也因此看到了很多原先无法被关注到的细节。或者，为了高频率而放弃了精确性，结果观察到了一些本可能被错过的变化。虽然如果我们能够下足够多的功夫，这些错误是可以避免的，但在很多情况下，与致力于避免错误相比，对错误的包容会带给我们更多好处。

3.3.2 大数据简单算法与小数据复杂算法

在 20 世纪 40 年代，机器翻译还只是计算机开发人员的一个想法。冷战时期美国掌握了大量关于苏联的各种资料，但缺少翻译这些资料的人手。所以计算机翻译成了亟待解决的问题。

最初，研究人员考虑将语法规则和双语词典结合在一起。1954 年，IBM 公司以计算机中的 250 个词语和 6 条语法规则为基础，将 60 个俄语词组翻译成了英语，结果振奋人心。IBM 701 通过穿孔卡片读取了一句话，并将其译成了"我们通过语言来交流思想"。在庆祝这个成就的发布会上，一篇报道就有提到，这句话翻译得很流畅。这个任务的项目主管利昂·多斯特尔特表示，他相信"在三五年后，机器翻译将会变得很成熟"。

事实证明，这个最初的成就误导了人们。从事机器翻译的研究人员意识到，机器翻译比他们想象的更困难，机器翻译不能只是让计算机熟悉常用规则，还必须教会它处理特殊的语言情况。毕竟，翻译不仅仅是记忆和复述，也涉及选词，而明确地教会计算机这些并不现实。

2006 年，谷歌公司涉足机器翻译。这被当作实现"收集全世界的数据资源，并让人人都可享受这些资源"这个目标的其中一个步骤。谷歌翻译开始利用一个更大、更繁杂的数据库，也就是全球的互联网，而不再是只利用两种语言之间的文本翻译。

为了训练计算机，谷歌翻译系统会收集它能找到的所有翻译文本。它从使用各种各样语言的公司网站上寻找互译文档，还会寻找联合国和欧盟这些国际组织发布的官方文件和报告的译本。它甚至会收集速读项目中的图书翻译。翻译部门的负责人弗朗兹·奥齐是机器翻译界的权威，他指出，"谷歌翻译系统不会只是仔细地翻译 300 万句话，它会掌握用不同语言翻译的质量参差不齐的数十亿页的文档。"不考虑翻译质量，上万亿条数据的语料库就相当于 950 亿条英语语句。

尽管其输入源很混乱，但较其他翻译系统而言，谷歌翻译系统的翻译质量是很好的，而且可翻译的内容更多。到 2012 年年中，谷歌翻译系统语料库涵盖 60 多种语言，甚至能够接受 14 种语言的语音输入，并有很流利的对等翻译。之所以能做到这些，是因为它将语言视为能够判别可能性的数据，而不是语言本身。如果要将印度语译成加泰罗尼亚语，谷歌就会把英语作为中介语言。因为在翻译的时候，它能适当增减词汇，所以谷歌翻译系统的翻译比其他系统的翻译灵活很多。人工智能专家彼得·诺维格在一篇题为"数据的非理性效果"的文章中写到，"大数据基础上的简单算法比小数据基础上的复杂算法更加有效。"这篇文章就指出，混杂是关键。

"由于谷歌语料库的内容是未经过滤的网页内容，所以会包含一些不完整的，有拼写错误、语法错误或其他各种错误的句子。况且，它也没有详细的人工纠错后的注解。但是，谷歌语料库的数据优点完全压倒了缺点。"

3.3.3　从纷繁的数据中获取事物发展的概率

我们都知道，摩尔定律认为，每块芯片上晶体管的数量每两年就会翻一倍。正如摩尔定律所预测的，过去一段时间里，计算机的数据处理能力得到很大提高，机器运算更快，存储空间更大。但大家没有意识到的是，驱动各类系统的算法也进步了。有报告显示，在很多领域中，算法的进步要胜过芯片的进步，而社会从"大数据"中所能得到的，却并非来自运行更快的芯片或者更好的算法，而是更多的数据。

"大数据"通常用概率说话，通常统计学家都很难容忍错误数据的存在，在收集样本数据的时候，他们会用一整套的策略来减少错误发生的概率。在结果公布之前，他们也会测试样本数据是否存在潜在的系统性偏差。减少错误发生的策略包括根据协议或通过受过专门训练的专家来采集样本数据。但是，即使只面对少量的数据，这些策略实施起来还是耗费巨大。尤其是当我们收集所有数据的时候，这样就更行不通了。这不仅是因为耗费巨大，还因为在大规模的基础上保持数据收集标准的一致性不太现实。

大数据时代要求我们重新审视对数据精确性的要求。如果将传统的思维模式运用于数字化、网络化的今天，我们就有可能错过重要的信息。如今，人们掌握的数据越来越全面，可能包括与现象相关的大量甚至全部数据。我们不再需要担心某个数据点对整个分析的不利影响，要做的就是接受这些纷繁的数据并从中受益，而不是以高昂的代价消除所有的不确定性。

例如在炼油厂（见图 3-4）里，无线传感器遍布于整个工厂，形成的无形网络能够产生大量实时数据。在这里，恶劣环境和电气设备的存在有时会对传感器读数有所影响，形成错误的数据。但是数据的数量之大可以忽视这些小错误。例如随时监测管道的承压使得工厂工作人员能了解到有些种类的原油比其他种类的更具有腐蚀性，而此前这都是无法发现，也无法防止的。

图 3-4　炼油厂

在掌握了大量新数据时，精确性就不那么重要了，因为此时我们同样可以掌握事物的发展趋势。大数据不仅让我们不再期待精确性，还让我们很难实现精确性。然而，除了一开始会与我们的直觉相矛盾之外，接受数据的不精确和不完美，我们反而能够更好地进行预测，也能够更好地理解这个世界。

值得注意的是，错误性并不是大数据本身固有的特性，而是一个亟需我们去处理的现实问题，并且有可能长期存在。拥有更大数据量所能带来的商业利益远远超过增加一点儿精确性，所以通常我们不会投入大量精力去提升数据的精确性。这正如以前，统计学家们总是把他们的兴趣放在提高样本数据的随机性上而不是增大其数量上。如今，大数据给我们带来的利益，让我们接受了不精确的存在。

3.3.4　混杂性是标准途径

长期以来，人们一直用分类法和索引法来帮助自己存储和检索数据资源。在小数据范围内，分类法和索引法通常都不完善但很有效，而一旦把数据规模增加好几个数量级，预设的系统就会崩溃。

上线于 2016 年 9 月，由字节跳动孵化的音乐创意短视频社交软件抖音是一个面向全年龄段的音乐短视频社区平台。用户可以通过抖音录制或上传视频、照片等形成自己的作品，抖音会把用户上传的作品进行分类，推送给浏览用户。抖音拥有数以亿计的用户，这时，根据预先设定好的分类来标注每个作品就没有意义了，清楚的分类被更混乱却更灵活的机制所取代了。

当人们上传照片到网站的时候，会给照片添加标签，也就是使用一组文本来标识照片。人们用自己的方式创造和使用标签，所以它没有标准、没有预先设定的排列和分类，也没有必须遵守的类别规定。任何人都可以输入新的标签，标签内容事实上就成了网络资源的分类标准。标签被广泛地应用于抖音、QQ、微信等社交平台上。因为它们的存在，互联网上的资源变得更加容易找到，特别是像图片、视频和音乐这样难以用关键词搜索的非文本类资源。

当然，有时错误的标签会导致资源编组不准确，但使用标签也带来了很多好处，例如，我们拥有了更加丰富的标签内容，同时能更深、更广地获得各种照片。我们可以通过合并多个搜索标签来寻找需要的照片，这在以前是无法完成的。添加标签时所带来的不准确性从某种意义上说明我们能够接受世界的纷繁复杂，这是对更加精确系统的一种"对抗"。事实上世界是纷繁复杂的，天地间存在的事物也远远多于系统所预先设想的。

当数量规模变大的时候，确切的数量已经不那么重要了。并且，数据更新得非常快，甚至在刚刚显示出来的时候可能就已经过时了，此时精确性就更不重要了。如今，要想获得大规模数据带来的好处，混杂性应该是一种标准途径，而不是被竭力避免的。

3.4 转变之三：数据的相关关系

在传统观念下，人们总是致力于找到一切事情发生的原因。然而在很多时候，其实只需要寻找数据间的关系并利用这种关联就足够了。

大数据时代的第三个转变是，我们不再热衷于寻找因果关系，即数据的相关关系。这个转变是前两个转变促成的。寻找因果关系是人类长久以来的习惯，即使确定因果关系很困难且用途不大，人类还是习惯性

转变之三：数据的相关关系

地寻找缘由。相反，在大数据时代，我们无须再紧盯事物之间的因果关系，而应该寻找事物之间的相关关系，这样会给我们带来新颖且有价值的信息。相关关系也许不能准确地告知我们某件事情为何会发生，但是它会提醒我们事情正在发生。在许多情况下，这种提醒已经足够了。

例如，如果数百万条电子医疗记录显示橙汁和阿司匹林的特定组合可以治疗癌症，那么找出具体的药理机制就没有这种治疗方法本身重要。同样，只要我们知道什么时候是买机票的最佳时机，就算不知道机票价格频繁变动的原因也无所谓了。大数据告诉我们"是什么"而不是"为什么"。在大数据时代，我们需要让数据自己"发声"，人们不再需要在还没有收集数据之前，就把其分析建立在早已设立的少量假设的基础之上。让数据"发声"，我们会注意到很多以前从来没有意识到的关系的存在。

3.4.1 预测的关键——关联物

在小数据的背景下，相关关系是有用的；在大数据的背景下，相关关系更是如此。通过应用相关关系，我们可以比以前更容易、更快捷、更清楚地分析事物。

相关关系的核心是指量化两个数值之间的数理关系。相关关系强是指当一个数值增加时，另一个数值很有可能会随之增加。我们已经看到过这种很强的相关关系，例如判断流感病毒传播趋势：在一个特定的地理位置，越多的人通过网络搜索特定的词条，该地区就有越多的

人患了流感。相反，相关关系弱就意味着当一个数值增加时，另一个数值几乎不会发生变化。例如，某个人的鞋子尺码和他的幸福感之间就几乎扯不上什么关系。

相关关系通过识别有用的关联物来帮助人们分析某个现象，而不是通过揭示其内部的运作机制。当然，即使是很强的相关关系也不一定能解释每一种情况，例如两个事物看上去行为相似，但很有可能只是巧合。相关关系没有绝对，只有可能。也就是说，图书网站推荐的每本书不一定都是顾客想买的书。但是，如果相关关系强，一个相关链接"成功"的概率是很高的。这一点很多人可以证明，他们的书架上有很多书都是因网站推荐而购买的。

通过找到一个现象的良好关联物，相关关系可以帮助我们捕捉现在和预测未来。如果 A 和 B 经常一起发生，我们只需要注意到 B 发生了就可以预测 A 也发生了。这样有助于我们捕捉可能与 A 一起发生的事情，即使我们不能直接测量或观察 A。更重要的是，相关关系还可以帮助我们预测未来可能发生什么。当然，相关关系无法预知未来，只能预测可能发生的事情，但这已经极其珍贵了。

通常，大型超市会对存储历史交易记录的庞大数据库进行观察，数据库记录的不仅包括每一个顾客的购物清单以及消费额，还包括购物篮中的物品、具体购买时间。超市注意到，每当季节性台风来临之前，不仅蜡烛、手电筒的销量增加了，而且面包的销量也增加了。因此，超市会把面包放在靠近台风防护用品的位置，以便行色匆匆的顾客购买，从而增加销量。

相关关系的数学计算是直接而又有活力的，这是相关关系的本质特征，也是让相关关系成为广泛应用的统计量的原因。但是以前相关关系的应用很少，因为数据很少且收集数据很费时、费力。

在大数据时代，通过建立在人的偏见基础上的关联物监测法不再可行，因为数据库太大且需要考虑的问题太复杂。幸好我们现在拥有如此多的数据和这么好的机器计算能力，因而不再需要人工选择一个关联物或者一小部分相似数据来逐一分析了。复杂的机器分析能为我们辨认出谁是关联性最好的关联物。

我们理解世界不再需要建立在假设的基础上，这个假设是针对现象建立的有关其产生机制和内在机理的假设。取而代之的是，我们可以对大数据进行相关分析，从而知道哪些检索词条是最能显示流感病毒在何时何地传播的、飞机票的价格是否会飞涨、哪些食物是台风期间待在家里的人最想吃的。我们用数据驱动的关于大数据的相关分析法取代了基于假设的易出错的方法。大数据的相关分析法更准确、更快，而且不易受偏见的影响。

建立在相关分析法基础上的预测是大数据技术的核心。这种预测发生的频率非常高，以至于我们经常忽略了它的创新性。当然，它的应用会越来越多。

例如，对于零售商来说，知道一个顾客是否怀孕是有用的。因为这是一对夫妻改变消费观念的开始，他们会开始光顾以前不会去的商店，渐渐对新的品牌建立忠诚。超市的市场专员们向分析部门求助，看是否有办法能够通过一个人的购物方式发现她是否怀孕。公司的分析部门首先查看了签署婴儿礼物登记簿的女性的消费记录，并注意到登记簿上的女性会在怀孕大概第三个月的时候买很多无香乳液，几个月之后她们会买一些营养品。公司最终找出了大概 20 多个关联物来给顾客的"怀孕趋势"评分，使零售商能够比较准确地预测预产期，能够在孕期的每个阶段给顾客寄送相应的优惠券。这才是零售商的目的。

在社会环境下寻找关联物只是大数据分析的一种方法。同样有用的一种方法是，通过找出新种类数据之间的相互联系来满足日常需要。例如，预测分析法就被广泛地应用于商业领域，它可以预测事件的发生。这一应用可以指一个能发现可能的流行歌曲的算法系统——音乐界人士广泛采用这种方法来确保他们看好的歌曲真的会流行，也可以指那些用来防止机器失效和建筑倒塌的方法。现在，在机器、发动机和桥梁等基础设施上放置传感器变得越来越平常了，这些传感器被用来记录散发的热量、振幅、承压和发出的声音等。

一个事物要出故障不会是瞬间的，而是慢性的。通过收集所有的数据，我们可以预先捕捉到事物要出故障的信号，比方说发动机的嗡嗡声、过热都说明它们可能要出故障了。系统把这些异常情况与正常情况进行对比，就会知道什么地方出了毛病。通过尽早地发现异常，系统可以提醒我们在出故障之前更换零件或者修复问题。所以通过找出一个关联物并监控它，我们就能预测未来会发生什么。

3.4.2　探求"是什么"而不是"为什么"

在小数据时代，相关分析和因果分析都不容易实现，且耗费巨大，两者都要从建立假设（这个假设要么被证实，要么被推翻）开始，然后进行实验。但正是由于两者都始于假设，就都有受偏见影响的可能，极易导致错误。与此同时，用来做相关分析的数据很难得到。

此外，在小数据时代，由于计算机能力的不足，大部分相关分析仅限于寻求线性关系。而事实上，实际情况远比我们所想象的要复杂。经过复杂的分析，我们能够发现数据的非线性关系。

例如，多年来经济学家和政治家一直认为收入水平和幸福感是成正比的。从数据图表上可以看到，虽然统计工具中两者呈现的是一种线性关系，但事实上，它们之间存在一种更复杂的动态关系，例如，对于收入水平在 1 万元以下的人来说，一旦收入增加，幸福感会随之提升；但对于收入水平在 1 万元以上的人来说，幸福感几乎不会随着收入增加而提升。如果能发现这层关系，我们看到的就应该是一条曲线，而不是统计工具得出的直线。

这个发现对决策者来说非常重要。如果只看到线性关系，那么政策重心应完全放在增加收入上，因为这样才能增加全民的幸福感。而一旦察觉到这种非线性关系，政策的重心就会变成提高低收入人群的收入水平，因为这样明显更划算。

当相关关系变得更复杂时，一切就更混乱了。例如，各地麻疹活疫苗接种率的差别与人们在医疗保健上的花费之间似乎有关系。但是，研究发现，这种关系不是简单的线性关系，而是一条复杂的曲线。与预期相同的是，随着人们在医疗保健上花费的增加，麻疹活疫苗接种率的差别会变小；但令人惊讶的是，当增大到一定程度时，这种差别又会变大。发现这种关系对公共卫生工作者来说非常重要，但是普通的线性分析无法捕捉到这个重要信息。

大数据时代，专家们正在研发能发现并对比分析非线性关系的技术和工具。一系列飞速发展的新技术和新软件也从多方面提高了相关分析工具发现非因果关系的能力。这些新的分析工具为我们展现了一系列新的事物，我们看到了很多以前不曾注意到的关系，还掌握了以前无法理解的复杂技术和社会动态。但最重要的是，通过探求"是什么"而不是"为什么"，相关分析能帮助我们更好地了解这个世界。

3.4.3　对小数据的因果关系分析

传统情况下，人类是通过因果关系了解世界的。

首先，我们的直接愿望就是了解因果关系。即使无因果关系存在，我们还是会假定其存在。研究证明，这只是我们的认知方式。当看到两件事情接连发生的时候，我们会习惯性地从因果关系的角度来看待它们。

心理学专家证明了人有两种思维模式：第一种是不费力的快速思维，通过这种思维模式几秒钟就能得出结果；另一种是比较费力的慢性思维，对于特定的问题，需要考虑到位。

快速思维模式使人们偏向用因果关系来看待周围的一切，即使这种关系并不存在。这是我们对已有的知识的执着。快速思维模式曾经很有用，它能帮助人们在信息缺乏却必须快速做出决定的危险情况下化险为夷。但是，这种快速思维模式中的因果关系通常并不存在。卡尼曼指出，平时生活中，由于惰性，我们很少慢条斯理地思考问题，于是快速思维模式就占据了上风。因此，我们会经常臆想出一些因果关系。例如父母经常告诉孩子，天冷时不戴帽子和手套就会感冒。然而，事实上，感冒与戴帽子和手套之间没有直接的联系。有时，我们在某个餐馆用餐后肚子痛，就会自然而然地觉得这是餐馆食物的问题，以后可能就不再去这家餐馆了。事实上，我们肚子痛也许是因为其他的传染途径，如与患者握过手之类的。然而，我们的快速思维模式使我们直接将原因归于任何我们能在第一时间想起来的问题，因此，这种思维模式经常导致我们做出错误的决定。

与常识相反，经常凭借直觉而来的因果关系并没有帮助我们加深对这个世界的理解。很多时候，这种认知捷径只是给了我们一种自己已经理解的错觉，但实际上，我们因此完全陷入了理解误区之中。就像随机采样是我们无法处理全部数据时的捷径一样，这种找因果关系的方法也是我们的大脑用来避免辛苦思考的捷径。

现在情况不一样了。大数据之间的相关关系将经常用来证明直觉是错误的。最终也能表明，统计关系也不蕴含多少真实的因果关系。总之，我们的快速思维模式将会遭受各种各样的现实考验。

另外，人们用来发现因果关系的第二种思维模式——慢性思维，也将因为大数据之间的相关关系迎来大的改变。日常生活中，我们习惯性地用因果关系来考虑事情，所以会认为，因果关系是浅显易寻的。但事实并非如此。即使慢慢思考，想要发现因果关系也是很困难的。因为我们已经习惯了数据的匮乏，故亦习惯了在少量数据的基础上进行推理、思考，即使大部分时候很多因素都会削弱特定的因果关系。

3.4.4　对大数据的相关关系分析

不像证明因果关系，证明相关关系的实验耗资少，费时也少。对于分析相关关系，我们既有数学方法，也有统计学方法，同时，数字工具也能帮我们准确地找出相关关系。

相关关系分析本身意义重大，同时它也为研究因果关系奠定了基础。通过找出可能存在相关关系的事物，我们可以在此基础上进行进一步的因果分析，如果存在因果关系，再进一步找出原因。这种便捷的机制降低了因果分析的成本。我们也可以从相关关系中找到一些重要的变量，这些变量可以用到验证因果关系的实验中去。

相关关系很有用，因为它能为我们提供新的视角，而且提供的视角都很清晰。例如，某公司举办了一次关于二手车质量的竞赛。公司将二手车数据提供给参赛者，参赛者用这些数据建立一个算法系统来预测公司卖的哪些车有可能出现质量问题。相关关系分析表明，橙色的车有质量问题的可能性只有其他车的一半。

读到这里，我们不禁会思考其中的原因。难道是因为橙色车的车主更爱车，所以车被保护得更好吗？或是这种颜色的车子在制造方面更精良吗？还是因为橙色的车更显眼，出车祸的概率更小，所以转手的时候，各方面的性能保持得更好？

马上，我们就陷入了各种各样谜一样的假设中。若要找出相关关系，我们可以用数学方法，但如果要找出因果关系，这却是行不通的。所以我们没必要一定要找出相关关系背后的原因，当我们知道了“是什么”的时候，“为什么”其实没那么重要了，否则就会催生一些滑稽的想法。例如，在上面提到的例子中，我们是不是应该建议车主把车漆成橙色的呢？毕竟，按某种因果关系的推理，这样就能说明车子的质量更过硬啊！

考虑到这些，如果把以确凿数据为基础的相关关系与通过快速思维构想出的因果关系相比，前者就更具有说服力。在越来越多的情况下，快速、清晰的相关分析甚至比慢速的因果分析更有用和更有效。慢速的因果分析集中体现为通过严格控制的实验来验证因果关系，而这必然是非常耗时、耗力的。

在大多数情况下，一旦我们完成了对大数据的相关关系分析，而又不满足于仅仅知道“是什么”，我们就会继续向更深层次研究因果关系迈进，找出“为什么”。

因果关系还是有用的，但是它将不再被看成是某些意义来源的基础。在大数据时代，即使在很多情况下，我们依然指望用因果关系来说明所发现的相关关系，但是，我们知道因果关系只是一种特殊的相关关系。大数据推动了相关关系分析。相关关系分析通常情况下能取代因果关系分析，即使在不可取代的情况下，它也能指导因果关系分析。

【习题】

1. （　　）已经成为一种商业资本、一项重要的经济投入，可以创造新的经济效益。

    A. 能源   B. 数据   C. 财物   D. 环境

2. 今天，（　　）是人们获得新的认知、创造新的价值的方法，还是改变市场、组织机构，以及政府与公民关系的方法。

    A. 算法   B. 程序   C. 传感器   D. 大数据

3. 19 世纪以来，当面临大量数据时，社会都依赖于随机采样，人们发明了一些使用尽可能少的数据的技术。例如，统计学的一个目的就是（　　）。

    A. 用尽可能多的数据来验证一般的发现

    B. 用尽可能少的数据来验证尽可能简单的发现

    C. 用尽可能少的数据来证实尽可能重大的发现

    D. 用尽可能少的数据来验证一般的发现

4. 大数据时代的第一个转变，（　　）。

    A. 是人们要分析与某事物相关的所有数据，而不是依靠分析少量的样本数据

    B. 是人们乐于接受数据的纷繁复杂，而不再一味追求其精确性

    C. 是人们尝试着不再探求难以捉摸的因果关系，转而关注事物的相关关系

    D. 是加强统计学应用，重视算法的复杂性

5. 统计学家们证明：随机采样的精确性（　　）。

    A. 随着采样精确性的增加而大幅提高，但与样本数量的增加密切相关

    B. 随着采样精确性的增加而大幅提高，但与样本数量的增加关系不大

    C. 随着采样随机性的增加而大幅提高，但与样本数量的增加密切相关

    D. 随着采样随机性的增加而大幅提高，但与样本数量的增加关系不大

6. 如今，在很多领域中，如果可能的话，我们会收集所有的数据，即"样本=总体"。"样本=总体"是指（　　）。

    A. 人们能对数据进行浅层探讨，分析问题的广度

    B. 人们能对数据进行深度探讨，捕捉问题的细节

    C. 人们能对数据进行深度探讨，抓住问题的重点

    D. 人们能对数据进行浅层探讨，捕捉问题的细节

7. 因为大数据建立在（　　），所以我们就可以正确地考察细节并进行新的分析。

    A. 掌握少量精确数据的基础上，尽可能多地收集其他数据

    B. 掌握少量数据，至少是尽可能精确的数据的基础上

    C. 掌握所有数据，至少是尽可能多的数据的基础上

    D. 尽可能掌握精确数据的基础上

8. 当拥有海量即时数据时,(　　)。适当忽略微观层面上的精确性会让我们在宏观层面拥有更好的洞察力。

　　A. 我们应该完全放弃精确性,不再沉迷于此

　　B. 我们不能放弃精确性,需要努力追求精确性

　　C. 我们也不是完全放弃精确性,只是不再沉迷于此

　　D. 我们在确保精确性的前提下,适当寻求更多数据

9. 在不断涌现的新情况里,(　　)。因为放宽了容错的标准,人们掌握的数据也多了起来,进而可以利用这些数据做更多新的事情。

　　A. 允许不精确的出现已经成为一个缺点,而非优点

　　B. 允许不精确的出现已经成为一个优点,而非缺点

　　C. 允许不精确的出现已经成为历史

　　D. 允许不精确的出现已经得到控制

10. 为了获得更广泛的数据而牺牲了精确性,我们也因此看到了很多如若不然则无法被关注到的细节。因此,(　　)。

　　A. 在很多情况下,与致力于避免错误相比,对错误的包容会带给我们更多问题

　　B. 在很多情况下,与致力于避免错误相比,对错误的包容会带给我们更多好处

　　C. 无论什么情况,我们都不能容忍错误的存在

　　D. 无论什么情况,我们都可以包容错误

11. 以前,统计学家们总是把他们的兴趣放在提高样本数据的随机性上而不是增大其数量上。这是因为(　　)。

　　A. 提高样本数据的随机性可以减少对数据的需求

　　B. 提高样本数据的随机性有利于对大数据的分析

　　C. 可以获取的数据少,提高样本数据的随机性可以提高分析准确率

　　D. 提高样本数据的随机性是为了减少统计分析的工作量

12. 研究指出,"大数据基础上的简单算法比小数据基础上的复杂算法更加有效。"其中(　　)。

　　A. 精确是关键　　　　　　　　B. 混杂是关键

　　C. 并没有特别之处　　　　　　D. 精确和混杂同样重要

13. 如今,要想获得大规模数据带来的好处,混杂性应该是一种(　　)。

　　A. 不正确途径,需要竭力避免　　B. 非标准途径,应该尽量避免

　　C. 非标准途径,但可以勉强接受　　D. 标准途径,而不是被竭力避免的

14. 在传统观念下,人们总是致力于找到一切事情发生的原因。寻找(　　)是人类长久以来的习惯。

　　A. 相关关系　　　B. 因果关系　　　C. 信息关系　　　D. 组织关系

15. 在大数据时代，我们无须再紧盯事物之间的（　　），而应该寻找事物之间的（　　），这样会给我们带来非常新颖且有价值的信息。

    A．因果关系　相关关系　　　　　　　B．相关关系　因果关系

    C．复杂关系　简单关系　　　　　　　D．简单关系　复杂关系

16. 相关关系强是指当一个数值增加时，另一个数值很有可能会随之（　　）。

    A．减少　　　　　B．显现　　　　　C．增加　　　　　D．隐藏

17. 通过找到一个现象的（　　），相关关系可以帮助我们捕捉现在和预测未来。

    A．出现原因　　　B．隐藏原因　　　C．一般的关联物　D．良好的关联物

18. 建立在相关分析法基础上的（　　）是大数据技术的核心。这种预测发生的频率非常高，以至于我们经常忽略了它的创新性。当然，它的应用会越来越多。

    A．预测　　　　　B．规划　　　　　C．决策　　　　　D．处理

19. 大数据时代，专家们正在研发能发现并对比分析非线性关系的技术和工具。通过（　　），相关分析能帮助我们更好地了解这个世界。

    A．探求"为什么"而不是"是什么"　B．探求"是什么"而不是"为什么"

    C．探求"原因"而不是"结果"　　　D．探求"结果"而不是"原因"

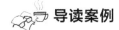 **导读案例**

准确预测地震

我们已经知道，地震是由构造板块（即偶尔会漂移的陆地板块）相互挤压造成的，这种板块的挤压发生在地球深处，并且各个板块的相互运动极其复杂。因此，有用的地震数据来之不易，而要弄明白是什么相互运动导致了地震，基本上是不现实的。每年，世界各地约有 7 000 次里氏 4.0 或更高级别的地震发生，每年有成千上万的人因此丧命，而且一次重大地震带来的物质损失就有千亿美元之多。

虽然地震有预兆，但是我们仍然无法可靠、有效地预测地震。我们能做的就是尽可能地为地震做好准备，包括在设计、修建桥梁和其他建筑的时候就把地震影响考虑在内，并且准备好地震应急包等，以确保一旦发生大地震，群众的生命财产安全能够得到保障。

如今，科学家们只能预测某个地方、某个具体的时间段内发生某级地震的可能性。例如，他们只能说未来 30 年，某个地区有 80% 的可能性会发生里氏 8.4 级地震，但他们无法完全确定地说出何时何地会发生地震，或者发生几级地震。

归根结底，准确地预测地震，就要回答何时、何地、何种震级这 3 个关键问题，并需要掌握促使地震发生的不同自然因素，以及揭示板块之间复杂的相互运动的更多、更好的数据。

预测不同于预报。不过，虽然准确预测地震还有很长的路要走，但科学家们在地震发生前已经为人们争取到越来越多的时间了。

例如，斯坦福大学的"地震捕捉者网络"是一个会生成大量数据的廉价监测网络，它由参与分布式地震检测网络的大约 200 个志愿者的计算机组成。有时候，这个监测网络能提前10秒提醒可能会受影响的人群。这10秒就意味着你可以选择是搭乘运行中的电梯还是走楼梯，是走到开阔处去还是躲到桌子下面。

技术的进步使得捕捉和存储大数据的成本极大降低。更多、更好的数据不只为计算机实现更精明的决策提供了更多的可能性，也使人类变得更聪明了。

从本质上来说，准确预测地震既是大数据的机遇又是挑战。单纯拥有数据还远远不够，我们既要掌握足够多的相关数据，又要具备快速分析并处理这些数据的能力，只有这样，我们才能争取到足够多的行动时间。越是即将逼近的事情，越需要我们快速地实现准确预测。

阅读上文，请思考、分析并简单记录。

（1）简单描述一下你亲历或者听说过的地震事件。

答：_____

_____

（2）针对地球上频发的地震灾害，请尽可能多地列举你所认为的地震大数据。

答：_____

_____

（3）认识大数据，对地震活动的方方面面（预测与防灾减灾等）有什么意义？

答：_____

_____

_____

（4）请简单记述你所知道的上一周内发生的国际、国内或者身边的大事。

答：_____

_____

_____

4.1　大数据的跨界年度

在当今世界的许多组织中，业务可以像其所采用的技术那样进行"架构"。这种观念上的转变体现在企业架构领域的不断扩大上，即企业过去只与技术架构紧密结合，而现在还包含业务架构。尽管人们还只是机械化地审视其业务，即一条条指令由行政人员发布给主管，再传递给前线的员工

大数据的跨界年度

们，但是，基于链接与评测的反馈循环机制为管理决策的有效性提供了保障。

这种从决策到实施再到对结果进行评测的循环使得企业有机会不断优化其运营方式。事实上这种机械化的管理方式正在被一种更加"有机"的管理方式所取代，这种新的管理方式能够将数据转换为知识与见解来驱动商业行为。但是这种新的管理方式有一个问题，就是传统商业行为几乎仅仅是由其信息系统的内部数据所驱动的，但如今的企业想要在更像生态系统的市场中实现其业务模型，仅仅靠内部数据是不够的。因此，企业需要通过吸收外部数据以直接感知那些影响其收益能力的因素。这种对外部数据的使用导致了"大数据"数据集的诞生。

4.1.1　商业动机和驱动力

我们来了解一下互联网企业的大数据行动，探索采用大数据的商业动机和驱动力。大数据被广泛采用是以下几种力量共同作用的结果：市场动态、对业务架构的理解和形式表达、对公司提供价值的能力与其业务流程管理紧密相连的认知，此外还有信息与通信技术（ICT）方面的创新以及万物互联（Internet of Everything，IoE）的概念等。

国际媒体把 2012 年称为"大数据的跨界年度"。大数据之所以会在 2012 年进入大众的视野，缘于以下 3 种趋势的合力。

（1）许多高端消费公司加强了对大数据的应用。QQ、微信等都使用大数据来追踪用户。通过识别你熟悉的其他人，微信可以给出好友推荐建议。用户的好友数量越多，他与微信的黏度就越高。好友越多同时也意味着用户分享的照片越多、发布的状态更新越频繁、玩的游戏也越多样化。

一些国内外商业社交网站则使用大数据为求职者和招聘单位建立关联。由此，猎头公司不再需要对潜在雇员进行意外访问，只需简单搜索就可以找到潜在雇员，并与之进行联系。同样，求职者也可以通过联系网站上的其他人，将自己推荐给潜在的负责招聘的经理。

（2）一些国内外互联网大企业都是在 2012 年上市的。例如社交网络脸书在纳斯达克上市，领英在纽约证券交易所上市。这些企业的上市使金融界对大数据业务的兴趣日渐浓厚，风险投资家们前赴后继地为这些企业提供资金。

（3）商业用户，例如淘宝、京东、亚马逊以及其他以数据为核心的消费公司，也开始期待以一种同样便捷的方式来获得大数据的使用体验。随着新技术的出现，公司不仅能够了解到特定市场的公开信息，还能够了解到有关会议、重大事项及其他可能会影响市场需求的信息。通过将内部供应链数据与外部市场数据相结合，公司可以更加精确地预测出可能的商品销售趋势。

类似地，将内部数据与外部数据相结合，零售商每天都可以利用混合式数据确定产品价格和摆放位置。通过分析从产品供应到消费者购物这一系列事件的数据（包括哪种产品卖得比较好），零售商就可以提升消费者的平均购买量，从而获得更高的利润。

4.1.2 企业的大数据行动

国内从事大数据的企业主要分为两类：一类是已经有大数据能力的企业，如阿里巴巴、腾讯等互联网巨头以及华为、中兴等国内领军企业，涉及数据采集、数据存储、数据分析、数据可视化、数据安全等领域；另一类则是初创的大数据企业，它们依赖于大数据工具，针对市场需求，为市场带来创新方案并推动技术发展。其中大部分的大数据工具还是需要第三方公司提供服务。

（1）阿里巴巴拥有交易数据和信用数据，能够搭建数据的流通、收集和分享的底层架构。

（2）华为云服务整合了高性能的计算和存储能力，可为大数据的挖掘和分析提供专业、稳定的 IT 基础设施平台。华为针对大数据存储实现了统一管理 40 拍字节文件的系统。

（3）腾讯拥有用户关系数据和社交数据，能够用数据改进产品，注重 QQ、微信、电商平台等的后端数据打通。

例如，谷歌的规模使其得以实施一系列大数据方案，而这些方案是大多数企业不具备的。谷歌的优势之一是其拥有一支软件工程师队伍，这些工程师能为该公司提供前所未有的大数据技术。

谷歌的另一个优势是基础设施（例如谷歌的机房，如图 4-1 所示）先进。就搜索引擎本身的设计而言，数不胜数的服务器保证了谷歌搜索引擎之间的无缝连接。如果出现更多的处理或存储信息需求，抑或某台服务器崩溃，谷歌的工程师们只需添加服务器就能保证搜索引擎的正常运行。据估计，谷歌的服务器总数超过 100 万台。

图 4-1　谷歌的机房

谷歌的软件设计人员在设计软件的时候一直没有忘记谷歌所拥有的先进的基础设施。MapReduce 和 Google File System 就是两个典型的例子。《连线》杂志在 2012 年的报道称，MapReduce 和 Google File System "重塑了谷歌建立搜索索引的方式"。

除此以外，谷歌还拥有大量的机器数据，这些数据是人们在谷歌网站进行搜索时所产生的。每当用户进行搜索时，谷歌搜索引擎就知道他在寻找什么。所有人在互联网上的行为都会留下"足迹"，而谷歌具备理想的技术对这些"足迹"进行捕捉和分析。

我们可以看到，企业不仅可以从最好的技术中获益，同样还可以从最好的数据中获益。在技术方面，许多企业可谓耗资巨大，然而对于谷歌所进行的庞大投入和所获得的巨大成功，罕有企业能望其项背，这就是谷歌数据的强大作用。

再如，互联网零售商京东同时也是一个推行大数据技术的大型技术公司，它通过采取一些积极的举措，成为数据驱动领域的竞争者。京东要处理的海量数据带有更强的电商倾向。每次，当消费者在京东网站上搜索想买的产品时，京东就会增加对该消费者的了解。基于消费者的搜索行为和产品购买行为，京东就可以知道接下来应该为消费者推荐什么产品。

4.1.3 数据驱动的企业文化

在数据驱动企业文化的背景下，数据会告诉你什么是有效的、什么是无效的，新的商业投资项目必须要有数据支撑。

对数据进行长期关注使大型电商企业能够以更低的价格提供更好的服务。消费者往往会直接去电商网站搜索商品并进行购买，电商企业争夺消费者的"硝烟"从未停息，并且还在不断弥漫中。如今，国内的阿里巴巴、腾讯等公认的巨头以及许多国外互联网大企业不仅在互联网上进行"厮杀"，还将其争斗延伸至移动领域。

随着消费者把越来越多的时间耗费在手机和平板电脑等移动设备上，他们坐在计算机前的时间已经变得越来越少，因此，那些能成功地让消费者购买其移动设备的企业，将会在获取消费者行为信息方面具备更大的优势。企业掌握的消费者群体和个体信息越多，就越能更好地制定内容、设计广告和生产产品。

从支撑新兴技术企业的基础设施到移动设备，电商的触角已触及更为广阔的领域，他们是面向公众的云服务提供者，能为新兴企业和老牌企业提供可扩展的运算资源。这种运算资源为企业开展大数据行动铺平了道路。当然，企业依然可以继续投资建立以私有云为主的自有基础设施，而且很多企业都会这样做。但是如果企业想尽快利用额外的、可扩展的运算资源，它们还可以方便、快捷地在互联网大企业的公共云上使用多台服务器。如今，大数据分析不需要企业在 IT 上投入固定成本，获取数据、分析数据都能够在云端简单、迅速地完成。换句话说，如今，企业有能力获取和分析大数据，而在过去，它们可能会因为无法存储大数据而不得不抛弃它。

4.2　将信息变成竞争优势

AWS（Amazon Web Service，亚马逊 Web 服务）类型的云服务与 Hadoop 类型的分布式架构开源技术相结合，意味着企业终于能够尝到信息技术在多年以前向世人所描绘的果实。

数十年来，人们对信息技术的关注一直偏重于其中的技术部分，首席信息官（Chief Information Officer，CIO）的职责就是购买和管理服务器、存储设备以及网络。而如今，信息以及对信息进行分析、存储和预测的能力正成为一种竞争优势。大数据使人们对信息技术的关注焦点从技术转变为信息，如图 4-2 所示。

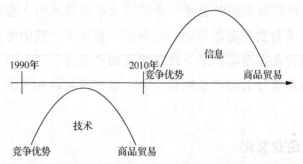

图 4-2　大数据使对信息技术的关注焦点从技术转变为信息

信息技术刚刚兴起的时候，较早应用信息技术的企业能够更快地发展，超越他人。微软公司在 20 世纪 90 年代就确定并巩固了它的地位，这不仅得益于它开发了世界上应用最为广泛的操作系统，还在于当时它将电子邮件作为标准的沟通机制。事实上，在许多企业仍在犹豫是否采用电子邮件的时候，电子邮件已经成为微软公司讨论招聘、产品决策、市场战略等事务的标准沟通机制。虽然群发电子邮件的交流方式在如今已司空见惯，但在当时，这样的举措让微软公司较之其他未采用电子邮件的公司具有更快的沟通速度和更多的协作优势。

接受大数据并在不同的组织之间民主化地使用数据，将会给企业带来与电子邮件相似的优势。诸如腾讯和阿里巴巴之类的企业已经从"数据民主"中获益。

通过将内部数据分析平台开放给所有跟公司相关的分析师、管理者和执行者，腾讯、阿里巴巴和谷歌以及其他一些公司已经让组织中的所有成员都能提出跟商业有关的数据问题、获得答案并迅速行动。新技术已经将人们的话题从"存储什么数据"转到了"怎样处理更多的数据"上。

以腾讯为例，它将大数据服务推广成为内部的服务，这意味着该服务不仅是为工程师设计的，还是为终端用户（即生产线管理人员）设计的，他们需要运用"查询"来找出有效的方案。因此，管理人员不再需要耗费几天或几周的时间来找出网站的哪些改变最有效，或者哪些广告方式的效果最好；他们可以使用内部的大数据服务，这使得数据分析的结果很容易在员工之间共享。

在信息技术飞速发展的今天，企业能够更快地处理数据，而公共数据资源和内部数据资源一体化将带来独特的洞见，使它们能够远远超越竞争对手。"你分析数据的速度越快，它所产生的预测价值就越大"。企业正在渐渐远离批量处理数据（即先存储数据，之后再慢慢进行分析处理）的方式，而转向实时分析数据来获取竞争优势，并且有一个好消息是：来自大数据的信息优势不再只属于大企业，Hadoop 这样的开源技术让其他小型企业也可以拥有同样的优势。可见，无论是大企业还是初创公司，都能够合理地利用大数据来获得竞争优势。

4.2.1　数据价格下降而需求上升

与以往相比，大数据带来的颠覆不仅是可以获取和分析更多数据的能力，更重要的是，获取和分析等量数据的价格也正在显著下降。虽然价格"蒸蒸日下"，但是需求却蒸蒸日上。科技进步使存储和分析数据变得更有效率，与此同时，公司也将基于此做出更多的数据分析。简而言之，这就是为什么大数据能够带来商业上的颠覆性变化。大量的大型技术公司纷纷投身于大数据，而更多初创公司如雨后春笋般涌现，提供基于云服务的和开源的大数据解决方案。

大公司致力于横向的大数据解决方案，小公司则以垂直行业的关键应用为重。有些大数据应用程序可以优化销售效率，而有些大数据应用程序则可以通过将不同渠道的营销业绩与实际的产品使用数据相联系，来为未来营销活动提供建议。这些大数据应用程序意味着小公司不必在内部开发或配备所有大数据技术；在大多数情况下，它们可以利用基于云端的服务来满足数据分析需求。

4.2.2　大数据应用程序兴起

大数据应用程序在大数据领域掀起了又一轮浪潮。投资者相继将大量资金投入现有的基础设施中，又为 Hadoop 软件的商业供应商 Cloudera 等提供了投资。与此同时，企业并没有停留在大数据基础设施上，而是将重点转向了大数据的应用。

以前，企业必须利用自主生成的脚本文件来分析日志文件（一种由网络设备和 IT 系统中的服务器生成的文件）。相对而言，这是一种人工处理程序。IT 管理员不仅要维护服务器、网络工作设备和软件等基础设施，还要建立自己的脚本工具，从而确定系统所引发问题的根源。系统会产生海量的数据；每当用户登录或访问一个软件时，一旦软件出现警告或显示错误，管理员就需要对这些数据进行处理，并且必须弄清楚这究竟是怎么一回事。

有了大数据应用程序之后，企业不再需要自己动手创建工具。它们可以利用预先设置的应用程序，从而专注于经营它们的业务本身。例如，利用 Splunk 公司（见图 4-3）的软件，管理员可以搜索 IT 日志，并直观看到有关登录位置和频率的统计，进而轻松地找到基础设施存在的问题。当然，企业的软件主要是安装类软件，也就是说，它们必须安装在用户的设备中。基于云端的大数据应用程序承诺，它们不会要求企业安装任何硬件或软件。在某些方面，大数据应用程序可以被认为是继软件即服务（Software as a Service，SaaS）之后的下一个合乎逻辑的应用。软件即服务是通过互联网向用户交付产品的一种新形式，现已经发展得较为完善。客户关系管理（CRM）软件首先推出的"无软件"概念已经成为基于云计算的管理软件的事实标准，这种软件可帮助企业管理客户列表和客户关系。

通过软件运营服务转化后，软件可以被随时随地地使用，企业几乎不需要对软件进行维护。大数据应用程序把着眼点放在这些软件存储的数据上，从而可改变企业的性质。换句话说，大数据应用程序具备将技术企业转化为"有价值的信息企业"的潜力。

图 4-3　Splunk 公司

例如，某公司拥有改变能源消耗方式的技术，其通过与几十家不同的公用事业企业合作，可以追踪到数千万家庭的能源消耗状况。该公司可利用智能电表设备（一种追踪家庭能源使用情况的设备）中存储的数据，为消费者提供能源消耗的具体报告。能源消耗数据即使出现小小的变动，也会对千家万户造成很大的影响。这种数据最终会赋予类似公司截然不同的洞察力，如该公司通过提供能源消耗报告来继续建立其信息资产，这些数据资源和分析产品向我们展示了未来大数据商业的雏形。

然而，大数据应用程序不仅仅出现在技术世界里。在技术世界之外，企业还在不断研发更多的大数据应用程序，这些程序将对我们的日常生活产生重大的影响。举例来说，有些程序会追踪与健康相关的指标并为我们提供建议，从而改善我们的身体状况。这类程序还有助于降低肥胖率、提高生活质量、降低医疗成本。

大数据技术一直致力于以较低的成本采集、存储和分析数据，而未来数据的访问速度将会加快。当你在网站上单击按钮时，却发现弹出来的是一个等待页面，而你不得不等待交易的完成或报告的生成，这是一个令人沮丧的过程。数据分析师、经理及行政人员都希望能用敏锐的洞察力来了解他们的业务。随着大数据用户对便捷性提出的要求越来越高，大数据已不能满足他们的需求。持续的竞争优势并非来自大数据本身，而是更快地洞察信息的能力。

4.2.3　企业构建大数据战略

据 IBM 称，我们每天都在创造大量的数据，其大小大约是 $2.5×10^{18}$ 字节——仅在过去两年间创造的数据就占世界数据总量的 90%。据福里斯特产业分析研究公司估计，企业数据的总量每年以 94%的增长率飙升。

在这样的高速增长情况之下，几乎每家企业都需要一个大数据路线图，至少，企业应为获取数据（获取范围应为从内部计算机系统的常规机器日志一直到线上的用户交互记录）制定一种战略。即使企业当时并不知道数据有什么用，它们也要这样做，或许随后它们会突然发现这些数据的作用。"数据所创造的价值远远高于最初的预期——千万不要随便将它们抛弃。"

企业还需要制订一个计划来应对数据的指数级增长。照片、即时信息以及电子邮件的数量非常庞大，而由手机、北斗导航系统及其他设备构成的"传感器"所生成出的数据量甚至更大。在理想情况下，企业应让数据分析贯穿于整个组织，并尽可能地做到实时分析。通过观察那些科技企业，你可以看到大数据带来的种种机会。管理者需要做的就是往自己所在的组织中"注入"大数据战略。

成功运用大数据的企业往"大数据世界"中添加了一个更为重要的因素：大数据所有者，即企业中主管数据的首席数据官（Chief Data Officer，CDO）。如果你不了解数据，意味着世界上所有的数据对你来说将毫无价值可言。大数据所有者不仅能够帮助企业进行正确的战略定位，还能够引导企业获取所需的洞察力。

4.3　大数据营销

行之有效的大数据交流需要同时具备愿景和执行两个部分。愿景意味着诉说故事，让人们从中看到希望，受到鼓舞；执行则是指具体实现的商业价值，并提供数据支撑。大数据营销由 3 个关键部分组成：愿景、价值以及执行。

除了明确愿景，公司还必须有关于产品价值、作用以及具体购买人群的清晰表述。基于愿景和商业价值，公司能讲述个性化的品牌故事，吸引到它们大费周折才接触到的顾客、报道者、博文作者以及其他产业的成员。他们可以创造有效的博客、信息图表、在线研讨会、案例研究、特征对比以及其他营销材料，从而成功地支持营销活动——既可以帮助宣传，又可以支持销售团队销售产品。与其他形式的营销一样，内容也需要具备高度针对性。

即使公司让大众对自己的产品有了许多认识，但未必能在潜在顾客登录其网站时实现有效转换。通常，公司耗费九牛二虎之力增加了网站的访问量，结果到了需要将潜在顾客转换为真正的顾客时，却一再出错。网站设计者可能将按钮放在非最佳位置上，也可能为潜在顾客提供了太多可行性选择，或者建立的网站缺乏顾客所需的信息，这样当顾客想要下载或者购买公司的产品时，就很容易产生各种不便。至于大数据营销，则与传统营销方式没多大关系，其更注重创建无障碍的对话。通过开辟大数据对话，我们能将大数据带来的好处分享给更多的人。

4.3.1　像媒体公司一样思考、行动

大数据本身有助于对话。营销人员拥有网站访客的分析数据、故障通知单系统的顾客数据以及实际产品的使用数据，这些数据可以帮助他们实现将营销投入转换为顾客行为，并由此建立良性循环。

随着杂志、报纸以及图书等线下渠道的广告投入持续减少，在线拓展顾客的新方法正不断涌现。同时，如微信、QQ、脸书以及领英等社会化媒体不仅代表了新型营销渠道，也是新型数据源。现在，营销不仅仅是指在广告上投入资金，也意味着每家公司必须像一个媒体公司一样思考、行动。它不仅意味着运作广告营销活动以及优化搜索引擎列表，还包含开发内容、发布内容以及衡量结果。大数据应用将源自所有渠道的数据汇集到一起，经过分析，做出下一步行动的预测——帮助营销人员制定更优的决策或者自动执行决策。

4.3.2　面对新的机遇与挑战

据高德纳咨询公司称，从 2017 年起，首席营销官（Chief Marketing Officer，CMO）投入于信息技术上的时间将比首席信息官（CIO）还多。营销部门更加倾向于自行制定技术决策，IT 部门的参与越来越少。越来越多的营销人员转而使用基于云端的产品以满足他们的需求。这是因为他们可以多次尝试，如果产品不能发挥效用，就直接将其抛弃掉。

过去，市场营销费用主要分为以下 3 类。

（1）"跑市场"的人员成本。

（2）创建、运营以及衡量营销活动的成本。

（3）开展活动和管理所需基础设施的成本。

在生产实物产品的公司中，营销人员投钱树立品牌效应，并鼓励消费者采购。消费者采购的场所则包括零售商店、经销店以及其他实际场所，此外还有网上商城，如亚马逊网上商城。在出售技术产品的公司中，营销人员往往试图推动潜在客户直接访问他们的网站。例如，一家技术型创业公司可能会购买 QQ 的关键词广告（出现在 QQ 和所有腾讯合作伙伴的网站上的文字广告），希望人们会单击这些广告并访问他们的网站。在网站上，潜在客户可能会试用该公司的产品或输入其联系信息以下载资料、观看视频，这些活动都有可能促成客户购买该公司的产品。

所有这些活动都会留下包含大量信息的电子记录，记录对应的数据量可能会增长 10 倍。营销人员从众多广告和媒体类型中选择各种信息，他们也可能从客户与公司多种互动方式中收集到数据。互动包括网上聊天会话、电话联系、访问网站、顾客实际使用产品，甚至是浏览特定视频的最为流行的某个片段等。从前公司的营销系统需要创建和管理营销活动，跟踪业务，向客户收取费用，并提供服务支持，公司通常采用安装企业版软件的形式实现，但其花费昂贵且难以实施。IT 组织则需要购买硬件、软件和咨询服务，以使全套系统运行，从而

支持市场营销、计费和客户服务业务。通过 SaaS 模型，基于云计算的产品已经可以支持上述所有活动了，企业不必购买硬件、安装软件、进行维护，便可以在网上获得理想的市场营销、客户管理、计费和客户服务的解决方案。

如今，许多公司将拥有的大量客户数据（包括企业网站、网站分析、网络广告花费、故障通知单等）都存储在云中，很多与公司营销工作相关的内容（如新闻稿、新闻报道、网络研讨会、幻灯片以及其他形式的内容）也都在网上。公司在网上提供产品（如在线协作工具或网上支付系统），营销人员就可以通过用户统计和产业信息知道客户或潜在客户浏览过哪些内容。

现在营销人员的挑战和机遇在于将从所有活动中获得的数据汇集起来，使之产生价值。营销人员可以尝试将所有数据输入电子表格中，并做出分析，以确定哪些有用，哪些无用。但是，真正理解数据需要大量的分析。例如，某个新闻的发布是否增加了网站访问量？某篇新闻文章是否带来了更多的销售线索？网站访问群体能否归为特定产业部分？什么内容对访客有吸引力？网站上一个按钮移动位置后又是否能使公司的网站有更高的顾客转化率？

营销人员的另一个挑战是了解客户的价值，尤其是他们可以带来多少盈利。例如，一个客户只花费少量的钱却提出很多支持请求，营销人员可能就无利可图。然而，公司很难将故障通知单数据与产品使用数据联系起来，特定客户创造的收益信息与获得该客户的成本也不能直接挂钩。

4.3.3　自动化营销

大数据营销要合乎逻辑，不仅要将不同数据整合到一起，为营销人员提供更佳的解析，还要利用大数据使营销实现自动化。然而，达成这一目标颇为棘手，因为营销由两个部分组成：创意和投递。

营销的创意部分以设计和内容创造的形式出现。例如，计算机可以显示是选择红色按钮还是选择绿色按钮、选择 12 号字体还是选择 14 号字体能为公司获得更多的顾客。假如要投放一组潜在的广告，它也能分辨哪些最为有效。如果提供正确的数据，计算机甚至能针对特定的个人信息、文本或图像，对广告的某些元素进行优化。例如，广告优化系统可以将一条旅游广告个性化，将城市名称纳入其中："查找黄山和杭州之间的最低票价"，而非仅仅"查找最低票价"。接着，它就可以确定包含此信息的广告是否会提高转换率。

从理论上来说，个人可以执行这种操作，但对于数不胜数的人来说，这种方式根本就不可行，而这正是网络营销的专长。例如，谷歌平均每天的广告发布量将近 300 亿。大数据系统擅长处理的情况是：大量数据必须迅速处理，迅速发挥作用。

一些解决方案应运而生，它们用于为客户行为自动建模以提供个性化广告。一项重新定位应用的解决方案正在将客户数据的自动化分析与基于该数据展示相关广告的功能结合起来。它能识别离开零售商网站的购物者，当他们访问其他网站时，就向他们投递个性化的广告。这种个性化的广告通常能将购物者带回到零售商的网站，促成一笔交易。通过分析购物者的行为，公司能够锁定高质量顾客的预期目标，同时排除根本不会购物的人。

就营销而言，自动化系统主要涉及大规模广告投放和销售线索评分（即基于种种预定因素对潜在客户线索进行评分）。这些活动很适合应用数据挖掘和自动化，因为它们的过程都定义明确，而具体决策有待制定（例如确定一条线索是否有价值）且结果的得出可完全自动化（例如选择投放哪种广告）。

大量数据可用于帮助营销人员以及营销系统优化内容创造和投递方式，挑战在于如何使之发挥作用。社会化媒体开发者研究了数百万条微信、点"赞"以及分享，并且对转发量最多的微信关联词、发微信的最佳时间以及照片、文本、视频和链接的相对重要性进行了定量分析。利用大数据应用程序可以将这样的研究与自动化营销活动管理结合起来。

在今后的岁月里，我们将看到智能系统继续发展，涉及营销的方方面面：不仅是为线索评分，还将决定运作哪些营销活动以及何时运作，并且向每位访客呈现个性化的理想网站。营销软件不仅可以帮助人们更好地进行决策，而且其借助大数据可以用于运作营销活动并优化营销结果。

4.3.4　创建高容量和高价值内容

谈到为营销创建内容，大多数公司真正需要创建的内容有两个特点：高容量和高价值。例如，某电商网站有约 2.48 亿个页面存储在网站的搜索索引中，这些页面被称为"长尾"。人们并不会经常浏览某个单独的页面，但如果有人搜索某一特定的条目，相关页面就会出现在搜索列表中。消费者搜索产品时，就很有可能看到相关的页面。人类不可能将这些页面通过人工一一创建出来，但电商网站却能为数以百万计的产品清单自动生成网页。创建的页面用于对单个产品以及类别页面进行描述，其中类别页面中是多种产品的分类，例如一个耳机的页面上一般列出了所有耳机的类型，附上单独的耳机图片和耳机的文本介绍。当然，每一个页面都可以进行测试和优化。

电商的优势在于，它不仅拥有庞大的产品库存（包括其自身的库存和合作商户的库存），而且拥有用户生成内容（以商品评论形式存在）的丰富资源库。电商将大数据源、产品目录以及大量的用户生成内容结合起来，这样电商不但成为了销售商的领导者，而且成为了优质内容的主要来源。除了商品评论，电商还有产品视频、照片（兼由电商提供和用户自备）以及其他形式的内容。电商从两个方面收获回报：一是其网站很可能在搜索引擎的搜索结果中；二是用户认为电商有优质内容（不只是优质产品）就直接登录电商网站进行产品搜索、购买。

按照传统标准来说，电商公司并非媒体公司，但它实际上已转变为媒体公司。

4.3.5　用投资回报率评价营销效果

内容创建就是需要分析所有非结构化数据，从而了解它。计算机使用自然语言处理和机器学习算法来理解非结构化数据，如微信每天要处理上亿条信息。这种大数据分析被称为"情绪分析"或"意见挖掘"。通过评估人们在线发布的论坛帖子、微信信息以及其他形式的文本，计算机可以判断消费者关注的是品牌的正面影响还是负面影响。

然而，尽管出于营销目的的数字媒体得以迅速普及，但是营销的投资回报率（Return On Investment，ROI）仍然会出现惊人的误差。根据一项对 243 位首席营销官和其他高管所做的调查显示，57%的营销人员制订预算时不采取计算投资回报率的方法。其中多数受访者表示，他们基于以往的开支水平制订预算，少部分受访者表示依靠直觉制订预算，也有个别的受访者表示其制订营销支出决策不基于任何数据。

优秀的营销人员将大数据应用到工作当中——从营销工作中排除不可预测的部分，并继续推动其营销活动，将工作数据化，而其他人将继续依赖于传统的指标（如品牌知名度）或根本没有衡量方法。这意味着两者之间的差距将日益扩大。

营销的核心将仍是创意。优秀的营销人员使用大数据优化发送的每封电子邮件、撰写的每一篇博客文章以及制作的每一段视频。最终，营销的各个部分将借助算法变得更好，例如确定合适的营销主题或时间。营销的很大一部分工作也将以自动的方式完成。

当然，优秀的营销不能替代优质的产品。大数据可以帮助营销人员更有效地争取潜在客户、更好地了解客户以及他们的消费数额，还可以帮营销人员优化网站。这样，一旦引起潜在客户的注意，将他们转换为真实客户的可能性就更大。但是，在这样一个时代，评论以百万条计，消息像野火一样四处蔓延，单单靠优秀的营销是不够的，提供优质的产品仍然是首要任务。

4.4　内容创建与众包

驱动产品需求和保持良好前景都与内容创建相关，博客文章、信息图表、视频、播客、幻灯片、网络研讨会、案例研究、电子邮件、信息以及其他材料都是保持内容引擎运行的"能源"。

内容营销是指把更多的努力投入到为产品创建的内容的营销中去。创建优质内容不再仅仅意味着为特定产品开发案例研究或产品说明书，还包括提供新闻故事、教育材料以及娱乐信息。

房屋租赁网站 Airbnb 创建了 Airbnb TV，以展示其在世界各个城市的房屋资源，当然在这个过程中也展示了 Airbnb 本身（见图 4-4）。所以说推广需要不局限于推销产品，还要重视内容营销，内容本身也必须引人注目。

图 4-4　Airbnb 服务

　　内容创建似乎是一个艰巨且耗资高昂的任务，但实际并非如此。众包是一种相对简单的方法，它能够将任务进行分配，生成对营销来讲非常重要的非结构化数据：内容。许多公司早已使用众包来为搜索引擎优化生成文章，这些文章可以帮助它们在搜索引擎中获得更高的排名。很多人将使用众包创建的内容与高容量、低价值的内容联系起来。但在今天，高容量、高价值的内容也可使用众包创建。众包并不会取代内部内容开发，但它可以将内容扩大。现在，各种各样的网站都提供众包服务。亚马逊的土耳其机器人（Amazon Mechanical Turk，AMT）经常被用于处理内容分类和内容过滤这样的任务，这对计算机而言很难，但对人类来说却很容易。亚马逊自身使用 AMT 来确定产品描述是否与图片相符。其他公司连接 AMT 支持的编程接口，以提供特定垂直服务，如音频和视频转录。

　　一些网站出于搜索引擎优化的目的创建大量低成本文章。而有些网站则能帮助创意专业人士（如平面设计师）展示其作品，内容买家也可以让排队的设计者提供创意作品。同时，有些跑腿网站正在将众包服务应用到线下，例如送外卖、商场内部清洗以及看管宠物等。

　　专门为网络营销而创建的相对较低价值内容与高价值内容之间的主要区别是后者具有权威性。低价值内容往往用于为搜索引擎提供优质素材，以一篇文章的形式捕捉特定关键词的搜索。然而，高价值内容往往用于显示更多的专业新闻、教育内容以及娱乐内容，如博客文章、案例研究、思想领导力文章、技术评论、信息图表和视频访谈等。这种内容也正是人们想要分享的。此外，如果你的观众知道你拥有新鲜、有趣的内容，那么他们就更有理由频繁回访你的网站，也更有可能对你和你的产品进行持续关注。这种内容的关键是，它必须具有新闻价值、教育意义或娱乐性，抑或三者兼具。对于正努力提供这种内容的公司来说，好消息就是众包使内容创建工作变得比以往任何时候都更容易了。

　　众包服务可以借由网站形式实现，即只要你为内容分发网站提供一个网络架构，就可以插入众包服务，生成内容。例如，你可以为自己的网站创建一个博客，编写自己的博客文章，也可以发布贡献者的文章，如客户和行业专家所撰写的文章。

　　如果你为自己的网站创建了一个 TV（视频）部分，你就可以发布视频，包括自己创作的视频集、源自其他网站（如抖音）的视频以及通过众包服务创造的视频。视频制作者可以是自己的员工、承包商或行业专家，他们可以进行自我采访。你也可以以大致相同的方式对网络研讨会和网络广播进行众包，只需查找为其他网站贡献内容的人，再联系他们，看看他们是否有兴趣入驻你的网站即可。使用众包是保持高价值内容"生产机器"持续运作的有效方式，它只需一个内容策划人或内容经理对这个过程进行管理即可。

【习题】

1. 传统商业行为几乎仅仅是由其信息系统的（　　　）所驱动的，如今的企业想要在更像生态系统的市场中实现其业务模型，仅仅这样是不够的。

    A．统计数据   B．原始数据   C．内部数据   D．外部数据

2. 如今，企业需要通过吸收（　　　）来直接感知那些影响其收益能力的因素。

    A．外部数据   B．原始数据   C．内部数据   D．统计数据

3. 国际媒体把 2012 年称为"大数据的跨界年度"。大数据之所以会在 2012 年进入大众的视野，缘于 3 种趋势的合力，而（　　　）不是合力之一。

    A．许多高端消费公司加强了对大数据的应用

    B．脸书与领英两家公司都是在 2012 年上市的

    C．2012 年诞生了谷歌与亚马逊公司

    D．商业用户，例如淘宝、京东、亚马逊和其他以数据为核心的消费公司，也开始期待以一种同样便捷的方式来获得大数据的使用体验

4. 谷歌很早就开始实施的一系列大数据方法是大多数企业根本不具备的。但（　　　）不是谷歌关于大数据的优势之一。

    A．拥有一支软件工程师队伍，他们能为企业提供前所未有的大数据技术

    B．拥有强大的基础设施

    C．拥有大量的机器数据，拥有搜索以及其他获取数据的途径

    D．拥有 Linux、UNIX 操作系统的专利

5. 数十年来，人们对信息技术的关注一直偏重于其中的（　　　）部分，首席信息官（CIO）的职责就是购买和管理服务器、存储设备以及网络。而如今，信息以及对信息进行分析、存储和预测的能力正成为一种竞争优势。

    A．技术   B．信息   C．预测   D．数据

6. 接受大数据并在不同的组织之间民主化地使用数据，将会给企业带来（　　　），使其从"数据民主"中获益。

    A．困难   B．限制   C．优势   D．退步

7. 大数据带来的颠覆，使"价格'蒸蒸日下'，需求却'蒸蒸日上'"，这指的是（　　）。
   A. 计算机越来越便宜，人们都去买计算机了
   B. 智能手机越来越便宜，人们都去买手机了
   C. U盘和移动硬盘越来越便宜，人们都去买移动存储介质了
   D. 科技进步使存储和分析数据变得更有效率，同时，公司也将做出更多的数据分析

8. 有了（　　）之后，企业不再需要自己动手创建工具。它们可以利用预先设置的应用程序，从而专注于经营它们的业务本身。
   A. 办公自动化程序　　　　　　　　B. 大数据应用程序
   C. 网络自动分析程序　　　　　　　D. 物联网应用程序

9. 大数据技术一直致力于以较低的成本采集、存储和分析数据，而未来（　　）。
   A. 数据的访问速度将会加快　　　　B. 数据的采集将会更便宜
   C. 数据的存储将会更便宜　　　　　D. 数据的分析将会更昂贵

10. 在理想情况下，企业应让数据分析贯穿于整个组织，并尽可能地做到（　　）。
    A. 实时分析　　B. 随机存储　　C. 在线拓展　　D. 延时分析

11. 大数据至少现在还不能明确产品的作用、购买人群以及产品传递的价值。因此，大数据营销由3个关键部分组成：（　　）。
    A. 聚合、过滤以及钻取　　　　　　B. 愿景、价值以及执行
    C. 上传、下载以及过滤　　　　　　D. 输入、输出以及分析

12. 随着杂志、报纸以及图书等线下渠道的广告投入持续减少，（　　）顾客的新方法正不断涌现，这意味着每家公司必须像一个媒体公司一样思考、行动。
    A. 实时分析　　B. 随机存储　　C. 在线拓展　　D. 延时分析

13. 如今，许多公司将拥有的大量客户数据都存储在（　　）中，营销人员面对的挑战和机遇在于将从所有活动中获得的数据汇集起来，使之产生价值。
    A. 笔记本　　　B. 云　　　C. 服务器　　　D. U盘

14. 驱动产品需求和保持良好前景都与（　　）相关，博客文章、信息图表、视频、播客、幻灯片、网络研讨会、案例研究、电子邮件、信息以及其他材料都是保持内容引擎运行的"能源"。
    A. 广告宣传　　B. 用户调查　　C. 内容创建　　D. 市场活动

15. 在大数据营销中，可以借助（　　）这种相对简单的方法，它能够将任务进行分配，生成对营销来讲非常重要的非结构化数据：内容。
    A. 收集　　　B. 搜索　　　C. 借鉴　　　D. 众包

16. 专门为网络营销而创造的内容，其关键是它必须具有（　　），抑或三者兼具。
    ① 娱乐性　　② 严肃性　　③ 新闻价值　　④ 教育意义
    A. ①③④　　　B. ②③④　　　C. ①②③　　　D. ①②④

17. (　　　)可以借由网站形式实现，只要你为内容分发网站提供一个网络架构，就可以插入它，生成内容。

　　　A. 实时销售　　　B. 随机合作　　　C. 众包服务　　　D. 延时分析

18. 在大数据营销活动的内容创建中，计算机使用自然语言处理和机器学习算法来理解(　　　)数据，从而了解和判断消费者的关注点。

　　　A. 结构化　　　B. 非结构化　　　C. 情绪化　　　D. 虚拟化

19. 大数据营销的核心是(　　　)。优秀的营销人员使用大数据优化发送的每封电子邮件、撰写的每一篇博客文章以及制作的每一段视频。

　　　A. 重复　　　B. 技术　　　C. 勤奋　　　D. 创意

20. 在大数据营销背景下，首要任务是(　　　)。

　　　A. 提供优质的产品　　　　　　　B. 更好地了解顾客

　　　C. 更有效地争取潜在客户　　　　D. 分析消费数据，优化网站

第5章 大数据促进医疗与健康

大数据促进
医疗与健康

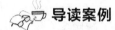 **导读案例**

大数据变革公共卫生

2009 年出现了一种新的流感病毒——甲型 H1N1，这种流感病毒结合了禽流感和猪流感的病毒特点，在短短几周之内迅速传播开来。全球的公共卫生机构都担心一场致命的流行病即将来袭。有的评论家甚至警告说，可能会爆发大规模流感，类似于 1918 年在西班牙爆发的影响了 5 亿人口并夺走了数千万人性命的大规模流感。更糟糕的是，我们还没有研发出对抗这种新型流感病毒的疫苗。公共卫生专家能做的只是减慢它传播的速度。但要做到这一点，他们必须先知道这种流感病毒出现在哪里。

美国与所有其他国家一样，都要求医生在发现新型流感病例时告知疾病预防控制中心（简称疾控中心）。但由于人们可能患病多日实在受不了了才会去医院，同时这个信息传达回疾控中心也需要时间，因此，通告新型流感病例时往往会有一两周的延迟，而且按常规疾控中心每周只进行一次数据汇总。然而，对于一种飞速传播的疾病，信息滞后两周的后果将是致命的。这种滞后导致公共卫生机构在流感爆发的关键时期反而无所适从。

在甲型 H1N1 流感爆发的几周前，互联网巨头谷歌公司的工程师们在《自然》杂志上发表了一篇引人注目的论文。它令公共卫生官员和计算机科学家们感到震惊，文中解释了谷歌为什么能够预测冬季流感病毒的传播：不仅是全美范围的传播，而且可以具体到特定的地区和州。谷歌通过观察人们在网上的搜索记录来完成这个预测，而这种方法以前一直是被忽略的。谷歌保存了多年来所有的搜索记录，而且每天都会收到来自全球超过 30 亿条的搜索指令，如此庞大的数据资源足以支撑和帮助它完成这项工作。

谷歌公司把美国人最频繁检索的 5 000 万条词条与美国疾控中心在 2003 年至 2008 年间季节性流感传播时期的数据进行了比较。它希望通过分析人们的搜索记录来判断这些人是否患上了流感，其他公司也曾试图确定这些相关的词条，但是它们缺乏像谷歌公司一样的庞大的数据资源、先进的处理能力和统计技术。

虽然谷歌公司的员工猜测，特定的检索词条是为了在网络上得到关于流感的信息，如"哪些是治疗咳嗽和发热的药物"，但是找出这些词条并不是重点，他们也不知道哪些词条更重要。更关键的是，他们建立的系统并不依赖于这样的语义理解。他们建立的系统唯一关注的就是特定检索词条的使用频率与流感病毒在时间和空间上的传播之间的联系。谷歌公司为了测试这些检索词条，总共处理了 4.5 亿个不同的数学模型。在将得出的预测结果与 2007 年、2008 年美国疾控中心记录的实际流感病例进行对比后，谷歌公司发现，软件找到了 45 条检索词条的组合，将它们用于一个特定的数学模型后，模型的预测结果与官方数据的相关性高达 97%。与疾控中心一样，谷歌公司也能判断出流感病毒是从哪里传播出来的，而且判断非常及时，不会像疾控中心一样要在流感爆发一两周之后才可以做到。

所以 2009 年甲型 H1N1 流感爆发的时候，与习惯性滞后的官方数据相比，谷歌的数据成为一个更有效、更及时的"指示标"。公共卫生机构的官员获得了非常有价值的数据信息。惊人的是，谷歌公司的方法甚至不需要使用口腔试纸和联系医生——它是建立在大数据的基础之上的。这是当今社会所独有的一种新型能力：以一种前所未有的方式，通过对海量数据进行分析，获得有巨大价值的产品和服务或深刻的洞见。基于这样的技术理念和数据储备，下一次流感病毒来袭的时候，世界将会拥有一种更好的预测工具，以预防流感病毒的传播。

资料来源：综合网络资料。

阅读上文，请思考、分析并简单记录。

（1）互联网公司预测流感主要采用的是什么方法？

答：_____

_____

_____

（2）互联网公司预测流感爆发的方法与传统的医学手段有什么不同？

答：_____

_____

_____

（3）在现代医学的发展中，你认为大数据还会有哪些用武之地？

答：_____

_____

_____

（4）请简单描述你所知道的上一周内发生的国际、国内或者身边的大事。

答：_____

_____

_____

5.1 大数据与循证医学

循证医学，意为"遵循证据的医学"，又称实证医学，其核心思想是医疗决策，即病人的诊治、治疗指南和医疗政策的制定等应重视结合个人的临床经验，在现有的最好的临床研究依据的基础上做出。循证医学金字塔如图 5-1 所示。

图 5-1　循证医学金字塔

第一位循证医学的创始人科克伦是英国的内科医生和流行病学家，1972 年他在牛津大学提出了循证医学思想。第二位循证医学的创始人费恩斯坦是耶鲁大学的内科学与流行病学教授，他是现代临床流行病学的"开山鼻祖"之一。第三位循证医学的创始人萨科特曾经以肾脏病和高血压为研究课题，先在实验室中进行研究，后来又进行临床研究，他最后转向临床流行病学的研究。

本质上，循证医学的方法与内容来源于临床流行病学。费恩斯坦在美国的《临床药理学与治疗学》（*Clinical Pharmacology and Therapeutics*）杂志上，以"临床生物统计学"为题，从 1970 年到 1981 年的 12 年间，共发表了 57 篇连载论文，他的论文将数理统计学与逻辑学导入临床流行病学，系统地构建了临床流行病学的体系，他被认为具有极其敏锐的洞察能力，因此其论文为医学界所推崇。

传统医学以个人经验、经验医学为主，即根据非实验性的临床经验、临床资料和对疾病基础知识的理解来诊治病人。在传统医学下，医生根据自己的实践经验、高年资医师的指导，以及教科书和医学期刊上零散的研究报告来诊治病人。其结果是：一些真正有效的疗法因不为公众所了解而长期未被临床使用；一些实践无效甚至有害的疗法因从理论上推断可能有效而被长期广泛使用。

循证医学并非要取代传统医学，它只是强调任何医疗决策应建立在科学研究依据基础上。循证医学实践既重视个人临床经验又强调采用现有的、最好的研究依据，两者缺一不可（见图 5-2）。

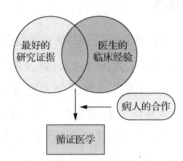

图 5-2　循证医学既重视个人临床经验也强调研究依据

1992 年，来自安大略的两名内科医生戈登·盖伊特和大卫·萨基特发表了呼吁使用循证医学的宣言。他们宣言的核心思想很简单：医学治疗应该基于最好的证据，最好的证据应来自对统计数据的研究。他们希望统计数据在医疗诊断中起到更大的作用。

医生应该重视统计数据的这种观点直到今天仍颇受争议。从广义上来说，努力推广循证医学就是在努力推广大数据分析，事关统计分析对实际决策的影响。对于循证医学的争论在很大程度上是关于统计学是否应该影响实际治疗决策。当然，很多研究仍在利用随机试验，只不过现在风险大得多。由于循证医学运动的成功，一些医生在把数据分析结果与医疗诊断相结合方面已经加快了步伐。互联网在信息追溯方面的进步已经促进了一项影响深远的技术的发展，利用数据做出决策的过程得到迅速发展。

5.2　大数据带来的医疗新突破

根据美国疾病预防控制中心（Centers for Disease Control and Prevention，CDC）的研究，心脏病是美国的第一"致命杀手"，每年 250 万的死亡人数中，约有 60 万人死于心脏病，而癌症紧随其后。在 25～44 岁的美国人中，1995 年，艾滋病是致死的头号原因。每年仅有 2/3 的死者死于自然原因。那么那些情况不严重但影响深远的疾病又如何呢，例如普通感冒？

据统计，美国民众每年总共会得 10 亿次感冒，平均每人 3 次。普通感冒是由各种鼻病毒引起的，其中大约有 99 种已经排序，病毒种类多是普通感冒长久以来如此难治的根源所在。

在医疗保健方面，除了分析并指出非自然死亡的原因之外，大数据同样也可以增加医疗保健的机会、提升生活质量、减少因身体素质差造成的时间和生产力损失。以美国为例，通常一年在医疗保健上要花费 27 万亿美元，即人均 8 650 美元。随着人均寿命增长，婴儿死亡率降低，更多的人患上了慢性病，并长期受其困扰。如今，因为注射疫苗的小孩增多，所以 5 岁以下小孩的死亡人数减少了。而除了非洲地区，肥胖症已成为比营养不良更严重的问题。在研究中科学家发现，虽然世界人口寿命变长，但人们的身体素质却下降了。所有这些都表明我们急需提供更高效的医疗保健，尽可能地帮助人们跟踪并改善身体健康情况。

5.2.1 量化自我，关注个人健康

谷歌公司联合创始人谢尔盖·布林的妻子安妮·沃西基于 2006 年创办了 DNA[①]（见图 5-3）测试和数据分析公司 23andMe（见图 5-4）。该公司并非仅限于个人健康信息的收集和分析，而是将眼光放得更远，将大数据应用到了个人遗传学上。2016 年 6 月 22 日，《麻省理工科技评论》评选出了 50 家"最智能"科技公司，23andMe 排名第 7。

通过分析人们的基因组数据，该公司确认了个体的遗传性疾病，如帕金森综合征和肥胖症等的遗传倾向。通过收集和分析大量的基因组数据，该公司不仅希望可以识别个人遗传风险因素以帮助人们增强体质并延年益寿，而且希望可以发现更普遍的趋势。通过分析，该公司确定了约 180 个新的特征，例如所谓的"见光喷嚏反射"，即人们从阴暗处移动到阳光明媚的地方时会有打喷嚏的倾向；还有一个特征则与人们对药草、香菜的喜恶有关。

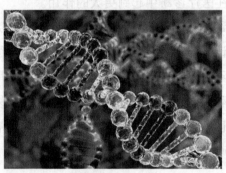
图 5-3 DNA 图片

图 5-4 23andMe 的 DNA 测试

事实上，利用基因组数据可以为医疗保健提供更好的洞悉。人类基因组计划（Human Genome Project，HGP）绘制出总数约 23 000 个的基因组，而所有的基因组也最终构成了人类的 DNA。这一项目耗时 13 年，耗资约 38 亿美元。

值得一提的是，存储人类基因数据并不需要多少空间。有分析显示，人类基因数据的存

---

① DNA：脱氧核糖核酸（DeoxyriboNucleic Acid）又称去氧核糖核酸，它是一种分子，可组成遗传指令，以引导生物发育与生命机能运作。

储空间仅占 20 兆字节，与在 iPod 中存几首歌所占的空间差不多。其实随意挑选两个人，他们的 DNA 约 99.5%都一样。因此，通过参考人类基因组的序列，我们也许可以只存储那些将此序列转化为个人特有序列所必需的基因数据。

DNA 最初的序列在捕捉的高分辨率图像中显示为一个 DNA 片段。虽然个人的 DNA 信息以及最初的序列形式会占据很大空间，但是，一旦序列转换为 DNA 的碱基序列 As、Cs、Gs 和 Ts，任何人的基因序列就都可以被高效地存储下来。

数据规模大并不一定能称其为大数据。真正体现大数据的是不仅要具备收集数据的能力，还要具备低成本分析数据的能力。人类最初的基因组序列分析耗资约 38 亿美元，而如今个人只需花费大概 99 美元就能在 23andMe 网站上获取自己的 DNA 分析，基因测序成本在短短 10 年内跌了几个数量级。

当然，仅有 DNA 测序不足以提升我们的健康水平，我们也需要在日常生活中做出积极的改变。

5.2.2 可穿戴的个人健康设备

在这个人们越来越重视身体健康的时代，相对于手机，智能手表作为可穿戴产品有着与生俱来的优势。由于可以和身体进行直接接触，它可以更好地帮助人们了解自己的健康状态。

首款搭载鸿蒙操作系统的华为 WATCH GT 3（见图 5-5）是一款在尺寸上和交互体验上接近传统形态的智能手表，其背壳部分采用高分子的纤维复合材料。背壳部分弧形的心率镜片除了可以进行相应的健康数据测试，还可以有效地避免长时间佩戴时手腕部分汗液的累积。

图 5-5 华为 WATCH GT 3

常规的健康功能包括呼吸健康、睡眠情况、情绪压力以及女性的生理周期管理等。基于高性能的心率传感器，华为 WATCH GT 3 与医院专家团队进行联合健康研究，提供了房颤及早搏筛查、个性化指导、房颤风险预测等整合管理服务。根据华为官方信息显示，在有 320 多万华为穿戴用户加入的一项心脏健康研究中，经过心脏健康研究 App 筛查疑似房颤 11 415 人，医院回访 4 916 人，确诊 4 613 人，准确率高达 93.8%。

体温是人体生命体征最为重要的表征之一，尤其在疫情期间，体温检测更是排查病例的一项重要环节。华为 WATCH GT 3 的高精度温度传感器能够帮助用户更好、更便捷地了解体温。华为 WATCH GT 3 新增了高原关爱模式（见图 5-6），根据检测到的海拔、心率以及血氧饱和度的数据，对用户进行相应的高原反应风险评估。当用户的血氧饱和度水平与常规血氧饱和度水平有一定差距时，手表会给出科学的建议。这一检测对于长期处于高海拔地区或前往高海拔地区的用户是相当实用的。

据出自美国心脏协会的一篇文章《非活动状态的代价》称，约 65% 的成年人不是肥胖就是超重。自 1950 年以来，久坐不动的工作岗位增加了约 83%，而仅有约 25% 的劳动者从事的是身体活动多的工作。美国人平均每周工作 47 个小时，相比 20 年前，每年的工作时间增加了164 个小时。而肥胖的代价就是，据估计，美国公司每年与健康相关的生产力损失高达 2 258 亿美元。因此，通过类似智能手表、智能手环收集到的数据，人们可以了解正在发生什么以及我们的身体状况走势怎样。比如说，如果心律不齐，就表示健康状况出现了某种问题。通过分析数百万人的健康数据，科学家可以开发更好的算法来预测人们未来的健康状况。

图 5-6　华为手表的高原关爱模式

回溯过去，检测身体健康发展情况需要用到特殊的设备，或是不辞辛苦、花费高额就诊费去医院问诊。可穿戴设备最引人瞩目的一面是：它们使健康信息的检测变得更简单易行。低成本的个人健康检测程序以及相关技术甚至"唤醒"了全民对个人健康的关注。当配备合适的程序时，低价的设备或唾手可得的智能手机可以帮助我们收集到很多健康数据。将这种数据收集能力、低成本的分析、可视化云服务与大数据以及个人健康领域相结合，这一形式将在提升健康状况和减小医疗成本方面发挥出巨大的潜力。

5.2.3　大数据时代的医疗信息

就算有了这些可穿戴设备与应用程序，人们依然需要去看医生。大量的医疗信息收集工作依然靠纸笔进行。纸笔记录的优势在于方便、快捷、成本低廉。但是，因为纸笔记录会分散在多处，这样就会导致医疗工作者难以找到患者的关键医疗信息。

如今许多医生都在使用电子健康档案（Electronic Health Records，EHRs，见图 5-7），电子化的健康档案使医疗工作者能轻易接触到患者的医疗信息。医生还可以使用一些新的 App，在平板电脑、智能手机等各种移动终端设备上查询病人的信息。除了可以收集过去用纸笔记录的信息之外，医生们还可以通过这些程序实现从语言转换到文本的听写、收集图像和视频等其他功能。

电子健康档案、DNA 测试和新的成像技术在不断产生大量数据。收集和存储这些数据对于医疗工作者而言是一项挑战，也是一个机遇。不同于以往采用的封闭式的医院 IT 系统，更新、更开放的系统与数字化的病人信息相结合可以带来医疗突破。

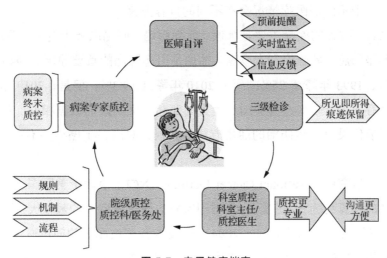

图 5-7　电子健康档案

不同种类的分析也会给人们带来别样的见解。例如说，智能系统可以提醒医生使用与自己通常推荐的治疗方式相关的其他治疗方式，这种系统也可以告知那些忙碌的医生某一领域的最新研究成果。这些系统收集、存储的数据量大得惊人。越来越多的病人信息会采用数字化形式存储，不仅是我们填写在健康问卷上或医生记录在表格里的数据，还包括智能手机和平板电脑等设备以及新的医疗成像系统（例如 X 光机和超声波设备）生成的数字图像。

就大数据而言，这意味着未来将会出现更好、更有效的患者看护方式，更为普及的自我监控以及防护性养生保健方式，当然也意味着要处理更多的数据。其中的挑战在于，要确保所收集的数据能够为医疗工作者以及个人提供重要的见解。

5.2.4　对抗癌症的新工具 CellMiner

PSA（Prostate Specific Antigen）是指前列腺特异性抗原。PSA 偏高的人通常会被诊断为患有前列腺癌，但是否所有 PSA 偏高的人都患有癌症难以确定。对此，一方面，患者可以选择不采取任何行动，但是必须得承受病症慢慢加重的心理压力，也许终有一日癌细胞会遍至全身，而患者已无力解决；另一方面，患者可以采取行动，例如进行一系列的治疗，从激素治疗到手术完全切除前列腺，但结果也可能更糟。对于患者而言，这种选择既简单又复杂。

这其中以下包含两个数据使用方面的重要经验、教训。

（1）数据可以帮助我们看得更深入。数据可以传送更多的相关经验，使得计算机能够预知我们想看的电影、想买的图书。但是，涉及疾病治疗时，如何处理这些信息，制订决策并不容易。

（2）数据提供的信息会不断变化发展。这些信息都是基于当时的最佳数据得出的。正如银行防诈骗识别系统在基于更多数据时能配备更好的算法并实现系统优化一样，医生掌握了更多的数据后，对于不同的医疗情况会有不同的推荐方案。

对于男性来说，致死的癌症主要是肺癌、前列腺癌、肝癌以及大肠癌，而对于女性来说，致死的癌症主要是肺癌、乳腺癌和大肠癌。抽烟是引起肺癌的首要原因。1946 年美国抽烟人数占人口的 45%，1993 年降至 25%，到了 2010 年降至 19.3%。但是，2019 年公布的我国肺癌患者的 5 年生存率为 19.7%，与美国、澳大利亚和欧洲国家的数据相似。尽管如今已经是全民抗癌，但目前仍没有癌症防治的通用方法。其很大原因在于癌症并不止一种——目前已发现 200 多种癌症。

美国国家癌症研究所（National Cancer Institute，NCI）隶属于美国国立卫生研究院，每年用于癌症研究的预算约为 50 亿美元。美国国家癌症研究所取得的最重大进展就是开发了一些测试项目，可以测出某些癌症，例如 2004 年开发的预测结肠癌的简单血液测试项目。美国国家癌症研究所的其他进展包括将癌症与某些特定病因联系在一起，例如 1954 年一项研究首次表明吸烟与肺癌有很大关联，1955 年的一项研究则表明男性荷尔蒙睾酮会促生前列腺癌，而女性雌激素会促生乳腺癌。当然，更大的进展还是在癌症治疗方法上，例如，发现了树突状细胞，这是提取癌症疫苗的基础，还发现了肿瘤通过生成一个血管网来为自己带来生长所需的氧气的过程。

NCI 研制的"细胞矿工"（CellMiner）是一个基于网络形式、涵盖上千种药物的基因组靶点信息工具，它为研究者提供了大量的基因公式和化学复合物数据。这样的工具让癌症研究变得高效。该工具可帮助研究者进行抗癌药物与其靶点的筛选，极大提高了工作效率。通过药物与基因靶点的海量数据相比较，研究者可更容易地辨别出针对不同的癌细胞具有不同效果的药物。过去，处理这些数据意味着要使用复杂的数据库，分析和汇聚数据也就异常艰难。从历史角度来看，想用数据来解答疑问的人和可以接触到这些数据的人不重叠且有很大"代沟"。而如 CellMiner 一样的科技正是缩小这一"代沟"的工具。研究者用 CellMiner 的前身，即一个名为"对比"的程序来确认一种具备抗癌性的药物，事实证明，它确实有助于治疗淋巴癌。而现在，研究者使用 CellMiner 弄清生物标记，可以了解治疗方法有望对哪些患者起作用。

CellMiner 软件以 60 种癌细胞为基础，其 NCI-60 细胞系（见图 5-8）是目前使用非常广泛的用于抗癌药物测试的癌细胞样本群。用户可以通过它查询到 NCI-60 细胞系中已确认的 22 379 个基因，以及 20 503 个已分析的化合物（包括 102 种已获美国食品药口监督管理局批准的药物）的数据。

图 5-8　装载 NCI-60 细胞系的细胞板

　　研究者认为，影响大数据分析最大的因素之一是可否更容易地访问数据。这对于癌症研究者，或是对那些想充分利用大数据的人而言是至关重要的——除非收集到的大量数据可以容易为人所用，否则它们能发挥的作用就很有限。大数据民主化，即开放数据至关重要。

5.3　医疗信息数字化

　　医疗领域的循证试验已经有 100 多年的历史了。早在 19 世纪 40 年代，奥地利内科医生伊格纳茨·塞麦尔维斯就在维也纳大学总医院完成了一项关于产科临床的详细统计研究。他首次注意到，如果住院医生从验尸房出来后马上为产妇接生，产妇死亡的概率更大。当他的同事兼好朋友杰克伯·克莱斯卡死于剖腹产时的热毒症时，塞麦尔维斯得出一个结论：孕妇分娩时的发烧具有传染性。他发现，如果医院里的医生和护士在给每位病人看病前用含氯石灰水洗手消毒，那么死亡率就会从 12% 下降到 2%。

　　当时，这一最终产生病理细菌理论的惊人发现遇到了强大的阻力，塞麦尔维斯也受到其他医生的嘲笑。他主张的一些观点缺乏科学依据，因为他没有充分解释为什么洗手会降低死亡率，医生们不相信病人的死亡是由他们所引起的，他们还抱怨每天洗好几次手会浪费他们宝贵的时间。塞麦尔维斯最终被解雇，后来他精神严重失常，并在精神病院去世，享年 47 岁。塞麦尔维斯的死是一个悲剧，成千上万产妇不必要的死亡更是一个悲剧。不过一切都已成为历史，现在的医生当然知道卫生的重要性。但时至今日，医生们不愿洗手仍是一个致命的隐患。不过最重要的是，医生是否应该因为统计研究而改变自己的行为方式，至今仍颇受质疑。

　　唐·博威克是一名儿科医生，他一直致力于减少医疗事故，鼓励进行一些大胆的对比试验，努力根据循证医学的结果提出简单的改革建议。1999 年发生的两件不同寻常的事情，使得博威克开始对医院系统进行广泛的改革。第一件事是医学协会公布的一份权威报告，记录了美国医疗领域普遍存在的治疗失误。据该报告估计，每年医院里有 98 000 人死于可预防的治疗失误。医学协会的报告使博威克确信治疗失误的确是一大隐患。

第二件事是发生在博威克自己身上。博威克的妻子安患有一种罕见的脊椎自体免疫功能紊乱症。在 3 个月的时间里，她从能够完成 28 千米的阿拉斯加跨国滑雪比赛变得几乎无法行走。使博威克震惊的是，他妻子所在医院医生懒散的治疗态度。每次新换的医生都不断重复地询问同样的问题，甚至不断开出已经证明无效的药物。主治医生在决定使用化疗来延缓安的健康状况的"关键时刻"之后的足足 60 个小时，安才吃到最终开出的第一剂药。而且有 3 次，安被半夜留在医院地下室的担架床上，既惶恐不安又孤单寂寞。

从安住院治疗，博威克就开始担心。他已经失去了耐性，他决定要做些什么了。2004 年 12 月，他大胆地宣布了一项在未来一年半中挽救 10 万人生命的计划——"10 万生命运动"。这是对医疗体系的挑战，敦促医院采取 6 项医疗改革措施来避免不必要的死亡。他并不仅仅希望进行细枝末节的微小变革，也不要求提高外科手术的精度，他希望医院能够对一些最基本的程序进行改革。例如，很多人做过手术后处于空调环境中会引发肺部感染。随机试验表明，简单地提高病床床头，以及经常清洗病人口腔，就可以极大降低感染的概率。博威克反复地观察临危病人的临床表现，并努力找出可能降低特定风险的干预方法的大规模统计数据。循证医学研究也建议进行检查和复查，以确保能够正确地开药和用药，能够采用最新的心脏电击疗法，以及确保在病人刚出现不良症状时就有快速反应小组马上赶到病床前。因此，这些干预也都成为"10 万生命运动"的一部分。

然而，博威克最令人吃惊的建议针对的是最古老的传统。他注意到 ICU（Intensive Care Unit，重症监护治疗病房，如图 5-9 所示）中每年有数千位病人在胸腔内放置中央动脉导管后感染而死。大约一半的重症看护病人有中央动脉导管，而它的感染是致命的。于是，他想看看是否有统计数据能够支持降低感染率的方法。

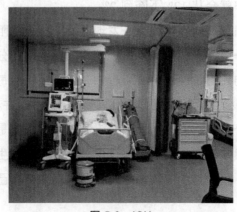

图 5-9　ICU

他找到了《急救医学》（*Journal of Emergency Medicine*）杂志上 2004 年发表的一篇文章，

文章表明系统地洗手（再配合一套改良的卫生清洁程序，例如，用一种叫作双氯苯双胍己烷的消毒液清洗病人的皮肤）能够减少中央动脉导管 90% 以上的感染风险。博威克当时预计，如果所有医院都实行这套卫生程序，就有可能每年挽救 25 000 人的生命。

博威克认为，医学护理在很多方面可以学习航空业，现在的飞行员和乘务员的自由度比以前小得多。美国联邦航空局要求必须在每次航班起飞之前逐字逐句宣读安全警告。"研究得越多，我就越坚信，医生的自由度越小，病人就会越安全，"他说，"听到我这么说，医生会很讨厌我。"

博威克还制定了一套有力的推广策略。他不知疲倦地到处奔走，发表慷慨激昂的演讲。他不断地用现实世界的例子来解释自己的观点，他深深痴迷于数字。与没有明确目标的项目不同，他的"10 万生命运动"是美国首个明确在特定时间内挽救特定数目生命的项目。该运动的口号是："没有数字就没有时间。"该运动与 3 000 多家医院签订了协议，这些医院的床位占全美医院床位的 75%。大约有 1/3 的医院同意实施全部 6 项改革措施，一半以上的医院同意实施至少 3 项改革措施。该运动实施之前，美国医院承认的平均死亡率大约是 2.3%。该运动中平均每家医院有 200 个床位，一年大约可提供 10 000 个床位，这就意味着每年大约有 230 个病人死亡。根据研究推断，博威克认为参与该运动的医院中每 8 个床位就能挽救 1 个生命。或者说，有 200 个床位的医院每年能够挽救大约 25 个病人的生命。

参与该运动的医院需要在参与之前提供 18 个月的死亡率数据，并且每个月都要更新实验过程中的死亡人数。很难估计某家有 10 000 个床位的医院病人死亡率下降是否纯粹因为运气。但是，如果分析 3 000 家医院实验前后的数据，就可能得到更加准确的估计。

实验结果非常令人振奋。2006 年 6 月 14 日，博威克宣布该运动的结果已经超出了预定目标。在短短 18 个月里，这 6 项改革措施使死亡人数减少了 122 342 人。当然，我们不要相信这一确切数字的部分原因是，即使没有该运动，这些医院也有可能会改变他们的工作方式，从而挽救很多生命。

无论从哪个角度看，这项运动对于循证医学来说都是一次重大胜利。可以看到，"10 万生命运动"的核心就是大数据分析。博威克的 6 项改革措施并不是来自直觉，而是来自统计分析。博威克观察数字，发现导致人们死亡的真正原因，然后寻求统计上证明能够有效降低死亡风险的改革措施。

5.4　超级大数据的最佳伙伴——搜索

循证医学运动之前的医学实践受到了医学研究成果缓慢、低效传导机制的束缚。据美国医学协会的估计，"一项经过随机试验产生的新成果应用到医疗实践中，平均需要 17 年，而且这种应用的效果还非常参差不齐。"医学科学的每次进步都伴随着巨大的麻烦。

如果医生不知道有什么样的统计结果，他就不可能根据统计结果进行决策。要使统计分析有影响力，就需要有一些能够将统计结果传达给决策制定者的传导机制。大数据分析的崛起往往伴随着并受益于传播技术的改进，这样，决策制定者就可以更加迅速地即时获取并分析数据。甚至在互联网试验的应用中，我们也已经看过传导环节的自动化。大数据分析速度越快，就越可能改变决策制定者的选择。

与其他使用大数据分析的情况相似，循证医学运动也在设法缩短传播重要研究结果的时间。循证医学最核心、也最可能受抵制的要求是，提倡医生们研究和发现病人的问题。一直"跟踪研究"从业医生的学者们发现，新患者所提出的问题大约有 2/3 对研究有益，这一比例在新住院的病人中更高。然而被"跟踪研究"的医生却很少有人愿意投入时间去回答这些问题。

对于循证医学的批评往往集中在信息匮乏上。反对者声称，在很多情况下根本不存在能够为日常治疗决策所遇到的大量问题提供指导的高质量的统计研究。抵制循证医学的更深层原因其实恰恰相反：对于每名从业医生来说，有太多循证信息了，以至于无法合理地吸收利用。仅以冠心病为例，每年有 3 600 多篇统计方面的论文发表。这样，想跟踪这一领域的学者必须每天（包括周末）读十几篇文章。如果读一篇文章需要 15 分钟，那么阅读关于某种疾病的文章每天就要用掉两个半小时。显然，要求医生投入如此多的时间去仔细查阅海量的统计研究资料是行不通的。

循证医学的倡导者从一开始就意识到信息检索技术的重要性，它使得从业医生可以从数量巨大且时时变化的医学研究资料中提取出高质量的相关信息。网络信息提取技术使得医生更容易查到特定病人、特定问题的相关结果。即使现在高质量的统计研究文献比以往都多，医生在大海里捞针的速度同时也提高了。现在有众多计算机辅助搜索引擎可以使医生接触到相关的统计研究。

关于研究结果的综述通常带有链接，这样医生在单击链接后就可以查看全文以及引用过该研究的所有后续研究。即使不单击链接，仅仅从"证据质量水平"中，医生也可以根据最初的搜索结果了解到很多。例如，为每项研究标注上由牛津大学循证医学中心研发的 15 等级分类法中的一个等级，以便读者迅速地了解证据的质量。最高等级只授予那些经过多个随机试验验证后都得到相似结果的研究，而最低等级则给那些仅仅根据专家意见而形成的疗法。

这种简洁标注证据质量的方法很可能成为循证医学运动最有影响力的部分。现在，从业医生评估统计研究提出的政策建议时，可以更好地了解自己能在多大程度上信赖这种建议。最难得的是，大数据分析、回归分析不仅可以做预测，还可以告诉你预测的精度。证据质量水平也是如此。循证医学不仅提出治疗建议，同时还会告诉医生支撑这些建议的数据质量如何。

证据的评级有力地回应了反对循证医学的人。评级使专家们在缺乏权威的统计证据时仍然能够回答紧迫的问题。证据评级标准很简单，却是信息检索方面的重大进步。医生们现在可以浏览大量网络搜索的结果，并把道听途说与经过多重检验的研究结果区别开来。

互联网的开放性甚至改变了医学界的文化。回归分析和随机试验的结果都公布出来，不仅仅是医生，任何有时间在网络搜索几个关键词的人都可以看到。医生越来越感到学习的紧迫性，这是因为多学习可以使他们比病人懂得更多。正像买车的人在去展厅前会先上网查看一样，许多病人也会登录 MEDLINE 等网站去看看自己可能患上什么样的疾病。MEDLINE 网站是美国国立医学图书馆建立的国际性综合生物医学信息书目文献数据库，它最初是供医生和研究人员使用的，而现在 1/3 以上的浏览者是普通人。互联网不仅仅改变着信息传导给医生的机制，也改变着病人影响医生的机制。

5.5　数据决策的崛起

循证医学的成功就是数据决策的成功，它使决策的制定不仅基于数据或个人经验，而且基于系统的统计研究。正是大数据分析颠覆了传统的观念并发现受体阻滞剂对心脏病人有效，正是大数据分析证明了雌激素疗法不会延缓女性衰老，也正是大数据分析导致了"10 万生命运动"成功。

数据决策的崛起

5.5.1　数据辅助诊断

迄今为止，医学的数据决策还主要限于治疗环节。几乎可以肯定的是，下一个使用高峰会出现在诊断环节。

我们称互联网为信息的数据库，它已经对诊断产生了巨大的影响。《新英格兰医学杂志》上发表了一篇文章，讲述了纽约一家教学医院的教学情况。"一位患有过敏性疾病和免疫疾病的人带着一个得了痢疾的婴儿就诊，其患有罕见的皮疹（'鳄鱼皮'），多种免疫系统异常，包括细胞功能低下，胃黏膜有组织红细胞以及末梢红细胞，这是一种显然与 X 染色体有关的基因遗传方式（多个男性亲人幼年夭折）。"主治医师和其他住院医生经过长时间讨论后，仍然无法得出一致的正确诊断。最终，教授问这个病人是否做过诊断，她说她确实做过诊断，而且她的症状与一种罕见的名为 IPEX 的疾病完全吻合。当医生们问她怎么得到这个诊断结果时，她回答说："我在网上输入我的显著症状，答案马上就跳出来了。"主治医师惊得目瞪口呆。"你从网上搜出了诊断结果？……难道不再需要我们医生了吗？"互联网使得年轻医生不再依赖教授教学作为主要的知识来源。

5.5.2　辅助诊断的决策支持系统

一个名叫"伊沙贝尔"的"诊断-决策支持"软件项目使医生可以在输入病人的症状后就得到一系列最可能的病因。它甚至还可以告诉医生，病人的症状是否源于过度服用药物，所涉药物达 4 000 多种。"伊沙贝尔"涉及 11 000 多种疾病的大量临床发现、实验室结果、病人的病史，以及其本身的症状。"伊沙贝尔"的项目设计人员创立了一套针对所有疾病的分类法，然后通过搜索期刊文章的关键词找出与每个疾病最相关的文章，如此形成一个数据库。这种统计搜索方式显著地提高了给每个疾病/症状匹配编码的效率。而且如果有新的且强相关性的文章出现时，系统可以不断更新数据库。大数据分析对于相关性的预测并不是一劳永逸的逻辑搜索，它对"伊沙贝尔"的成功至关重要。

"伊沙贝尔"项目的产生源于一个股票经纪人的女儿被误诊的痛苦经历。1999 年，詹森·莫德 3 岁大的女儿伊沙贝尔被伦敦医院住院医生误诊为水痘，并遣送回家。只过了一天，她的器官便开始衰竭，该医院的主治医生约瑟夫·布里托马上意识到她实际上感染了一种潜在致命性食肉性病毒。尽管伊沙贝尔最终康复，但是她父亲却非常后怕。后来，莫德辞去了金融领域的工作，与布里托一起成立了一家公司，开始开发"伊沙贝尔"软件以抗击误诊。

研究表明，误诊占所有医疗事故的 1/3。尸体解剖报告也显示，相当一部分重大疾病是被误诊的。"如果看看已经开出的错误诊断记录，"布里托说，"诊断失误的概率大约是处方失误的 2 倍到 3 倍。"最低估计有几百万的病人被诊断患错误的疾病并正在接受治疗。甚至更糟糕的是，2005 年刊登在《美国医学会杂志》上的一篇社论总结到，过去的几十年间，并未看到误诊率得到了明显的改善。

"伊沙贝尔"项目的雄伟目标是改变诊断科学的停滞现状。莫德简单地解释到："计算机比我们记得更多、更好。"世界上有 11 000 多种疾病，而人类的大脑不可能熟练地记住每种疾病的所有症状。实际上，"伊沙贝尔"的推广策略类似用谷歌进行诊断，它可以帮助我们从一个庞大的数据库里搜索并提取信息。

误诊最大的原因是武断。医生认为他们已经做出了正确的诊断——正如住院医生认为伊沙贝尔·莫德得了水痘，因此他们不再思考其他的可能。"伊沙贝尔"的作用就是提醒医生有其他可能。它有一个页面会向医生提问，"你考虑过……了吗"，这就是在提醒其他的可能，而这可能会产生深远的影响。

2003 年，一个来自佐治亚州乡下的 4 岁男孩被送入亚特兰大的一家儿童医院。这个男孩已经病了好几个月，一直高烧不退。血液化验结果表明这个孩子患有白血病，医生决定进行强度较大的化疗，并打算第二天就开始实施。

约翰·博格萨格是这家医院的资深肿瘤专家，他观察到孩子皮肤上有褐色的斑点，这不怎么符合白血病的典型症状。当然，博格萨格仍需要进行大量研究来证实，因为化验结果清楚地表明是白血病。"一旦你开始用临床方法中的一种，就很难再去测量。"博格萨格说。很巧合的是，博格萨格刚刚看过一篇关于"伊沙贝尔"的文章，并签约成为软件测试者之一。因此，博格萨格没有忙着研究下一个病例，而是坐在计算机前输入了这个男孩的症状。靠近"你考虑过……了吗"的地方显示这是一种罕见的白血病，化疗不会起作用。博格萨格以前从没听说过这种病，但是可以很肯定的是，这种病会使皮肤出现褐色斑点。

研究人员发现，10%的情况下，"伊沙贝尔"能够帮助医生把他们本来没有考虑的主要诊断考虑进来。"伊沙贝尔"坚持不懈地进行试验，《新英格兰医学杂志》上"伊沙贝尔"的专版每周都有一个诊断难题。简单地剪切、粘贴病人的病史，在"伊沙贝尔"中就可以得到 10～30 个诊断列表。这些列表中 75%的情况下涵盖经过《新英格兰医学杂志》（往往通过尸体解剖）证实为正确的诊断。如果再进一步手动把搜索结果输入更精细的对话框中，"伊沙贝尔"的正确率就可以提高到 96%。"伊沙贝尔"不会挑选出一种诊断结果。"'伊沙贝尔'不是万能的。"布里托说。"伊沙贝尔"甚至不能判断哪种诊断最有可能正确，或者给诊断结果排序。不过，把可能的病因从 11 000 种降低到 30 种（未经排序）已经是重大的进步了。

5.5.3　大数据分析使数据决策崛起

大数据分析将使诊断预测更加准确。目前软件所分析的基本上仍是期刊文章。"伊沙贝尔"的数据库中有成千上万的相关症状，但是它只不过是把医学期刊上的文章堆积起来而已。然后一组配有像谷歌这样的辅助搜索引擎的医生，搜索与某个症状相关的已公布的症状，并把结果输入诊断结果数据库中。

在传统医学诊疗的情况下，如果你去看病或者住院治疗，看病的结果一般不会对集体治疗知识有帮助——除非在极个别的情况下，医生决定把你的病例写成文章投到期刊或者你的病例恰好是一项特定研究的一部分。从信息的角度来看，大部分患者都"白白死掉了"，其生死对后人起不到任何帮助。

医疗记录的迅速数字化意味着医生们可以利用包含在过去治疗经历中的丰富的整体信息，这是前所未有的。未来，"伊沙贝尔"就能够针对你的特定症状、病史及化验结果给出患某种疾病的概率，而不仅仅是给出不加区分的一系列可能的诊断结果。

有了数字化医疗记录，医生们不再需要输入病人的症状并向计算机求助。"伊沙贝尔"可以根据治疗记录自动提取信息并做出预测。在传统的病历记录中，医生非系统地记下很多事后看来不太相关的信息，而计算机系统地收集所有的信息。从某种意义上来说，医生不再单纯地扮演记录信息的角色。医生得到的信息就比让他自己写病历记录所能得到的信息要丰富得多，因为医生自己记录得往往很简单。

对大量新数据的分析能够使医生有机会即时判断出流行性疾病。诊断时不应该仅仅根据专家筛选过的数据，还应该根据使用医疗保健体系的数百万民众的看病经历，大数据分析最终的确可以更好地决定如何诊断。

大数据分析使数据决策崛起。它让人们在回归方程的统计预测和随机试验的指导下进行决策——这是循证医学真正想要的。大多数医生（正如我们已经看到的和即将看到的其他决策者一样）仍然固守成见，认为诊断是一门经验和直觉最为重要的"艺术"。但对于大数据技术来说，诊断只不过是一种预测而已。

【习题】

1. 传统医学以个人经验、经验医学为主，即根据（　　）的临床经验、临床资料和对疾病基础知识的理解来诊治病人。

    A. 实验性　　　　　　B. 经验性　　　　　　C. 非经验性　　　　D. 非实验性

2. 循证医学意为"遵循证据的医学"，其核心思想是医疗决策（即病人的诊治、治疗指南和医疗政策的制定等）应（　　）。

    A. 重视医生个人的临床实践

    B. 在现有的最好的临床研究依据的基础上做出，同时也重视个人的临床经验

    C. 在现有的最好的临床研究依据的基础上做出

    D. 根据医院 X 光机、CT 机等医疗检测设备的检查

3. 医生应该特别重视统计数据的这种观点，直到今天（　　）。

    A. 仍颇受争议　　B. 被广泛认同　　C. 无人知晓　　D. 病人不欢迎

4. 在医疗保健方面的应用，除了分析并指出非自然死亡的原因之外，（　　）数据同样也可以增加医疗保健的机会、提升生活质量、减少因身体素质差造成的时间和生产力损失。

    A. 小　　　　　　　B. 大　　　　　　　C. 非结构化　　　　D. 结构化

5. 安妮·沃西基 2006 年创办了 DNA 测试和数据分析公司（　　）。该公司并非仅限于个人健康信息的收集和分析，而是将眼光放得更远，将大数据应用到了个人遗传学上。

    A. 23andMe　　　B. 23andDNA　　C. 48andYou　　D. GoogleAndDna

6. 值得一提的是，存储人类基因数据（　　）。

    A. 需要占据很大的空间　　　　　　B. 并不需要多少空间

    C. 几乎不占空间　　　　　　　　　D. 目前的计算技术无法承担

7. （　　）使健康信息的检测变得更简单易行。低成本的个人健康检测程序以及相关技术甚至"唤醒"了全民对个人健康的关注。

    A. 报纸上刊载的自我检测表格　　　B. 手机上流传的健康保健段子

    C. 可穿戴的个人健康设备　　　　　D. 现代化大医院的门诊检查

8. 电子健康档案、DNA 测试和新的成像技术在不断产生大量数据。收集和存储这些数据对于医疗工作者而言（　　）。

    A. 是容易实现的机遇　　　　　　　B. 是难以接受的挑战

    C. 是一件额外的工作　　　　　　　D. 既是挑战也是机遇

9. 儿科医生唐·博威克长期以来一直致力于减少医疗事故。博威克认为，医学护理在很多方面可以学习航空业，（　　）。

    A. 医生的自由度越大，病人就会越安全

B.　医生的自由度越小，病人就会越安全

C.　医生的自由度与病人无关

D.　乘务员和飞行员享有很大的自由度

10.　循证医学运动之前的医学实践受到了医学研究成果缓慢、低效传导机制的束缚，要使统计分析有影响力，就需要有一些能够将统计结果传达给决策制定者的传导机制。（　　）的崛起往往伴随着并受益于传播技术的改进。

A.　算法分析

B.　盈利分析

C.　气候分析

D.　大数据分析

11.　循证医学的倡导者从最开始就意识到（　　）技术的重要性，它使得从业医生可以从数量巨大且时时变化的医学研究资料中提取出高质量的相关信息。

A.　论文翻译　　　B.　知识获取　　　C.　信息追索　　　D.　病历撰写

12.　牛津大学循证医学中心研发的（　　）使医生能够迅速地了解病案证据的质量。这种简洁标注证据质量的变化很可能成为循证医学运动最有影响力的部分。从业医生评估统计研究提出的建议时，可以更好地了解自己能在多大程度上信赖这种建议。

A.　论文收集追溯法

B.　病历证据评价法

C.　信息追索验证法

D.　15 等级分类法

13.　循证医学的成功就是（　　）的成功，它使决策的制定不仅基于数据或个人经验，而且基于系统的统计研究。

A.　色谱分析　　　B.　数据决策　　　C.　信息追索　　　D.　数据积累

14.　迄今为止，医学的数据决策还主要限于治疗环节。几乎可以肯定的是，下一个使用高峰会出现在（　　）环节。

A.　诊断　　　B.　手术　　　C.　化验　　　D.　住院

15.　一个名叫"伊沙贝尔"的"（　　）"软件项目使医生可以在输入病人的症状后就得到一系列最可能的病因。大数据分析对于相关性的预测对"伊沙贝尔"的成功至关重要。

A.　录入-编辑-分析

B.　诊断-决策支持

C.　信息追索-输出

D.　配伍禁忌-预防

16.　在传统医学诊疗的情况下，如果你去看病或者住院治疗，看病的结果一般不会对集体治疗知识有帮助——从（　　）的角度来看，大部分患者都"白白死掉了"，其生死对后人起不到任何帮助。

A.　信息　　　B.　医药　　　C.　个体　　　D.　检验

17.（　　）意味着医生们不再需要输入病人的症状并向计算机求助，而可以利用包含在过去治疗经历中的丰富的整体信息，这是前所未有的。

A.　借助于医学生助手

B.　更精确的化验手段

C.　数字化医疗记录

D.　更先进的生化检测

18. 对大量新数据的（　　　）能够使医生历史上第一次有机会即时判断出流行性疾病。

　　A. 数学运算　　　　B. 分析　　　　　　C. 统计处理　　　　D. 随机获取

19. 如今，大多数医生仍然认为诊断是一门（　　　）最为重要的"艺术"。但对于大数据技术来说，诊断只不过是一种预测而已。

　　A. 经验和直觉　　　B. 检测和实验　　　C. 化验与分析　　　D. 陈述与判断

20. 循证医学真正想要的是大数据分析使（　　　），让人们在回归方程的统计预测和随机试验的指导下进行决策。

　　A. 智慧应用普及　　B. 医疗不再复杂　　C. 诊断精确实现　　D. 数据决策崛起

06 第6章　大数据与城市大脑

大数据与城市大脑

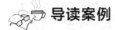 导读案例

城市大脑是这样炼成的

浙江省数字经济发展领导小组办公室、省经信厅、省大数据发展管理局联合印发了《浙江省"城市大脑"建设应用行动方案》，为全国"城市大脑"建设与应用提供浙江样板。杭州市的城市大脑架构如图 6-1 所示。

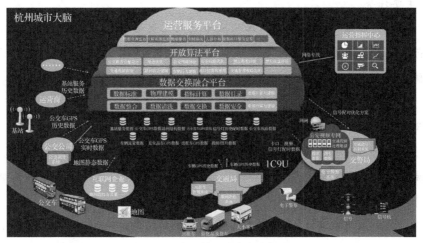

图 6-1　杭州市的城市大脑架构

1. 主要目标

到 2022 年，全省各设区市城市大脑通用平台基本建成，"信息孤岛"基本消除，数据资源实现共享，基于人工智能的感知、分析、决策能力取得突破，自主可控的技术产业体系基本形成，城市整体运行的数字映射基本得以实时呈现，形成一批基于城市大脑的特色应用，并在交通、平安、城管、经济、健康、环保、文旅等领域实现综合应

用，城市大脑应用成效显现，"最多跑一次"改革持续深化，城市精细化管理和精准服务迈上新台阶。

到 2035 年，各设区市城市大脑应用成效凸显，实现对城市运行状态的整体感知、全局分析和智能处置，公共资源得到高效调配，城市运营效率大幅提升，新型智慧城市建设、技术产业发展走在全国前列，为全国城市大脑建设与应用提供浙江样板（城市大脑建设思路如图 6-2 所示）。

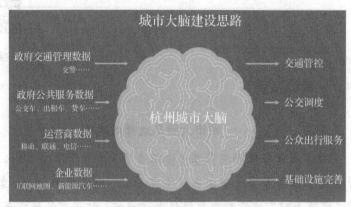

图 6-2　城市大脑建设思路

2．主要任务

推动城市大脑通用平台建设；加强城市大脑三大支撑体系建设，包括数字化基础支撑、标准规范支撑、技术产业支撑。基于城市大脑通用平台的重点应用，涉及交通、平安、城管、经济、健康、环保、文旅、未来社区。

3．取得成效

杭州城市大脑诞生于 2016 年，致力于解决城市治理问题与民生问题。经历了不断的上线与发布，2018 年 12 月 29 日，杭州城市大脑（综合版）2019 正式向社会发布，并正式从交通领域向城市治理、市民服务各领域拓展，形成了体现各部门之间业务协同创新的旅游、出行、就医、停车与警务五大系统。

杭州城市大脑将散落在城市各个角落的各种数据（政务的、企业的、社会的、网络的……）归集起来，进行融合计算，进而在城市运行生命体征感知、公共资源配置、宏观决策指挥、事件预测预警、"城市病"治理等方面发挥作用。

城市大脑之于杭州，最突出的贡献便是治理城市的"交通病"，将人、车、道路数据多端统一接入系统，加以人工智能分析技术，把庞大的数据转换为科学、合理的业务模型，形成城市交通实时大视图，最终实现城市交通系统的调度和管理。

有了城市大脑，杭州的发展提速非凡。前两年，杭州还曾在全国大中城市"堵城"排行榜中高居前 3，如今已回落至第 30 位，高峰期间平均行车速度提升了 15%。不仅如此，城市大脑还在城市的空间布局和设施配置、事件预警网络和协同治理体系建立、政务服务管理体系的创新、快速反应安全防控机制的完善以及大气污染防治等方面表现不俗。

当下世界已经从建设智慧城市到建设智能城市，"智能"最重要的体现是城市会思考。但在建设智能城市的过程中，不仅需要各类技术支持，也需要从顶层设计入手，思考城市治理需要解决的问题。

4. 全面激活

杭州城市数字化的"一池春水"，因为一次"关键一跃"被全面激活：2018年12月28日，杭州城市大脑（综合版）发布，政府十几个不同部门系统接入城市大脑的中枢系统，形成了新的五大服务系统，九项惠民举措应运而生。

杭州城市大脑技术总架构师王坚称，这是杭州市数字化进程中的关键一跃，城市大脑从此有了"真正意义上的大脑"。

大脑带来的"冲击波"迅速延伸到杭州各部门单位、区县市：

杭州市旅游委员会在全市大力推广桐庐的城市大脑数字旅游专线模式；

杭州市气象局、上城区、临安区、淳安县等单位、区县，已等不及春节过后，就主动要求加入城市大脑建设专班……

杭州市数据资源管理局牵头制定的《城市大脑建设管理规范》和《政务数据共享安全管理规范》新鲜出炉，这意味着城市大脑建设有了地方标准。目前杭州的城市管理系统如图6-3所示。

从2016年开始在交通领域率先启动，到2018年年底城市大脑建成中枢系统，杭州终于开启了通过中枢系统的数据融通，有效调配公共资源，用全新方式治理社会、服务民生、支撑决策的新征程。

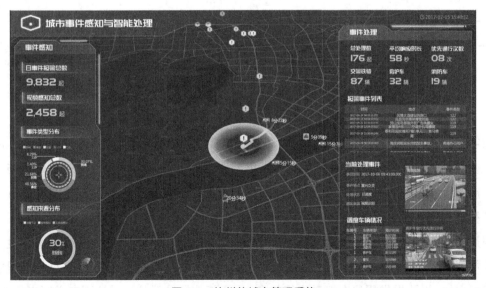

图6-3 杭州的城市管理系统

资料来源：澎湃新闻·澎湃号·政务，浙里杭州，中国城市中心，2020-04-07，有删改。

阅读上文，请思考、分析并简单记录。

（1）请扼要概括《浙江省"城市大脑"建设应用行动方案》中提出的在 2022 年要实现的主要目标。你最看重的是其中的哪个具体目标？

答：_____

_____

_____

（2）请扼要概括《浙江省"城市大脑"建设应用行动方案》中提出的在 2035 年要实现的主要目标。你最看重的是其中的哪个具体目标？

答：_____

_____

_____

（3）在《浙江省"城市大脑"建设应用行动方案》中提出的主要任务中，加强城市大脑三大支撑体系建设的具体内容是什么？请简单阐述。

答：_____

_____

_____

（4）请简单描述你所知道的上一周发生的国际、国内或者身边的大事。

答：_____

_____

_____

6.1　智慧交通驶入快车道

数字时代的生产、生活越来越便捷，这种变化其实跟身边的新型基础设施建设（简称新基建）密切相关。在新基建中，智慧交通是重要领域之一。纵横交错的交通基础设施是中国经济发展的"强劲动脉"。那么，大力发展的智慧交通新在哪里？又有哪些传统交通所不具有的独特智慧呢？

四川成都到宜宾路段的高速公路（成宜高速）进行基于智慧高速公路系统的高精度导航测试，其界面呈现从二维形式变成更加直观的三维形式，区别于目前大多数的普通导航只能做到本车模糊定位，无法提供周边车辆动态等信息，这个新的导航系统可以达到车道厘米级的精度，并且可以精准感知周边乃至远端车辆的信息。图 6-4 所示为智慧交通管理实例。

图 6-4 智慧交通管理实例

6.1.1 导航和感知更精准

基于智慧化的新基建赋能，导航和感知更精准。作为国家交通运输领域新型基础设施重点工程之一，2021 年，成宜高速开始智慧化改造，在中间隔离带，每隔 800 米就设立一根"智慧杆柱"，它除了集合各种摄像机等传统视觉监控设备，还专门安装新型设备即低速车毫米波雷达（见图 6-5）作为核心传感器，以实现对道路 24 小时实时精准感知。所有数据信息都接入高速公路整体监控中心系统的大数据处理单元，通过大数据、云计算、物联网、人工智能、雷视融合等新一代信息技术，将这些数据迅速处理分析后，生成一条条的服务信息，返回到车里。

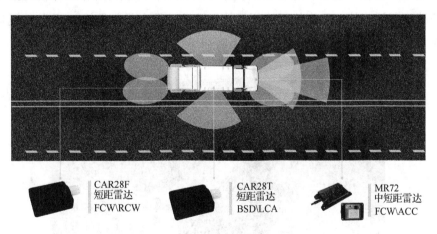

图 6-5 低速车毫米波雷达

精准感知、精确分析。在新基建赋能下，人、车、路正在实现协同，行驶在智慧高速公路上的车也有了"千里眼"。新基建中的交通基础设施把大数据、网络、人工智能等先进技术引入传统的交通基础设施中，使得实现人和货物移动的传统物理通道的交通基础设施，通过新基建的赋能增加了信息通道的功能。人、车、路的协同不仅让开车的人更方便，更重要的是，还极大提高了路段通行效率，同时也为下一步在真实道路上大规模实现无人驾驶奠定了基础。

近年来，我国综合立体交通网加速成形，已建成全球最大的高速铁路网、高速公路网和世界级港口群等，航空海运通达全球。与此同时，以互联网、大数据、人工智能为基础的信息技术发展迅速，新基建赋能正成为促进交通设施提质增效、交通运输事业高质量发展的重要抓手。

通过新基建赋能，可以用较少的资源和资金投入实现现有基础设施能力和效率的提升，这也是进一步提升交通运输行业运力、服务国家经济发展、服务人民出行的重要方式。

新基建赋能，让百姓出行更便利。现在，自助值机、自助行李托运、刷脸安检、刷脸登机、智慧问询等便民"黑科技"在越来越多的机场被运用，获得了不少旅客点赞。

6.1.2 机场管理更精细

除了服务更精心，新基建赋能还让机场的管理更精细。

让飞机准点是机场管理的重点之一。旅客、行李、机务、航空食品、航空燃油等都是服务得以保障的关键，这些方面有没有做好准备？飞机是不是可以准点起飞？以往这类信息大部分依赖人工上报，不仅容易产生误差、即时性差，溯源追踪也很麻烦。现在，基于大数据和人工智能的新基建，管理人员足不出户也能做到对此了然于胸。

青岛胶东国际机场（见图6-6）的智能管理系统将所有可能导致航班延误的因素和环节都纳入新基建中。监测是基础，通过智能视频分析技术，可以对异常事件自动预警（例如作业人员未正确穿戴反光服、反光锥桶违规摆放、异常时段人员入侵等），系统能迅速、精准识别并提出警示。

图6-6　青岛胶东国际机场

随着民航新基建的推进，基于室内高精度定位和数字孪生三维建模等领先技术，有些机场已经实现了全场景、全流程的数字化。

北京首都国际机场是一个拥有3座航站楼、3条跑道、双塔台的超大型国际机场，年旅客吞吐量多次破亿。通过智慧机场建设，每天1 000多万条航空器位置数据、2 000多万条车辆位置数据、23 000余个传感器采集的近亿条环境监测数据等都汇集在这个实体机场的数字孪生世界，成为机场智能管理和智慧决策的"底座"。

6.1.3 数字航道动态监测

长江作为货运量位居全球内河第一的"黄金水道",是连接我国东部、中部、西部的重要纽带。长达 2 843 千米的长江干线航道,流经沿江七省二市。

因为有丰水期和枯水期,长江的航道也随时在变化。看得见的是水涨水落,看不见的是水面下的河床。以前在长江上行船,只能以航行图作为参考,但纸质版的航行图三五年才更新一次,跟不上航道的变化,船走哪条路,装载多少货物,大多要船长凭经验判断。现在,随着数字航道的建设,这一切发生了不小的改变。

用于水上导航的长江航道图 App 是国内内河航道首个高精度、标准化的"一张图"。作为我国交通运输领域新型基础设施建设(简称交通新基建)重点工程之一,2019 年长江干线数字航道全面联通运行。从宜宾到长江入海口的长江干线航道上,总共有 5 200 多套航标遥测遥控终端、155 座自动水位站、219 艘航道维护工作船舶、34 个通行信号台,这些设施都是数字航道的重要数据来源。我们可在上面加装航标遥测遥控、水位遥测遥报以及一系列自动化信息采集系统,通过这些,再加上北斗卫星导航系统、5G、物联网等,把数据实时传输到数据中心(见图 6-7)。

图 6-7 数据中心

数据进入动态监测系统后,通过数据中心处理,从水面到水底,干线航道清晰、立体地展现在人们面前。这些精准、及时的信息,不仅让行船安全更有保障,运行效率也更高。过去,由于无法及时了解水深变化,为了安全,就要少装货。现在,基于长江数字航道新基建,航道深度和宽度每 3 天更新一次,并且还可以预测未来一周水深和船舶通航情况,装载量就可以实现最大化。

新基建促进新增长,在数字航道的助力下,2021 年长江干线港口完成货物吞吐量超 35 亿吨,同比增长 6%以上,创历史新高。

6.1.4 创新驱动赋能增效

以高质量发展为主题,统筹推进交通新基建。2020 年以来,交通运输部先后出台了推动交通新基建的指导意见、五年行动方案等政策文件，以数字化、网络化、智能化为主线，推进智慧公路、智慧航道、智慧民航等建设行动。

总的来说，交通新基建的发展仍处于起步探索阶段。由国家层面主导的交通产业智能升级已经全面开启。下一步，国家将结合有关规划政策实施，营造创新发展环境，激发市场活力，积极推进重点工程落地见效，打造有影响力的交通新基建样板，持续推动建设交通运输领域新型基础设施，为加快交通强国建设提供有力支撑。智慧交通走上"快车道"，水陆空齐头并进，不仅有助于解决传统交通领域存在的诸多难题，而且能让交通向着发展绿色化、运行自动化、出行人性化前行，使出行图景更加丰富生动，也可为交通强国建设提供战略支撑。

6.2 城市大脑建设

"城市大脑"是创新运用大数据、云计算及智能技术等前沿科技构建的平台型城市协同和智能中枢，它可整合、汇集政府及企业和社会数据，在城市治理领域进行融合计算，实现城市运行的生命体征感知、公共资源配置、宏观决策指挥、事件预测预警、"城市病"治理等功能。

当前，城市大脑已经在多地开始建设，全国宣布要建设城市大脑的城市就有 500 多个，几乎涵盖所有副省级以上城市和地级市。阿里巴巴的 ET 城市大脑、百度的 AI CITY、腾讯的数字城市、华为的城市神经等解决方案让各个城市可以选择适合自己的智能城市建设方案。

如何高质量推进数字政府建设？相关专家认为，政务大数据体系建设面临政务数据统筹管理机制有待完善、数据基础制度有待健全、政务数据共享质量有待提高等挑战。《全国一体化政务大数据体系建设指南》的出台，将厘清国家平台和地方部门平台之间的关系，建立以国家政务大数据平台为中心的全国一体化政务数据共享交换和服务体系，有效促进政务数据纵向贯通、横向联通，有力推进全国一体化政务大数据体系建设。

6.2.1 对城市大脑的认识

2020 年以来，城市大脑伴随着新基建、数字社会的发展成为新的产业热点。但作为一个新兴的科技概念，究竟如何理解城市大脑，不同领域的专家和企业有着不同的解读。2015 年，科学网《基于互联网大脑架构的智慧城市建设探讨》一文中提出：

城市大脑是城市建设伴随着 21 世纪互联网架构的类脑化过程，逐步形成自己的中枢神经（云计算）、城市感觉神经（物联网）、城市运动神经（工业 4.0、工业互联网）、城市智慧的产生与应用（大数据与人工智能），在上述城市类脑神经的支撑下，形成城市建设的两大核心：一是城市神经元网络（城市大社交网络），实现城市中人与人、人与物、物与物的信息交互；

二是城市大脑的云反射弧，实现城市服务的快速智能反应。云机器智能和云群体智慧是城市智慧涌现的核心动力。基于互联网大脑模型的类脑城市架构称为城市大脑。

应该说城市大脑是一种基于互联网大脑模型的概括，此后产业界和研究机构对城市大脑（例如阿里巴巴 ET 城市大脑，如图 6-8 所示）分别基于人工智能和城市生命体进行了解读。

基于人工智能的解读："城市大脑要搭建的是整个城市的人工智能中枢，是一个对城市信息进行处理和调度的超级人工智能系统。"

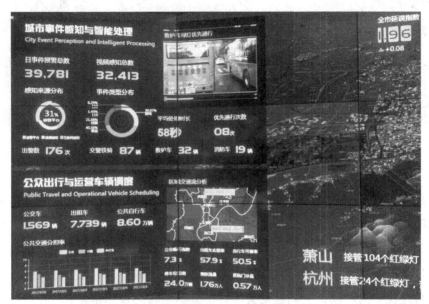

图 6-8　阿里巴巴 ET 城市大脑

基于城市生命体的解读："城市大脑是基于城市生命体理念，以系统科学为指引，将散落在城市各个角落的数据（包括政务数据、企业数据、社会数据、互联网数据等）汇聚起来，用云计算、大数据、人工智能等前沿技术构建的平台型人工智能中枢。城市大脑可通过对城市进行全域的即时分析、指挥、调动、管理，从而实现对城市的精准分析、整体研判、协同指挥，帮助管理城市"。

城市大脑作为一个新生事物和新科技概念，出现了不同理解，这说明它正处于从萌芽到快速发展的阶段。但每一种理解对于如何建设城市大脑，在顶层设计和战略定位上都会有重大影响。

6.2.2　城市大脑产生的根源和背景

互联网经过 50 多年发展，从网状结构发展成为大脑架构，到 21 世纪，数十亿人的群体智慧与数百亿智能设备的机器智能通过互联网大脑架构（见图 6-9）形成一个世界级的复杂智能巨系统。

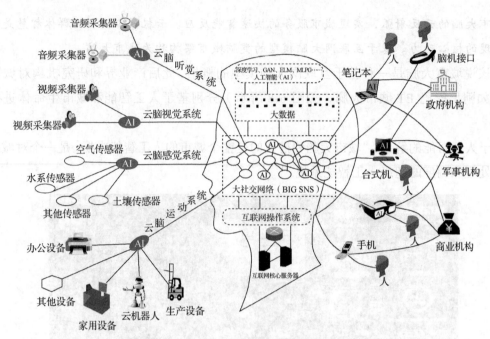

图 6-9　互联网大脑架构

城市大脑是互联网大脑在发育过程中与智慧城市建设结合的产物，会继承互联网大脑的特征，同时作为互联网大脑的子集。通过互联网大脑架构，城市大脑之间也可进行信息互动。

前沿科技如物联网、云计算、大数据、人工智能、边缘计算、数字孪生等，都是互联网大脑架构发育过程中的产物，它们也是支撑城市大脑运转的技术基础。

从互联网大脑架构中可以看出，建设城市大脑的两个关键要素分别是连接人、物、系统的类脑神经元网络和能够解决各种问题、满足各种需求的云反射弧。

6.2.3　城市大脑的未来目标

城市大脑的发展和规划不应局限在一个城市、一个地区或一个国家内部，而应该实现世界范围科技生态的应用层对人、物、系统交互的规范，进而推动形成一个为人类协同发展提供支撑的世界级类脑智能平台。由此，可以形成如下对城市大脑的解读和定义。

如图 6-10 所示，城市大脑是互联网大脑架构与智慧城市建设结合的产物，是城市级的类脑复杂智能巨系统。在人类智慧和机器智能的共同参与下，在物联网、大数据、人工智能、边缘计算、5G、云机器人、数字孪生等前沿技术的支撑下，城市类脑神经元网络和城市云反射弧将是城市大脑建设的重点。城市大脑的作用是提高城市的运行效率，解决城市运行中面临的复杂问题，满足城市各成员的不同需求。城市大脑的发展目标不仅仅局限在一个城市或一个地区，世界范围的城市大脑连接在一起，最终将形成世界神经系统（世界脑），为人类协同发展提供支撑。

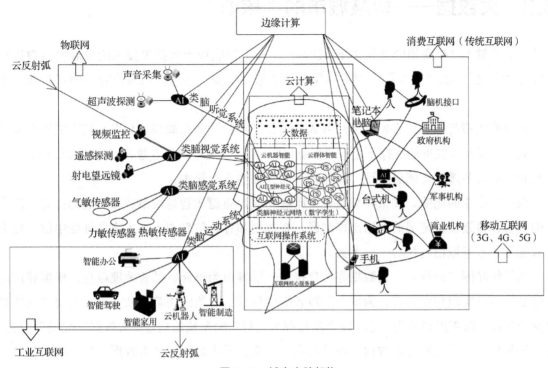

图 6-10 城市大脑架构

6.2.4 城市大脑的重要性

城市大脑指的是城市智能化管理系统。城市大脑利用人工智能、大数据、物联网等先进技术，为城市交通治理、环境保护、精细化管理、区域经济管理等构建后台系统，打通不同平台，推动城市数字化管理。

城市大脑是支撑未来城市可持续发展的全新基础设施，其核心是利用实时全量的城市数据资源全局优化城市公共资源，及时修正城市运行错误，实现城市治理模式突破、城市服务模式突破、城市产业发展突破。

（1）城市大脑是智慧城市发展到高级阶段的必然产物。新型智慧城市建设借助物联网、5G、云计算、人工智能、区块链、大数据等新一代信息技术，将商业、交通、通信、资源等城市运行要素整合在一起，汇聚了海量数据。其架构体系和协同关系十分复杂，必须通过建设城市大脑这一智慧中枢，才能实现对新型智慧城市规划设计、建设管理、运维服务的全方位管控。

（2）城市大脑是构建智慧城市框架体系的核心单元。智慧城市是一个跨系统交互的大系统，不是硬件的堆叠与软件的重复建设，而是需要有一个中枢神经式的城市指挥系统。这个系统必须具备全面、实时、全量的决策能力——城市大脑产生的基础，换言之，城市大脑是"系统的系统"。

6.3 大数据——智慧城市的"核心"

在新基建和 5G 商用的背景之下，物联网、人工智能和大数据等技术的发展使得数据智能渗透率迅速增加，"智慧"一词不再仅仅用来形容人类，还可以用来形容一座城市或一个国家。

从政府决策与服务到人们的生活方式，再到城市的产业布局和规划以及城市的运营和管理方式，都将在大数据的支撑下走向"智慧化"。大数据遍布新型智慧城市的方方面面，成为新型智慧城市各领域都能够实现"智慧化"的关键性支撑技术。

做一个形象的比喻，如果将智慧城市比喻为人，将组成智慧城市感知功能的传感器比作人的五官，将连接传感器的网络比作神经，将控制和存储信息的云技术比作神经中枢，那么大数据就是智慧城市的核心——大脑。

基于物联网、云计算、大数据等信息技术，以城市为单元，结合地理信息，根据城市运行的各类信息实现综合监管，为城市管理者提供科学、有效的决策辅助支撑，实现"以数据信息为基础，以指挥调度为核心，以决策指挥为目标"的系统的构建。大数据集成地理信息、北斗导航数据、建筑物三维数据、统计数据、摄像头采集画面等多类数据，把市政、警务、消防、交通、通信、商业等的数据融合打通，汇集在统一的大数据平台上。

6.3.1 城市大脑与数据可视化

一座城市离不开水、电、气，它们是维持城市运转的资源。而今，还有一张巨大的无形之网——数据。数据资源成为城市最重要的资源之一，有效运用数据可实现城市的科学治理和智慧决策。智慧城市大脑能够将城市运行核心系统的各项关键数据进行可视化呈现，为包括应急指挥、城市管理、公共安全、环境保护、智能交通、基础设施等领域提供管理决策支持，进而实现城市智慧式管理和运行。

6.3.2 城市大脑与数据共享

城市大脑通过汇集各个行业或领域（包括市政、警务、消防、交通、通信、商业等）的数据，各个智慧应用横向融合打通，为整个城市的经营管理决策提供服务，驱动城市治理体系和治理能力现代化，使民生服务更到位、城市环境更友好、经济运行更合理、行政管理更高效、万众创新更活跃、社会生活更和谐。

智慧城市的本质是信息共享，关键是大数据融合，可用数据驱动城市管理和发展。未来，随着我国的城市一个个变得"智慧"起来，必将助推一个生机勃勃的"智慧城市"盛世到来。

6.3.3 大数据驱动城市大脑

给城市"装上"一个智慧的大脑，城市也能像人一样智慧，大数据帮助城市来思考、决策，使得城市能够自我调节，与人类实现良性互动。所有的城市数据都通过这个大脑进行最合理的配置和调度，从而有效提升城市交通的承载力和运行效率，这是符合现代城市管理和运行要求的。

在城市大脑中，海量数据被集中输入，这些数据是城市大脑智慧的起源。有了丰富的数据之后，城市大脑便能构建算法模型，然后自动调配公共资源。相比人脑，该大脑的优势是：可全局分析、响应速度快、智能化。并且人工智能拥有人类无法比拟的一个天然强项，它可通过机器学习不断迭代及依靠外部系统插件等进行优化，得出更"聪明"的方案，让处理问题变得越来越顺手。

大数据时代的到来以及对大数据的运用，让城市更有思想，让居民更有梦想，这既是对大数据这项高科技成果的最大褒奖，也是对大数据的最大期许。大数据是科技工作者和相关企业带给人类的礼物。互联网会变成水厂和电厂一样的基础设施，每一个角落都能嗅到智慧城市的气息。数据分析将推动智慧城市迈向未来，一座能够自我调节、与市民良性互动的城市，正在不远处向我们招手。

6.4　大数据治理

数据治理是指使用数据的一整套管理行为，由数据治理部门发起并推行，关于如何制定和实施针对整个企业内部数据的商业应用和技术管理的一系列政策和流程。

大数据治理

国际数据管理协会（Data Management Association，DAMA）给出的定义是：数据治理是对数据资产管理行使权利和控制的活动集合。

国际数据治理研究所（Data Governance Institute，DGI）给出的定义：数据治理是一个通过一系列与信息相关的过程来实现决策权和职责分工的系统，这些过程按照达成共识的模型来执行，该模型描述了谁能根据什么信息，在什么时间和情况下，用什么方法，采取什么行动。

数据治理的最终目标是提升数据的价值。数据治理非常有必要，是企业实现数字战略的基础。

6.4.1　数据治理内容

以企业财务管理为例，会计负责管理企业的金融资产，遵守相关制度和规定，同时接受审计员的监督；审计员负责监管金融资产的管理活动。数据治理扮演的角色与审计员类似，其作用就是确保企业的数据资产得到正确、有效的管理。

由于切入视角和侧重点不同，业界给出的数据治理的定义已经不下几十种，到目前为止还未形成一个统一标准的定义。

ITSS（Information Technology Service Standard，信息技术服务标准）是在中华人民共和国工业和信息化部、国家标准化管理委员会的领导和支持下，由 ITSS 工作组研制的一套 IT 服务领域的标准库和一套提供 IT 服务的方法论。ITSS WG1 认为，数据治理包含以下几个方面内容。

（1）确保信息利益相关者的可以被评估，以达成一致的企业目标。企业目标需要通过对信息资源进行获取和管理实现。

（2）确保有效助力业务的决策机制和方向。

（3）确保对绩效和合规进行监督。

关于数据治理的过程，从范围角度来讲，数据治理涵盖从前端事务处理系统、后端业务数据库到终端的数据分析，形成了从源头到终端再回到源头形成一个闭环负反馈系统（控制理论中趋稳的系统）。从目的角度来讲，数据治理就是要对数据的获取、处理、使用进行监管（就是我们在执行层面对信息系统的负反馈），而监管的职能主要通过 5 个方面的执行力——发现、监督、控制、沟通、整合来保证。

6.4.2 数据治理类型

本节将介绍应对型和主动型两种数据治理类型，以及数据治理的最适合领域。

1. 应对型数据治理

应对型数据治理是指通过客户关系管理（CRM）等"前台"应用程序和诸如企业资源规划（ERP）等"后台"应用程序授权主数据，例如客户数据、产品数据、供应商数据、员工数据等，然后用数据移动工具将最新的或更新的主数据移动到多领域 MDM（Master Data Management，主数据管理）系统中。它整理、匹配和合并数据，以创建或更新"最佳记录"，然后将其同步回原始系统、其他企业应用程序以及数据仓库或商务智能分析系统。

批量集成和应对型数据治理方法引入的时间延迟可能导致业务部门继续操作重复、不完整且不精确的主数据。因此，这样会降低多领域 MDM 方案实现在正确的时间向正确的人员提供正确数据这一预期业务目标的能力。在期望被设定为数据将变得干净、精确且及时之后，批量集成引入的时间延迟让人感到沮丧。应对型数据治理（下游数据管理团队负责整理、去重复、纠正和实现关键主数据）可能导致让人认为"数据治理官僚化"。

应对型数据治理还会导致最终用户将数据管理团队看作"数据质量警察"，并产生相应的"官僚化"和延迟以及主数据仍然"不干净"的负面认识。这样一来，还将使得多领域 MDM 方案更难实现它的所有预期优势，并可能导致更高的数据管理总成本。

有以下 3 个方法可改进应对型数据治理。

（1）用户将数据直接输入多领域 MDM 系统中：用户使用界面友好的前端将数据直接输

入多领域 MDM 系统中，但是他们的新记录和现有记录的更新留在暂存区域（或保留区域），直到数据管理员审核和认证为止。这之后，多领域 MDM 系统才接受插入或更新操作，以便进行完整的整理、匹配、合并，并将"最佳记录"发布到企业的所有其他应用程序。与将 CRM 或 ERP 系统作为数据"录入系统"相比，MDM 系统有了很大进步，但是它仍然会出现延迟和效率低下的问题。尽管存在这些问题，但使用暂存区域确实解决了大部分问题，例如不用强制执行重要属性的录入或在创建前不必彻底搜索数据。此外，由于我们并不受传统应用程序或现代 CRM、ERP 系统如何实现数据录入功能的影响，通过批量数据移动可以极大缩短时间。

（2）用户输入直接传送到多领域 MDM 系统中：在外面输入新记录或更新，但是会将它们立即传送到多领域 MDM 系统，以便自动整理、匹配和合并。这是主动改进的方法，因为利用多领域 MDM 系统的业务规则、数据整理和匹配功能，只要求数据管理员查看作为整理、匹配和合并流程的例外而弹出的插入或更新。

（3）用户使用特定的数据治理前端输入数据：最终用户可使用专为主动型数据治理方法而设计的前端，将数据直接输入多领域 MDM 系统中。可专门为最终用户数据输入设定屏幕，并可利用功能齐全的多领域 MDM 系统允许的自动化、数据整理、业务规则、搜索和匹配等所有功能。因此，不必首先将数据输入 MDM 系统的暂存区域中，并且不需要系统外的单独工作流应用程序。

2. 主动型数据治理

主动型数据治理的一个优势是可在源头获得主数据。主动型数据治理具有严格的"搜索后再创建"功能和强大的业务规则，确保关键字段经过批准的值列表或依据第三方数据验证过，新记录的初始质量级别将非常高。

主数据管理工作通常着重于数据质量的"使它干净"或"保持它干净"方面。

如果多领域 MDM 系统中数据的初始质量级别非常高，并且不会通过 CRM 或 ERP 源系统传入不精确、不完整或不一致的数据来连续"污染"系统，则主数据管理工作的"保持它干净"方面实现起来非常容易。

主动型数据治理还可有效消除新主记录的初始录入和其认证以及通过中间件发布到企业其余部门的所有时间延迟。用户友好的前端支持的主动型数据治理可将数据直接录入多领域 MDM 系统中，可应用所有典型的业务规则，以整理、匹配和合并数据。当初始数据录入经过整理、匹配和合并流程后，此方法还允许数据管理员通过企业总线将更新发布到企业的其他部门。

因为主数据的授权已推给上游的业务用户，数据管理员成为很少被打扰的角色，他们将不会成为诸如订单管理或出具发票等关键业务流程的"瓶颈"。

营销活动可受益，因为可更迅速且经济有效地完成营销活动，在启动活动之前无须前期数据纠正。财务活动也可受益，因为将一次性捕获新客户需要的所有数据元素，添加新客户的流程包括提取第三方内容并计算信贷限额，然后将该数据传回 ERP 系统。

没有直接访问多领域 MDM 系统权限的客户服务代表通常必须搜索几个系统，找到他们需要的数据，从而采取措施。当通话中的客户没有耐心时，客户服务代表很难提供高级别的服务。当所有数据存储在多领域 MDM 系统中并可通过有效、用户友好的前端进行访问时，客户服务代表将能够访问每个客户交互时需要的所有数据，并能够在需要时授权新数据。

通过使多领域 MDM 系统成为录入系统及记录系统，能从本质上将数据维持在"零延迟"状态，适用于企业中的任何预期场景。同步到 CRM 和 ERP 系统的数据的清洁性、精确性、时效性以及一致性应当处于最高级别。

3. 最适合领域

什么因素会阻止公司采用主动型数据治理方法呢？总的来说，问题在于它们的数据治理在数据治理成熟度等级中处于什么位置。通常，随着时间的推移，组织会改进它们的数据治理方法。例如，当初始多领域 MDM 系统开启并运行之后，一些预期的优势需要较长时间才能体现或应对方法的局限性变得显而易见，此时可计划以便在源系统中取消授权记录的功能，并将该功能直接迁移到多领域 MDM 系统中。

升级公司的集成或中间件功能（例如，添加一个能处理实时更新的集成工具）之后，可切换到主动型数据治理方法或将其作为现有 CRM 或 ERP 系统重大升级的一部分，因为这可能是引进需要的业务流程变更的最佳时机。

度量标准将推动业务案例从应对型数据治理迁移到主动型数据治理。此时可详细计划迁移流程，将它设立为一个独立的项目或将它集成到另一个相关项目中。

6.4.3 元数据管理

有企业级数据管理软件提供商认为，数据治理成功的关键在于元数据管理，即赋予数据上下文和含义的参考框架。经过有效治理的元数据可提供数据流视图、影响分析的执行能力、通用业务词汇表以及其术语和定义的可问责性，最终提供用于满足合规性的审计跟踪功能。元数据管理成为一项重要功能，让 IT 部门得以监视复杂数据集成环境中的变化，同时交付可信、安全的数据。因此，良好的元数据管理工具在全局数据治理中起到了核心作用。

软件提供商将数据治理定义为"在组织范围内，对流程、政策、标准、技术和人员进行职能协调和定义来将数据作为公司资产进行管理，从而实现对准确、一致、安全且及时的数据的可用性管理和可控增长，以此制定更好的业务决策，降低风险并改善业务流程。"

数据治理着重于交付可信、安全的数据，为制定明智的业务决策、有效的业务流程并优化利益相关方交互提供支持。因此，数据治理本身并非结果，而仅仅是方法，可用于支持最关键的业务目标。

1．定义

元数据为数据提供了一个参考框架。元数据的定义为用于描述数据、内容、业务流程、服务、业务规则以及组织信息系统的支持政策或为其提供上下文的信息。譬如，苹果公司旗下的应用商店在网上销售应用程序，在此情况下的数据是应用程序，元数据则是关于这些应用程序的信息，包括应用程序描述、价格、用户评级、评论和开发公司。

2．重要性

正如某家大型银行的高管所言："如果没有数据治理，任何元数据管理方案注定会失败。"元数据管理可作为一项重要功能，让 IT 部门得以监视复杂数据集成环境中的变化，同时交付可信、安全的数据。当业务利益相关方参与这一进程并承担对数据参考框架的责任，元数据优势将变得更有说服力。此时，企业就能将业务元数据与基层的技术元数据进行关联，为全企业范围内的协作提供词汇表和背景资料。

3．驱动因素

一系列公司方案推动数据治理的进展，也由此带动了元数据管理。这些方案如下所示。

● 通用业务词汇表（简单的数据管理）。这种"小规模试水"方案着重于某一特定问题或业务部门的通用业务词汇表。

● 全面数据治理（或数据管理策略）。这是一种近似由上至下的方案，通常用于涉及企业内一系列业务部门的较大规模计划，并以按多个阶段进行管理的计划中的多个商机为目标。

● 合规。此类方案的推动因素是遵守国际、国家、当地或行业的法规。合规，通常由治理、风险与合规性职能部门进行实现，显然与数据治理唇齿相依。在发现、分析和记录企业的多项内部数据治理要求的同时，还必须与外部法规的相关特定要求进行统筹协调。

6.4.4　数据治理方案

几乎所有企业都面临着管理数据的数量、速度和种类的挑战。大数据管理技术 Hadoop/MapReduce 在复杂数据分析能力以及以相对低的成本实现最大数据可扩展性方面具有一定的优势。但 Hadoop 更有可能要与 RDBMS（Relational Database Management System，关系数据库管理系统）并存，因为它们各有独到之处。虽然用于管理和分析数据的技术可能不同，但元数据管理和数据治理的目标应始终不变：为支持良好的业务决策提供可信、安全的数据。这个目标的实现是一个将全局企业数据治理和元数据管理活动加以扩展来包容全新数据类型和数据源的问题。用大数据治理连接大数据与业务创新如图 6-11 所示。

Hadoop 带来的挑战之一就是元数据管理。如果没有良好的元数据管理，就会缺乏透明度、可审计性以及数据的标准化与重复利用能力。企业仍需要应对数据相关的关键信息的可见性，例如其来源、质量和所有权等。

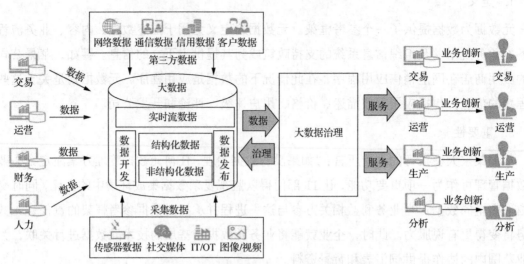

图 6-11　用大数据治理连接大数据与业务创新

有关数据治理的问题并不能在企业的单一部门得到解决。这需要 IT 部门与业务部门进行协作，而且必须始终如一地进行协作，以改善数据的可靠性和提高数据的质量，从而为关键业务方案提供支持，并确保遵守法规。一些企业提供的企业级数据治理方案可以在本地或云中使用，并且在传统数据或大数据领域中均有应用案例，可满足业务部门和 IT 部门的需求。

功能齐全而又稳健可靠的数据治理方案具备交付可信、安全的数据和启动成功的元数据管理方案所需的全部精确功能，能提供端到端智能数据治理方式，以整体、协作的方法将员工、流程和系统流畅融合，从而实现战略目标。

6.4.5　数据治理模型

ITSS 发布的白皮书表明：数据治理模型包括 3 个框架，即范围、促成因素，以及执行与评估。每个框架都包含许多组件来展示和描述它们是如何工作的，显示了数据治理模型内部的逻辑关系。范围展示了数据治理应该关注什么，促成因素展示了数据治理的推动因素，执行与评估展示了如何实现治理的方法。

数据治理的范围包括如下 4 个层次的内容。

（1）应该有一个治理要素负责管理其他要素，保证治理与管理的一致性。

接着，下面 3 个层次分别描述了需要治理的数据管理要素。

（2）价值创造层描述了通过数据治理所创造的价值服务。

（3）价值保证层描述了一个组织治理数据时的重要保证服务。

（4）基础数据服务层描述了数据治理的基础数据服务。

以释放数据价值为核心的数据治理思路如图 6-12 所示。

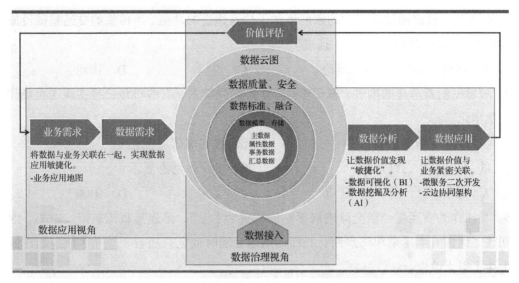

图 6-12 以释放数据价值为核心的数据治理思路

6.4.6 数据治理技术

数据治理工作所需要的技术主要如下。

（1）元数据管理：包括元数据采集、血缘分析、影响分析等功能。

（2）数据标准管理：包括标准定义、标准查询、标准发布等功能。

（3）数据质量管理：包括质量规则定义、质量检查、质量报告等功能。

（4）数据集成管理：包括数据处理、数据加工、数据汇集等功能。

（5）数据资产管理：包括数据资产编目、数据资产服务、数据资产审批等功能。

（6）数据安全管理：包括数据权限管理、数据脱敏、数据加密等功能。

（7）数据生命周期管理：包括数据归档、数据销毁等功能。

（8）主数据管理：包括主数据申请、主数据发布、主数据分发等功能。

【习题】

1. 基于智慧高速公路系统的高精度导航测试，如今可以达到车道（　　）级的精度，并且可以精准感知周边乃至远端车辆的信息。

A. 毫米　　　　　　B. 米　　　　　　C. 厘米　　　　　　D. 分米

2. 高速公路智慧化整体监控中心系统的大数据处理单元应用了大数据、（　　）、雷视融合等新一代信息技术，数据会被迅速处理分析并返回到车里。

① 精细化工　　　② 人工智能　　　③ 云计算　　　④ 物联网

A. ②③④　　　　　　　　　　　B. ①②③

C. ①②④　　　　　　　　　　　D. ①③④

3. 交通基础设施通过新基建的赋能增加了信息通道的功能，而传统的交通基础设施成为其中实现人和货物移动的（　　）通道。

    A. 概念   B. 理论   C. 逻辑   D. 物理

4. 随着民航新基建的推进，基于（　　）等领先技术，有些机场已经实现了全场景、全流程的数字化。

    ① 室内高精度定位   ② 数字媒体可视化

    ③ 数字孪生三维建模   ④ 多媒体动态展示

    A. ②③   B. ①③   C. ②④   D. ①④

5. 长江作为货运量位居全球内河第一的"黄金水道"，是连接我国东部、中部、西部的重要纽带。因为有丰水期和枯水期，长江的航道会随时变化。随着（　　）航道的建设，如今这发生了很大改变。

    A. 虚拟   B. 增强   C. 逻辑   D. 数字

6. 城市大脑是创新运用大数据、云计算及智能技术等前沿科技构建的平台型城市协同和智能中枢，它可整合、汇集（　　）数据，在城市治理领域进行融合计算。

    ① 家庭   ② 政府   ③ 企业   ④ 社会

    A. ②③④   B. ①②③   C. ①②④   D. ①③④

7. 作为城市协同和智能中枢，城市大脑在城市治理领域实现城市运行的（　　）、事件预测预警、"城市病"治理等功能。

    ① 生命体征感知   ② 宏观决策指挥

    ③ 自然资源管理   ④ 公共资源配置

    A. ②③④   B. ①②③   C. ①②④   D. ①③④

8. 当前，城市大脑已经在多地进行建设，各个城市可以选择适合自己的智能城市建设方案，例如包括（　　）等解决方案。

    ① 百度的 AI CITY   ② 阿里巴巴的天猫旗舰

    ③ 腾讯的数字城市   ④ 华为的城市神经

    A. ②③④   B. ①②③   C. ①②④   D. ①③④

9. 城市大脑是城市建设伴随着互联网架构的（　　）过程，逐步形成自己的中枢神经（云计算）、城市感觉神经（物联网）、城市运动神经（工业 4.0、工业互联网）、城市智慧的产生与应用（大数据与人工智能）。

    A. 拟人化   B. 类脑化   C. 神经化   D. 精神化

10. 在城市类脑神经的支撑下，城市建设的核心之一是城市（　　）网络（城市大社交网络），用于实现城市中人与人、人与物、物与物的信息交互。

    A. 神经元   B. 强化肌肉

    C. 细胞体   D. 云反射弧

11. 在城市类脑神经的支撑下，城市建设的另一个核心是城市大脑的（　　），实现城市服务的快速智能反应。

　　A. 神经元　　　　B. 强化肌肉　　　C. 细胞体　　　D. 云反射弧

12. 基于互联网大脑模型的概括，业界对城市大脑进行了不同的解读，例如，"城市大脑要搭建的是整个城市的（　　）中枢，是一个对城市信息进行处理和调度的超级人工智能系统。"

　　A. 突触与轴突　　B. 城市生命体　　C. 人工智能　　　　D. 云反射弧

13. 基于互联网大脑模型的概括，业界对城市大脑进行了不同的解读，例如，"城市大脑是基于（　　）理念，以系统科学为指引，将散落在城市各个角落的数据汇聚起来所构建的平台型人工智能中枢。

　　A. 突触与轴突　　B. 城市生命体　　C. 人工智能　　　　D. 云反射弧

14. 城市大脑是智慧城市发展到高级阶段的（　　）。

　　A. 核心单元　　　B. 一大进步　　　C. 中间环节　　　D. 必然产物

15. 城市大脑是构建智慧城市框架体系的（　　），而不是硬件的堆叠与软件的重复建设。

　　A. 核心单元　　　B. 一大进步　　　C. 中间环节　　　D. 必然产物

16. （　　）为数据提供了一个参考框架，它是"用于描述数据、内容、业务流程、服务、业务规则以及组织信息系统的支持政策或为其提供上下文的信息"。

　　A. 源数据　　　　B. 神经元　　　　C. 元数据　　　　D. 细胞核

17. 功能齐全而又稳健可靠的数据治理方案具备（　　）的元数据管理方案所需的全部精确功能，从而实现战略目标。

　　① 交付可信　　　② 价值与评估　　③ 安全的数据　　④ 启动成功
　　A. ①②③　　　　B. ②③④　　　　C. ①②④　　　　D. ①③④

18. 数据治理模型包括 3 个框架，即（　　），每个框架都包含许多组件来展示和描述它们是如何工作的，显示了数据治理模型内部的逻辑关系。

　　① 价值模型　　　② 范围　　　　　③ 促成因素　　　④ 执行与评估
　　A. ①②③　　　　B. ②③④　　　　C. ①②④　　　　D. ①③④

19. 数据治理的范围包括 4 个层次的内容。其中，（　　）负责管理其他要素，保证治理与管理的一致性。

　　A. 治理要素　　　B. 价值创造　　　C. 价值保证　　　D. 基础数据

20. 数据治理工作所需要的技术包括（　　）。

　　① 元数据管理　　② 数据标准管理　③ 设备管理　　　④ 主数据管理
　　A. ②③④　　　　B. ①②③　　　　C. ①②④　　　　D. ①③④

大数据可视化

07 第7章 大数据可视化

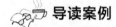 导读案例

南丁格尔"极区图"

弗洛伦斯·南丁格尔（1820年5月12日—1910年8月13日，见图7-1）是世界上第一位真正意义上的女护士，被誉为"现代护理业之母"。设立"5·12"国际护士节就是为了纪念她，这一天是南丁格尔的生日。除了在医学和护理界的辉煌成就，实际上，南丁格尔还是一名优秀的统计学家——她是英国皇家统计学会的第一位女性会员。据说南丁格尔早期大部分声望都来自其对数据清楚且准确的表达。

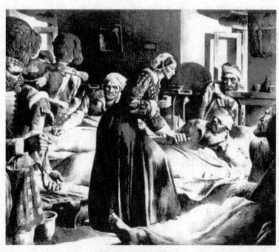

图7-1 南丁格尔

南丁格尔生活的时代各个医院的统计资料非常不精确，也不一致，她认为医学统计资料有助于改进医疗护理的方法和措施。于是，她在编著的各类图书、报告等材料中使用了大量的统计图表，其中最为知名的就是极区图，也叫南丁格尔玫瑰图。

南丁格尔发现，战斗中阵亡的士兵数量少于因为受伤却缺乏治疗而死亡的士兵数量。为了挽救更多的士兵，她画了这张东部军队（士兵）死亡原因示意图（1858 年），如图 7-2 所示。

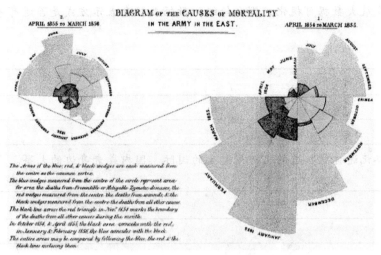

图 7-2　东部军队（士兵）死亡原因示意图（1858 年）

这张图描述了 1854 年 4 月—1856 年 3 月期间士兵死亡情况，其右侧图表描述的是 1854 年 4 月—1855 年 3 月的情况，左侧图表描述的是 1855 年 4 月—1856 年 3 月的情况，两图表均用蓝、红、黑 3 种颜色（纸张上难以看出）表示 3 种情况：蓝色代表可预防和可缓解的疾病治疗不及时造成的死亡，红色代表战场阵亡，黑色代表其他死亡。图中各扇区角度相同，用半径及扇区面积来表示死亡人数，我们可以清晰地看出每个月因各种原因死亡的人数。显然，1854—1855 年，因医疗条件而造成的死亡人数远远大于战死沙场的人数，这种情况直到 1856 年初才得到缓解。南丁格尔的这张图以及其他图生动有力地说明了在战地开展医疗救护和促进伤兵医疗工作的必要性，打动了当局者，增加了战地医院，改善了军队医院的条件，为挽救士兵生命做出了巨大贡献。

南丁格尔的极区图是统计学家对利用图形来展示数据进行的早期探索。南丁格尔的贡献充分说明了数据可视化的价值，特别是在公共领域的价值。

阅读上文，请思考、分析并简单记录。

（1）简述你看到过且印象深刻的数据可视化的案例。

答：_____

_____

_____

_____

（2）你之前知道南丁格尔吗？南丁格尔玫瑰图另外的名字叫什么？

答：_____

_____

（3）如果发展大数据可视化，那么传统的数据或信息表示方式是否还有意义？请简述你的看法。

答：_____

_____

_____

（4）请简单记述你所知道的上一周发生的国际、国内或者身边的大事。

答：_____

_____

_____

_____

7.1 数据与可视化

数据是什么？大部分人会含糊地回答说，"数据是一种类似电子表格的东西，或者一大堆数字"；有点技术背景的人可能会提及数据库或者数据仓库。然而，这些回答只说明了数据的格式或存储数据的方式，并未说明数据的本质是什么，以及特定的数据集代表什么。

事实上，数据是现实世界的快照，能传递给我们大量的信息。一个数据可以包含时间、地点、人物、事件、起因等，因此，一个数字不再只是沧海一粟。可是，从一个数据中提取信息并不像从一张照片中提取信息那么简单。你可以猜到照片里发生的事情，但对数据就需要观察其产生的来龙去脉，并把数据作为一个整体来理解。关注全貌，比只注意到局部更容易做出准确的判断。

数据是对现实世界的简化和抽象表达。对数据进行可视化处理，其实是在将对现实世界的抽象表达可视化或至少是将它的一些细微方面可视化。可视化是对数据的一种抽象表达，所以最后得到的是一个"抽象的抽象"。

数据和它所代表的事物之间的关联既是把数据可视化的关键，也是全面分析数据的关键，同样还是深层次理解数据的关键。计算机可以把数据批量转换成不同的形状和颜色，但是你必须建立起数据和现实世界的联系，以便使用图表的人能够从中得到有价值的信息。数据会因其可变性和不确定性而变得复杂，但将其放入合适的背景信息中，就会变得容易理解了。

7.1.1 数据的可变性

下面我们以美国国家公路交通安全管理局发布的公路交通事故数据为例，来了解数据的可变性。

根据美国国家公路交通安全管理局发布的数据，2001—2010 年全美共发生了 363 839 起致命的公路交通事故。这个总数代表着那部分逝去的生命。把所有注意力放在这个数字（见图 7-3）上，它能让你深思，甚至反省自己的一生。

图 7-3　2001—2010 年全美致命公路交通事故总数

如果在地图中标记出 2001—2010 年全美发生的每一起致命的交通事故,用一个点代表一起事故，就可以看到事故多集中发生在大城市和主干道上，而人烟稀少的地方和道路几乎没有事故发生过。

图 7-4 显示了 2001—2010 年每年发生的交通事故数，所表达的内容与简单告诉你一个总数完全不同。虽然每年仍会发生成千上万起交通事故，但通过观察可以看到，2006—2010 年间交通事故数呈显著减少趋势。

从图 7-5 中可以看出，交通事故发生的季节性周期很明显。夏季是事故多发期，因为此时外出旅行的人较多。而在冬季，开车出门旅行的人相对较少，事故就会少很多。每年都是如此。同时，也可以看到 2006—2010 年交通事故数呈减少趋势。

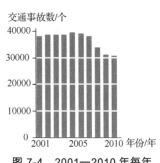

图 7-4　2001—2010 年每年发生的致命交通事故数

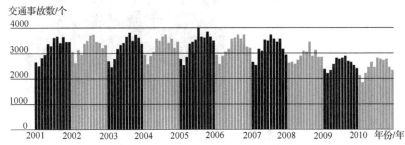

图 7-5　2001—2010 年每月发生的致命交通事故数

如果比较那些年具体月份的交通事故数，还有一些变化。例如，在 2001 年，8 月的事故最多，9 月相对回落。2002—2004 年每年都是这样。然而，2005—2007 年，7 月的事故最多。2008—2010 年又变成了 8 月。另外，因为每年 2 月的天数最少，事故也就最少，只有 2008 年例外。因此，这里存在着不同季节的变化和季节内的变化。

我们还可以更加详细地观察每日的交通事故数，例如通过看出高峰和低谷，可以看出周循环周期，也就是周末比周中事故多，每周的高峰在周五、周六和周日间波动。可以继续增大数据的粒度，即观察每小时的数据。

重要的是，查看这些数据比查看平均数、中位数和总数更有价值，那些统计值只能说明一小部分信息。大多数时候，总数或中位数只能告诉你分布的中间位置在哪里，而不能显示出你做决定或讲述时应该关注的细节。

一个独立的离群值可能是需要修正或特别注意的。也许随着时间推移发生的变化预示有好事（或坏事）将要发生。周期性或规律性的事件可以帮助你为将来做好准备，但面对那么多的变化，它往往会失效，这时应该退回到整体和分布的粒度来进行观察。

7.1.2 数据的不确定性

数据具有不确定性。通常，大部分数据都是估算出的，并不精确。分析师会研究一个样本，并据此基于自己的认识来猜测整体的情况。尽管大多数的时候猜测结果是正确的，但仍然存在着不确定性。例如，笔记本电脑上电池的寿命估计会按小时增量跳动；地铁预告说下一班车将会在 10 分钟内到达，但实际上是 11 分钟；预计在周一送达的一份快递往往周三才到。

换个角度，想象一下你有一罐彩虹糖（见图 7-6），但没法看清罐子里的情况，你想猜猜每种颜色的彩虹糖各有多少颗。如果你把一罐彩虹糖统统倒在桌子上，一颗颗数过去，就不用估算了，你已经得到了总数。但是你只能抓一把，然后基于手里的彩虹糖猜测整罐的情况。这一把中的彩虹糖越多，估计值就越接近整罐的情况，你也就越容易猜测。然而，如果只能拿出一颗彩虹糖，那你几乎就无法猜测罐子里的情况。

图 7-6 彩虹糖

如果不考虑数据的真实含义，则很容易产生误解。要始终考虑不确定性和可变性，这就到了背景信息发挥作用的时候了。

7.1.3 数据的背景信息

仰望夜空，满天繁星看上去就像平面上的一个个点。你感觉不到视觉深度，会觉得星星都离你一样远，很容易就能把星空直接"搬"到纸面上，于是星座也就不难想象了。然而，实际上不同的星星与你的距离可能相差许多光年。图 7-7 所示为我们常见的北斗七星。

图 7-7　北斗七星

如果切换到显示实际距离的模式，星星的位置转移，原先容易辨别的星座几乎认不出了。从新的视角出发，数据看起来会不同，这就是背景信息的作用。背景信息可以完全改变你对某一个数据的看法，它能帮助你确定数据代表着什么以及如何解释数据。在确切了解数据的含义之后，你的理解会帮你找出有趣的信息，从而带来有价值的可视化效果。

使用数据而不了解除数据本身之外的信息，就好比断章取义。这样或许没有问题，但可能完全误解数据的含义。你必须首先了解何人、如何、何事、何时、何地以及何因，即元数据，或者说关于数据的数据，然后才能了解数据的本质是什么。

何人（Who）："谁收集了数据"和"数据是关于谁的"同样重要。

如何（How）：大致了解怎样获取你感兴趣的数据。你不需要知道每种数据的精确统计模型，但要小心小样本，样本小，其误差率就高，也要小心不合适的假设，例如包含不一致或不相关信息的指数、排名等。

何事（What）：你还要知道自己的数据是关于什么的，你应该知道围绕在数据周围的信息是什么。

何时（When）：数据大都以某种方式与时间关联。数据可能是一个时间序列，或者是特定时期的一组快照。不论是哪一种，你都必须清楚知道数据是什么时候采集的。很多人将旧数据当成现在的数据对付一下，这是一种常见的错误。事在变，人在变，地点也在变，数据自然也会变。

何地（Where）：事情会随着时间变化，它们也会随着城市、地区和国家的不同而变化。同样的道理也适用于数字定位。来自微信之类应用的数据能够概括用户的行为，但这未必适用于物理世界。

何因（Why）：你必须了解收集数据的原因，通常是为了检查一下数据是否存在偏颇。有时人们收集甚至捏造数据只是为了应付某项议程。

首要任务是竭尽所能地了解自己的数据，这样，会为数据分析和可视化增色。要可视化数据，你必须理解数据是什么，它代表现实世界中的什么，以及你应该根据什么样的背景信息解释它。

在不同的粒度上，数据会呈现出不同的形状和大小，并带有不确定性，这意味着总数、平均数和中位数只是数据点的一小部分。数据是曲折的、旋转的，也是波动的、个性化的，甚至是富有诗意的。

7.1.4 打造最好的可视化效果

人类可以根据数据做出好的决策。事实上，我们拥有的数据越多，从数据中提取出的具有实践意义的见解就显得越发重要。可视化和数据是相伴的，将数据可视化可能是指导我们行动的最强大的机制之一。

可视化可以将事实融入数据，并引起情感反应，它可以将大量数据压缩成便于使用的知识。因此，可视化不仅是一种传递大量信息的有效途径，它还与大脑直接联系在一起，能触动情感，引起"化学反应"。可视化可能是传递信息最有效的方法之一。研究表明，不仅可视化本身很重要，何时、何地、以何种形式呈现对可视化来说也至关重要。

通过设置正确的场景、选择恰当的颜色，甚至选择一天中合适的时间，可视化可以更有效地传达隐藏在大量数据中的真知灼见。科学证据证明了在传递信息时环境和传输方式的重要性。

7.2 数据与视觉信息

假设你是第一次来到杭州，你很兴奋，激动地想参观杭州的名胜古迹，从一个地方赶到另一个地方。为此，你需要利用当地的交通系统——地铁，幸运的是，杭州地铁运营线路图（见图 7-8）可以传达你所需要的信息。

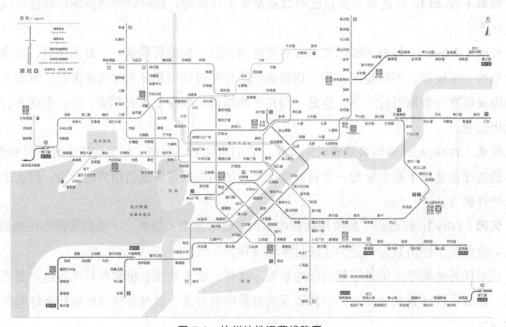

图 7-8 杭州地铁运营线路图

图 7-8 上每条线路的所有站点都按照顺序用不同颜色标记出来。你可以在上面看到线路交叉的站点，这样一来，要知道在哪里换乘，就很容易了。可以说突然之间，弄清楚如何搭乘地铁变成了轻而易举的事情。线路图呈献给你的不仅是数据信息，更是清晰的认知。

你不仅能知道该搭乘哪条线路，还能大概知道到达目的地需要用多长时间。无须多想，你就能知道到达目的地有几个站，每个站之间大概需要几分钟，因而你可以计算出从你所在的位置到"大运河博物馆"要用多少分钟。除此之外，图上的路线还用了不同的颜色来帮助你辨认。如此一来，不管是在地图上还是在地铁站的墙壁上，你只要想查找地铁线路，就能通过颜色快速辨别。

将信息可视化能有效地吸引人们的注意力。有的信息如果通过单纯的数字和文字来传达，可能需要耗费较长时间，甚至可能无法传达；但是通过颜色、布局、标记和其他元素的融合，图形能够在几秒之内就把这些信息传达给我们。

7.2.1　数据与走势

人们在制定决策的时候了解事物的走势至关重要。不管是讨论销售数据还是讨论健康数据，一个简单的数据点通常不足以告诉我们事物的整个走势。

我们在使用电子表格软件处理数据时会发现，要从填满数字的单元格中发现走势是很困难的。这就是电子表格软件这类程序内置图表生成功能的原因之一。一般来说，我们在看一个折线图、饼状图或条形图的时候，更容易发现事物的走势。

投资者常常要试着评估一家公司的业绩，一种方法就是及时查看公司在某一特定时刻的数据。比方说，管理团队在评估某一特定季度的销售业绩和利润时，若没有将之前几个季度的情况考虑进去，他们可能会总结说公司的运营状况良好。但实际上，公司每个季度的业绩增幅都在减小。表面上公司的销售业绩和利润似乎还不错，而事实上如果不想办法来增加销量，公司甚至很快就会走向破产。

管理者或投资者在了解公司业务发展趋势的时候，内部环境是重要指标之一。管理者和投资者同时也需要了解外部环境，因为外部环境能让他们了解公司相对于其他公司运营情况如何。

在不了解公司外部环境时，如果某个季度销售业绩下滑，管理者就有可能会错误地认为公司的运营情况不好。但事实上，销售业绩下滑可能是由大的行业问题引起的，例如，房地产行业受房屋修建量减少的影响、航空业受出行人数减少的影响等。

外部环境是指同行业的其他公司在同一段时间内的运营情况。不了解外部环境，管理者就很难洞悉究竟是什么导致了公司的业务受损。即使管理者了解了内部环境和外部环境，但要想仅通过抽象的数字来看出端倪还是很困难的，而图形可以帮助他们解决这一问题。

可视化是压缩知识的一种方式。减少数据量是一种压缩方式，如采用速记、简写的方式来表示一个词或者一组词。但是，数据经过压缩之后，虽然更容易存储，却让人难以理解。

而图片不仅可以容纳大量信息，还是一种便于理解的表现方式。在大数据领域里，图片（例如饼状图和条形图等）是可视化的表现方式。

7.2.2 视觉信息的科学解释

在数据可视化领域，耶鲁大学的爱德华·塔夫特教授被誉为"数据界的列奥纳多·达·芬奇"。他的一大贡献就是：聚焦于将每一个数据都做成图形——无一例外。塔夫特的信息图形不仅能传达信息，甚至被很多人看作艺术品。塔夫特指出，可视化不仅能作为商业工具发挥作用，还能以一种视觉上引人入胜的方式传达信息。塔夫特在其著作《出色的证据》中提出的关于分析图形设计的基本原则如下。

（1）体现出比较、对比、差异。

（2）体现出因果关系、机制、理由、结构。

（3）体现出多元数据，即体现出 1 个或 2 个变量。

（4）将文字、数字、图片、图形全面结合起来。

（5）充分描述证据。

（6）数据分析报告的成败在于报告内容的质量、相关性和整体性。

通常情况下，人们的视觉能吸纳多少信息呢？根据宾夕法尼亚大学医学院的研究人员估计，人类视网膜"视觉输入（信息）的速度可以与以太网的传输速率相媲美"。在研究中，研究人员将取自一只豚鼠的完好视网膜和一台叫作"多电极阵列"的设备连接起来，该设备可以测量神经节细胞中的电脉冲峰值。神经节细胞将信息从视网膜传达到大脑。基于这一研究，科学家能够估算出所有神经节细胞传递信息的速度。其中一只豚鼠的视网膜含有大概 100 000 个神经节细胞，然后相应地，科学家就能够计算出人类视网膜中的细胞每秒能传递多少信息。人类视网膜中大约包含 1 000 000 个神经节细胞，算上所有的细胞，人类视网膜能以大约每秒 10 兆字节的速度传递信息。

丹麦的知名科普作家陶·诺瑞钱德证明了人们通过视觉器官接收的信息比其他任何一种感官都多。如果人们通过视觉器官接收信息的速度与计算机网络的速度相当，那么通过触觉器官接收信息的速度就只有它的 1/10。人们的嗅觉器官和听觉器官接收信息的速度更慢，大约是触觉器官接收信息速度的 1/10。同样，我们通过味蕾接收信息的速度也很慢。

换句话说，我们通过视觉器官接收信息的速度比其他感官接收信息的速度快了 10～100 倍。因此，可视化能传达庞大的信息量也就容易理解了。如果包含大量信息的数据被压缩成了充满知识的图片，那我们接收这些信息的速度会更快。但这并不是可视化如此强大的唯一原因。另一个原因是我们喜欢分享，尤其喜欢分享图片。

人们喜欢照片（图片）的主要原因之一，是现在拍照很容易。数码相机、智能手机和便宜的存储设备使人们可以拍摄多得数不清的照片。现在，几乎每部智能手机都有内置摄像头。这就意味着人们不但可以随意拍照，还可以轻松地上传或分享照片。

与照片一样，如今制作信息图也要比以前容易得多。公司的营销人员发现，一个拥有有限信息资源的营销人员该做些什么来让搜索结果更加吸引人呢？答案是制作一张信息图。信息图可以吸纳广泛的数据资源，使这些数据相互吻合，甚至可以利用信息图编写一段引人入胜的故事。

7.3　视觉分析

视觉分析是一种数据分析形式，它指的是对数据进行图形表示来开启或增强视觉感知。相比于文本，人类可以迅速理解图形并得出结论。基于这个前提，视觉分析成为大数据领域的勘探工具，它有助于识别及强调隐藏的模式、关联和异常；它的目标是用图形表示来开发对分析数据更深入的理解。视觉分析也与探索性分析有直接关系，因为它鼓励从不同的角度思考问题。

视觉分析的主要图形包括：热点图、时间序列图、网络图、空间数据制图等。

7.3.1　热点图

关于表达模式，就部分-整体关系的数据组成和数据的地理分布来说，热点图是有效的视觉分析技术，它能促进人们识别感兴趣的领域，发现数据集内的极（极大或极小）值。例如，为了确定冰激凌销量最好和最差的地方，我们可使用热点图来绘制冰激凌销量数据，绿色用来标识销量最好的地区，而红色用来标识销量最差的地区。

热点图本身是颜色编码数值的可视化表示。每个值根据其本身的类型和坐落的范围而给定一种颜色。例如，热点图将 0～3 分配给黑色，4～6 分配给浅灰色，7～10 分配给深灰色。热点图可以是图表或地图形式的。图表代表一个值的矩阵，其每个网格中都是按照值分配的不同颜色（见图 7-9）；通过使用不同颜色嵌套的矩形，可以表示不同等级。

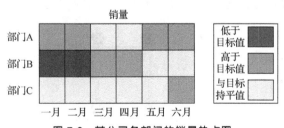

图 7-9　某公司各部门的销量热点图

地图可以表示地理测量。通过它，不同的地区可以根据同一主题用不同的颜色或阴影表示。地图以各地区颜色/阴影的深浅来表示同一主题的程度大小，而不是单纯地将整个地区涂上色或以阴影覆盖。

7.3.2　时间序列图

时间序列图可以用于分析在固定时间间隔记录的数据。这种分析充分利用了时间序列（是

127

一个按时间排序的、在固定时间间隔记录的值的集合），例如一个每月月末记录的销售时间序列。

时间序列分析有助于确定数据随时间变化的模式。一旦确定，这个模式可以用于未来的预测。例如，为了确定季度销售模式，每月按时间顺序绘制冰激凌销量图，它会进一步帮助人们预测下个月的销量。

通过识别数据集中的长期趋势、季节性周期模式和不规则短期变化，时间序列分析通常用于预测，它用时间作为自变量，且数据的收集总是依赖于时间。时间序列图通常用折线图表示，x 轴表示时间，y 轴表示记录的数值。

7.3.3　网络图

在视觉分析中，网络图描绘的是互相连接的实体。实体可以是人、团体，或者其他商业领域的物品。实体之间的连接可能是直接连接，也可能是间接连接。有些连接可能是单方面的，所以反向遍历是不可能的。

网络分析是一种侧重于分析网络内实体关系的技术。它将实体作为节点，用边连接节点。专门的网络分析方法如下所示。

（1）路径优化。

（2）社交网络分析。

（3）传播预测，例如预测一种传染性疾病的传播。

基于冰激凌销量的网络分析中路径优化应用有这样一个简单的例子：有些冰激凌店的经理经常抱怨卡车从中央仓库到遥远地区商店的运输时间过长。天热的时候，从中央仓库运到遥远地区的商店后冰激凌会化掉，无法销售。为了最小化运输时间，用网络分析来寻找中央仓库与遥远地区商店的直接最短路径。

图 7-10 显示的社交网络图是社交网络分析的一个简单例子。

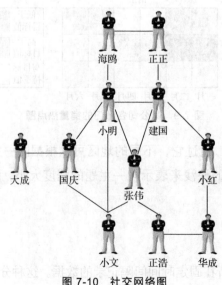

图 7-10　社交网络图

由图 7-10 可知或推测出以下社交网络关系。

- 小明有许多朋友，大成只有一个朋友。
- 社交网络分析结果显示大成可能会和小明、小文做朋友，因为他们有共同的朋友国庆。

7.3.4　空间数据制图

空间数据通常用来识别单个实体的地理位置，然后为其绘图。空间数据分析专注于分析基于地点的数据，从而寻找实体间的不同地理关系和模式。

空间数据通过地理信息系统（Geographic Information System，GIS）操控，它利用经纬坐标将空间数据绘制在图上。GIS 提供工具使空间数据能够互相探索。例如，测量两点之间的距离或用确定的半径来画圆以确定一个区域。随着基于地点的数据的不断增长，传感器数据和社交媒体数据也可以用于分析空间数据，然后洞察位置。

空间数据分析的应用包括操作和物流优化、环境科学和基础设施规划。空间数据分析的输入数据可以包含精确的地址（如经纬度），或者可以计算位置的信息（如邮政编码和 IP 地址）。

此外，空间数据分析可以用来确定落在一个确定半径内的实体数量。例如，一个超市用空间数据分析进行有针对性的营销，空间数据是从用户的社交媒体信息中提取的，并且可以根据用户是否接近超市来试着提供个性化服务。

7.4　实时可视化

很多信息图提供的信息从本质上看是静态的。通常制作信息图需要耗费很长的时间和很多的精力：它需要数据、需要展示有趣的故事，还需要用图表将数据以一种吸引人的方式呈现出来。但是工作到这里还没结束。图表只有经过发布、加工、分享和查看之后才具有真正的价值。当然，到那时，数据已经成了几周或几个月前的旧数据了。那么，在展示可视化数据时要怎样在能吸引人的同时又保证其时效性呢？

数据要具有时效性价值，必须满足以下 3 个条件。

（1）数据本身必须要有价值。

（2）必须有足够的存储空间和计算机处理能力来存储和分析数据。

（3）必须要有一种巧妙的方法及时将数据可视化，而不用耗费几天或几周的时间。

想了解数百万人如何看待实时性事件，并将他们的想法以可视化的形式展示出来，看似遥不可及，但其实很容易达成。

数据实时可视化并不只是在网上不停地展示实时数据而已。例如使用谷歌眼镜（见图 7-11），将来我们不仅可以在计算机和手机上看通过可视化呈现的数据，还可以四处走动设想或理解物质世界。

7.5　数据可视化的运用

　　人类对图形的理解非常独到，往往能够从图形当中发现数据的一些规律，而这些规律用常规的方法是很难发现的。在大数据时代，数据量变得非常大，而且非常烦琐；要想发现数据中包含的信息或者知识，可视化是最有效的途径之一。

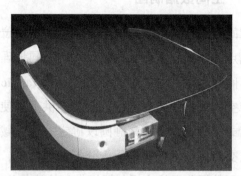

图 7-11　谷歌眼镜

　　数据可视化要根据数据的特性，找到合适的可视化方式，例如图表等，将数据直观地展现出来，以帮助人们理解数据，同时找出包含在海量数据中的规律或者信息。数据可视化是大数据生命周期的最后一步，也是最重要的一步。

　　数据可视化源于计算机图形学、人工智能、科学可视化以及用户界面等领域的相互促进和发展，是当前计算机科学的一个重要研究方向。它的目的是利用计算机对抽象数据进行直观的表示，以利于快速检索信息和增强认知能力。

　　数据可视化并不是为了展示用户的已知数据之间的规律，而是为了帮助用户通过认知数据，发现这些数据的实质。如图 7-12 所示，CLARITY 成像技术使科学家不需要切片就能够看清整个大脑。

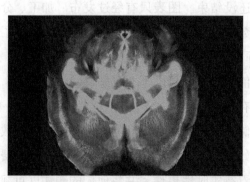

图 7-12　CLARITY 成像技术

　　斯坦福大学的生物工程和精神病学负责人卡尔·戴瑟罗斯说："以分子水平和全局范围观察整个大脑系统，曾经一直都是生物学领域中一个无法实现的重大目标"。也就是说，用户在使用数据可视化之前往往没有明确的目标。数据可视化在探索性任务中有突出的表现，它可以帮助用户从大量的数据中找到关键的信息来进行详细的分析。因此，数据可视化主要应用于下面几种情况。

（1）当存在相似的底层结构，相似的数据可以进行归类时。

（2）当用户处理自己不熟悉的数据内容时。

（3）当用户对系统的认知有限，并且喜欢用具有可扩展性的认知方法时。

（4）当用户难以了解底层信息时。

（5）当数据更适合感知时。

【习题】

1. 数据是现实世界的快照，能传递给我们大量的信息。一个数据可以包含（　　）等，因此，一个数字不再只是沧海一粟。

　① 时间　　　　　② 地点　　　　　③ 人物　　　　　④ 权重

　A. ①②④　　　　B. ①③④　　　　C. ②③④　　　　D. ①②③

2. 数据是对现实世界的（　　）。可视化能帮助你从一个个独立的数据点中解脱出来，换一个角度去探索它们。

　A. 简化和抽象表达　　　　　　　　B. 复杂化和抽象表达

　C. 简化和分解表达　　　　　　　　D. 复杂化和分解表达

3. （　　）既是把数据可视化的关键，也是全面分析数据的关键，同样还是深层次理解数据的关键。

　A. 数据之间的关联　　　　　　　　B. 数据和它所代表的事物之间的关联

　C. 事物之间的关联　　　　　　　　D. 事物和它所代表的数据之间的关联

4. 一个（　　）可能是需要修正或特别注意的。也许在你的体系中随着时间推移发生的变化预示有好事（或坏事）将要发生。

　A. 总计值　　　B. 平均值　　　C. 独立的离群值　　D. 普遍的连续值

5. 通常，大部分数据都是估算出的，并不精确。分析师会研究一个样本，并据此猜测整体的情况。基于自己的认识来猜测，即使大多数时候你确定猜测是正确的，但仍然存在着（　　）。

　A. 确定性　　　B. 不确定性　　　C. 唯一性　　　D. 稳定性

6. （　　）可以完全改变你对某一个数据的看法，它能帮助你确定数据代表着什么以及如何解释数据。在确切了解了数据的含义之后，你的理解会帮你找出有趣的信息，从而带来有价值的可视化效果。

　A. 前景信息　　　B. 合计信息　　　C. 背景信息　　　D. 独特信息

7. 使用数据而不了解除数据本身之外的任何信息，就好比拿断章取义，将片段作为文章的主要论点引用一样。你必须首先了解（　　）、何时、何地以及何因，即元数据，或者说关于数据的数据，然后才能了解数据的本质是什么。

    ① 何人   ② 如何   ③ 何事   ④ 系统

    A. ①②④   B. ①③④   C. ②③④   D. ①②③

8. （　　）不仅是一种传递大量信息的有效途径，它还与大脑直接联系在一起，能触动情感，引起"化学反应"。它可能是传递信息最有效的方法之一。

    A. 可视化   B. 个性化   C. 现代化   D. 集中化

9. 通过（　　）与其他元素的融合，图形能够在几秒之内就把信息传达给我们。将信息可视化能有效地吸引人们的注意力。

    ① 时间   ② 颜色   ③ 布局   ④ 标记

    A. ①②④   B. ①③④   C. ②③④   D. ①②③

10. 人们在使用电子表格软件处理数据时会发现，要从填满数字的单元格中发现走势是很困难的。一般来说，我们在看一个（　　）的时候，更容易发现事物的走势。人们在制定决策的时候了解事物的走势至关重要。

    ① 折线图   ② 饼状图   ③ 条形图   ④ 锯齿图

    A. ①②④   B. ①③④   C. ②③④   D. ①②③

11. （　　）不仅可以容纳大量信息，还是一种便于理解的表现方式。在大数据领域里，它是可视化的表现方式。可视化是压缩知识的一种方式。

    A. 文字   B. 数字   C. 图片   D. 表格

12. 根据宾夕法尼亚大学医学院的研究人员估计，通常情况下，人类视网膜"视觉输入（信息）的速度（　　）"。

    A. 可以与以太网的传输速率相媲美   B. 远远落后于以太网的传输速率

    C. 远远快于以太网的传输速率   D. 很慢但很精确

13. 丹麦科普作家陶·诺瑞钱德证明了人们通过（　　）器官接收的信息比其他任何一种感官都多。

    A. 嗅觉   B. 触觉   C. 听觉   D. 视觉

14. 数据要具有实时性价值，但（　　）不是实时性必须满足的条件。

    A. 数据本身必须要有价值

    B. 必须有足够的存储空间和计算机处理能力来存储和分析数据

    C. 数据必须纯粹由数字和字符组成

    D. 必须要有一种巧妙的方法及时将数据可视化，而不用耗费几天或几周的时间

15. 数据实时可视化并不只是在网上不停地展示实时数据而已。将来我们不仅可以在计算机和手机上看通过可视化呈现的数据，还可以（　　），在移动中设想或理解这个物质世界。

    A. 手持 PAD 设备   B. 身着可穿戴设备   C. 带着 U 盘   D. 使用移动光盘

16. 数据可视化要根据数据的特性，找到合适的可视化方式，将数据直观地展现出来，以帮助人们理解数据，同时找出包含在海量数据中的规律或者信息。下列选项中（　　）不属于这样的可视化元素。

    A. 大字符集　　　　B. 图表　　　　　　C. 图　　　　　　　D. 地图

17. 数据可视化源于图形学等领域的相互促进和发展，是当前计算机科学的一个重要研究方向。但下列选项中（　　）不属于相关的起源领域。

    A. 人工智能　　　　B. 科学可视化　　　C. 二进制算法　　D. 用户界面

18. 数据可视化并不是为了（　　）。

    A. 帮助用户认知数据

    B. 帮助用户通过认知数据，发现这些数据所反映的实质

    C. 帮助用户通过认知数据，有新的发现

    D. 展示用户的已知数据之间的规律

19. 数据可视化可以帮助用户从大量的数据中找到关键的信息来进行详细的分析。但（　　）不是数据可视化的主要应用情况。

    A. 当存在相似的底层结构，相似的数据可以进行归类时

    B. 当用户处理自己非常熟悉的数据内容时

    C. 当用户对系统的认知有限，并且喜欢用具有可扩展性的认知方法时

    D. 当用户难以了解底层信息时

08 第8章　大数据预测分析

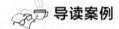 导读案例

葡萄酒的品质

奥利·阿申费尔特是普林斯顿大学的一位经济学家，他的日常工作就是琢磨数据。利用统计学，他从大量的数据资料中提取出了隐藏在数据中的信息。

奥利非常喜欢喝葡萄酒，他说："当上好的红葡萄酒有了一定的年份时，就会发生一些非常神奇的事情。"当然，奥利指的不仅仅是葡萄酒的口感，还有隐藏在好葡萄酒和一般葡萄酒背后的"力量"。

"每次你买到上好的红葡萄酒时，"他说，"其实就是在进行投资，因为这瓶酒以后很有可能会变得更好。而且你想知道的不是它现在值多少钱，而是将来值多少钱。即使你并不打算卖掉它，而是喝掉它。如果你想知道把从当前消费中得到的愉悦推迟，将来能从中得到多少愉悦，那么这将是一个永远也讨论不完的、吸引人的话题。"而这个话题奥利已研究了25年。

奥利身材高大，头发花白而浓密，为人友善，总是能成为人群中的主角。他曾费尽心思研究的一个问题是，如何通过数字评估波尔多葡萄酒的品质。与品酒专家通常所使用的"品咂并吐掉"的方法不同，奥利用数字指标来判断能拍出高价的酒所应该具有的品质特征。

"其实很简单，"他说，"酒是一种农产品，每年都会受到气候条件的强烈影响。"因此奥利采集了法国波尔多地区的气候数据加以研究，他发现如果收割季节干旱少雨且整个夏季的平均气温较高，该年份就容易生产出品质上乘的葡萄酒。正如彼得·帕塞尔在《纽约时报》中报告的那样，奥利给出的统计方程的计算数值与实际数据高度吻合。

当葡萄熟透、汁液高度浓缩时，产出的波尔多葡萄酒是最好的。夏季特别炎热的年份，葡萄很容易熟透，酸度就会降低。炎热少雨的年份，葡萄汁也会高度浓缩。因此，天气越炎热干燥，越容易生产出品质一流的葡萄酒。熟透的葡萄能生产出口感柔润（即低敏度）的葡萄酒，而汁液高度浓缩的葡萄能够生产出味道醇厚的葡萄酒。

奥利把这个葡萄酒的理论简化为下面的方程式：

$$葡萄酒的品质=12.145+0.001\ 17×冬天降雨量+0.061\ 4×葡萄生长期平均气温$$
$$-0.003\ 86×收获季节降雨量$$

把任何年份的气候数据代入这个式子，奥利都能够预测出葡萄酒的品质。如果把这个式子变得再稍微复杂、精巧一些，还能更精确地预测出 100 多个酒庄的葡萄酒品质。他承认"这看起来有点儿太数字化了"，"但这恰恰是法国人把他们的葡萄酒庄排成著名的 1 855 个等级时所使用的方法"。

然而，当时传统的品酒专家并未接受奥利利用数据预测葡萄酒品质的做法。英国的《葡萄酒》杂志认为，"这个公式显然是很可笑的，我们无法重视它。"纽约葡萄酒商人威廉·索科林认为，从波尔多葡萄酒产业的角度来看，奥利的做法"介于极端和滑稽可笑之间"。因此，奥利常常被业界人士取笑。当奥利在克里斯蒂拍卖行酒品部发表关于葡萄酒的演讲时，坐在后排的交易商嘘声一片。

发行过《葡萄爱好者》杂志的罗伯特·帕克大概是世界上最有影响力的以葡萄酒为题材的作家了。他把奥利形容为"一个彻头彻尾的骗子"，尽管奥利是世界上最受敬重的数量经济学家之一，但是他的方法对于帕克来说，"其实是在用原始人的思维来看待葡萄酒。这是非常荒谬甚至非常可笑的。"帕克完全否定了数学方程式有助于鉴别出口感真正好的葡萄酒，"如果他邀请我去他家喝酒，我会感到恶心。"帕克说奥利"就像某些影评人一样，根据演员和导演来告诉你电影有多好，实际上却从没看过那部电影"。

帕克的意思是，人们只有亲自去看过了一部影片，才能更精准地评价它，如果要将葡萄酒的品质评判得更准确，也应该亲自去品尝一下。但是有这样一个问题：在好几个月的时间里，人们是无法品尝到葡萄酒的。波尔多和勃艮第的葡萄酒在装瓶之前需要盛放在橡木桶里发酵 18～24 个月（葡萄酒窖藏如图 8-1 所示）。像帕克这样的品酒专家需要酒装在桶里 4 个月以后才能第一次品尝，在这个阶段，葡萄酒还只是臭臭的、发酵的葡萄而已。不知道此时这种无法下咽的"酒"是否能够使品尝者得出关于酒的品质的准确信息。例如，"巴特菲德拍卖行"酒品部的前任经理布鲁斯·凯泽曾经说过："发酵初期的葡萄酒变化非常快，没有人，我是说不可能有人，能够通过品尝来准确地评估酒的好坏。至少要放上 10 年，甚至更久。"

与之形成鲜明对比的是，奥利从对数字的分析中还能够得出气候与酒价之间的关系。他发现冬季降雨量每增加 1 毫米，酒价就有可能提高 0.001 17 美元。当然，这只是"有可能"而已。不过，通过对数据的分析，奥利可以预测葡萄酒的未来品质——这发生在品酒师有机会尝到第一口酒的数月之前，更是在葡萄酒卖出的数年之前。在葡萄酒期货交易活跃的今天，奥利的预测能够给葡萄酒收藏者带来极大的帮助。

图 8-1　葡萄酒窖藏

20 世纪 80 年代后期，奥利开始在半年刊的简报《流动资产》上发布他的预测数据。最初，他在《葡萄酒观察家》上给这个简报打小广告，随之有 600 多人开始订阅这个简报。这些订阅者的分布是很广泛的，包括很多百万富翁以及痴迷葡萄酒的人——这是一些可以接受计量方法的葡萄酒收藏者（葡萄酒收藏如图 8-2 所示）。与每年花 30 美元来订阅罗伯特·帕克的简报《葡萄酒爱好者》的 30 000 人相比，《流动资产》的订阅人数确实少得可怜。

20 世纪 90 年代初期，《纽约时报》在头版头条登出了奥利的最新预测数据，这使得更多人了解了他的思想。奥利公开批判了帕克对 1986 年波尔多葡萄酒的评价。帕克对 1986 年波尔多葡萄酒的评价是"品质一流，甚至非常出色"。但是奥利不这么认为，他认为由于生产期内过低的平均气温以及收获期内过多的雨水，这一年葡萄酒的品质注定平平。

当然，奥利对 1989 年波尔多葡萄酒的品质的预测才是这篇文章中真正让人吃惊的地方，尽管当时这些酒在木桶里仅仅放置了 3 个月，还从未被品酒师品尝过，奥利预测这些酒将成为"世纪佳酿"。他保证这些酒的品质将会是"令人震惊的一流"。根据他自己的评级，如果 1961 年的波尔多葡萄酒评级为 100，那么 1989 年的葡萄酒评级将会达到 149。奥利甚至大胆地预测，这些酒"能够卖出过去 35 年中所生产的葡萄酒的最高价"。

看到这篇文章，品酒专家非常生气。帕克把奥利的数量估计描述为"愚蠢可笑"。萨科林说当时的反应是"既愤怒又恐惧。他确实让很多人感到恐慌。"在接下来的几年中，《葡萄酒观察家》拒绝为奥利（以及其他人）的简报打任何广告。

品酒专家们开始辩解，极力指责奥利本人以及他所提出的方法。他们说他的方法是错的，因为这一方法无法准确地预测未来的酒价。例如，《葡萄酒观察家》的品酒经理托马斯·马休斯抱怨说，奥利对价格的预测，"在 27 种酒中只有 3 种完全准确"。即使奥利的公式"是为了与价格数据相符而特别设计的"，他所预测的价格却"要么高于，要么低于真实的价格"。然而，对于统计学家（以及对此稍加思考的人）来说，预测有时过高，有时过低是一件好事，因为这恰好说明估计量是无偏的。因此，帕克不得不常常降低自己最初的评级。

图 8-2　葡萄酒收藏

1990 年，奥利陷于更加孤立无援的境地。在宣称 1989 年的葡萄酒将成为 "世纪佳酿" 之后，数据告诉他 1990 年的葡萄酒将会更好，而且他也照实说了。现在回头再看，我们可以发现当时《流动资产》的预测惊人地准确。1989 年的葡萄酒确实是难得的佳酿，而 1990 年的也确实更好。

怎么可能在连续两年中生产出两种 "世纪佳酿" 呢？事实上，自 1986 年以来，每年葡萄生长期的气温都高于平均水平。法国的天气连续多年温暖和煦。对于葡萄酒爱好者们而言，这显然是生产柔润的波尔多葡萄酒的最适宜的时期。

传统的品酒专家们现在才开始更多地关注天气因素。尽管他们当中很多人从未公开承认奥利的预测，但他们自己的预测也开始越来越密切地与奥利那个简单的方程式联系在一起。此时奥利依然在维护自己的网站，但他不再制作简报。他说："和过去不同的是，品酒师们不再犯严重的错误了。坦率地说，我有点自绝前程，我不再有任何附加值了。"

指责奥利的人仍然把他的思想看作异端邪说，因为他试图把葡萄酒的世界看得更清楚。他从不使用华丽的辞藻和毫无意义的术语，而是直接说出预测的依据。

整个葡萄酒产业毫不妥协不仅仅是在做表面文章。"葡萄酒经销商及专栏作家只是不希望公众知道奥利所做出的预测。"凯泽说，"这一点从 1986 年的葡萄酒的评价就已经显现出来了。奥利说品酒师们的评级是骗人的，因为那一年的气候对于葡萄的生长来说非常不利，雨水泛滥，气温也不够高。但是当时所有的专栏作家都言辞激烈地坚持认为那一年的酒会是好酒。事实证明奥利是对的，但是正确的观点不一定总是受欢迎的。"

葡萄酒经销商和专栏作家们都能够从维持自己在葡萄酒品质方面的信息垄断者地位中受益。葡萄酒经销商利用长期高估的最初评级来稳定葡萄酒价格。《葡萄酒观察家》和《葡萄酒爱好者》能否保持葡萄酒品质的 "仲裁者" 地位，决定着上百万资金的 "生死"。很多人要谋生，就只能依赖于喝酒的人不相信这个方程式。

也有迹象表明事情正在发生变化。伦敦克里斯蒂拍卖行酒品部主席迈克尔·布罗德本特委婉地说："很多人认为奥利是个怪人，我也认为他在很多方面的确很怪。但是我发现，他的思想和工作会在多年后依然留下光辉的痕迹。他所做的努力对于打算买酒的人来说非常有帮助。"

阅读上文，请思考、分析并简单记录。

（1）请通过网络搜索，详细了解法国城市波尔多，了解其地理特点和波尔多葡萄酒，并就此做简单介绍。

答：_____

_____

_____

_____

（2）对葡萄酒品质的评价，传统方法的主要依据是什么？而奥利的预测方法是什么？

答：_____

_____

_____

_____

（3）虽然后来的事实肯定了奥利的葡萄酒品质预测方法，但这是否就意味着传统品酒师的职业就没有必要存在了？你认为传统方法和大数据方法之间的关系应该如何处理？

答：_____

_____

_____

_____

（4）请简单描述你所知道的上一周发生的国际、国内或者身边的大事。

答：_____

_____

_____

_____

8.1　预测分析

大数据分析结合了传统统计分析方法和计算分析方法。

在典型的传统批处理场景中，当整个数据集准备好时，通常采用从整体中抽样的方法。然而，出于理解流式数据的需求，大数据可以从批处理转换成实时处理。流式数据、数据集不停积累，并且以时间顺序排序。由于分析结果有存储期（保质期），流式数据强调及时处理。无论是识别向当前客户继续销售的机会，还是在工业环境中发觉异常情况后进行干预以保护设备或保证产品质量，时间都是至关重要的。

什么是预测分析

预测分析是一种用于确定未来结果的算法和技术,它可以用在结构化和非结构化数据中,用以预测、优化、预报和模拟等。作为大数据时代的核心内容,预测分析在社会中得到广泛应用。随着越来越多的数据被记录和整理,未来预测分析必定会成为所有领域的关键技术。

8.1.1 预测分析的作用

预测分析可帮助用户评审和权衡潜在决策的影响力,用来分析历史模式和概率,以预测未来业绩并采取预防措施。

1. 决策管理

决策管理是用来优化并自动化业务决策的一种卓有成效的成熟方法。它通过预测分析让组织能够在制定决策之前有所行动,以便预测哪些行动在将来最有可能获得成功,优化成果并解决特定的业务问题。

决策管理包括管理自动化决策设计和部署的各个方面,供组织管理其与客户、员工和供应商的交互。从本质上讲,决策管理使优化决策成为企业业务流程的一部分。由于闭环系统不断将有价值的反馈纳入决策制定过程中,因此,对于希望对变化的环境做出即时反应并最大化每个决策的组织来说,它是非常理想的方法。

当今世界,竞争的最大挑战之一是组织如何在决策制定过程中更好地利用数据。可用于企业以及由企业生成的数据非常多且以惊人的速度增长,而与此同时,基于此数据制定决策的时间却非常短,且有日益缩短的趋势。虽然业务经理可以利用大量报告和仪表板来监控业务环境,但是使用信息来指导业务流程和客户互动的关键步骤通常是手动的,因而不能及时响应变化的环境。希望获得竞争优势的组织必须寻找更好的方法。

决策管理使用决策流程框架来优化并自动化决策,通常专注于大批量决策并使用基于规则和基于分析模型的应用程序实现决策。对于传统上使用历史数据和静态数据作为业务决策基础的组织来说,这是一个突破性的进展。

2. 滚动预测

预测是指定期更新关于未来绩效的当前观点,以反映新的或变化中的信息。它是基于分析当前数据和历史数据来决定未来趋势的过程。为应对定时更新这一需求,许多公司逐步采用了滚动预测方法。

7×24 小时的业务运营影响造就了一个持续而又瞬息万变的环境,风险、波动和不确定性持续不断。并且,任何经济动荡都具有近乎实时的深远影响。毫无疑问,对这种变化感受最深的是 CFO(Chief Financial Officer,财务总监)和财务部门。虽然业务战略、产品定位、运营时间和产品线改进的决策可能在财务部门外部做出,但制定这些决策的基础是财务部门使用绩效报告和预测提供的关键数据与分析。具有前瞻性的财务部门意识到传统的战略预测不能完成这一任务,其正在迅速采用更加动态的、滚动的和基于驱动因子的方法。

在这种环境中，预测变为一个极其重要的管理过程。为了抓住正确的机遇，满足投资者的要求，以及在风险出现时对其进行识别，很关键的一点就是深入了解潜在的未来发展，管理不能再依赖于传统的管理工具。在应对过程中，越来越多的企业已经或者正准备从使用静态预测模型转型到使用一个基于滚动时间范围的预测模型。

采取滚动预测的企业往往有更高的预测精度、更快的循环时间、更好的业务参与度和更多明智的决策。滚动预测可以对业务绩效进行前瞻性预测，为未来计划周期提供基线，捕获变化带来的长期影响。与静态预测相比，滚动预测能够在觉察到业务决策制定的时间点得到定期更新，并减轻财务团队巨大的行政负担。

3. 预测与自适应管理

与过去稳定、持续变化的工业时代不同，现在是一个不可预测、非持续变化的数字时代。企业员工需要具备更有用的技能，创新的步伐将进一步加快，顾客将拥有更多的话语权。

为了应对这些变化，CFO 需要一个能让各级管理者快速做出明智决策的系统。他们必须将年度计划周期替换为更加常规的业务审核，通过滚动预测提供支持，让管理者能够看到趋势和模式，在竞争对手之前取得突破，在产品与市场方面做出更明智的决策。具体来说，CFO 需要通过持续计划周期进行管理，让滚动预测成为主要的管理手段，每天和每周报告关键指标。同时需要注意使用滚动预测改进短期可见性，并将预测作为管理手段，而不是度量方法。

大数据预测分析的行业应用举例如下。

（1）预测分析帮助制造业高效运营并更好地控制成本。一直以来，制造业面临的挑战是在生产优质商品的同时在每一个流程中优化资源。制造商已经制定了一系列成熟方法来控制质量、管理供应链和维护设备。如今，面对持续的成本控制工作，工厂管理人员、维护工程师和质量控制的监督执行人员都希望知道如何在维持质量标准的同时避免代价高昂的非计划停机时间或设备故障，以及如何控制维护、修理和大修业务的人力及库存成本。此外，财务和客户服务部门的管理人员，以及高级别的管理人员，与生产流程能否很好地交付成品息息相关。

（2）犯罪预测与预防，预测分析利用先进的分析技术营造安全的公共环境。为确保公共安全，执法人员一直主要依靠个人直觉和可用信息来完成任务。为了能够更加智慧地工作，许多警务组织正在充分合理地利用他们获得和存储的结构化数据（如犯罪和罪犯数据）和非结构化数据（如在沟通和监督过程中取得的影音资料）。通过汇总、分析这些庞大的数据，得出的信息不仅有助于执法人员了解过去发生的情况，还能够帮助执法人员预测将来可能发生的事件。

利用历史犯罪事件、档案资料、地图和类型学以及诱发因素（如天气）和触发事件（如放假或发薪日）等，警务人员可以做以下工作：确定暴力犯罪频繁发生的区域；将地区性或全国性犯罪团伙活动与本地事件进行匹配；剖析犯罪行为以发现相似点，将犯罪行为与有犯罪记录的罪犯挂钩；找出最可能诱发暴力犯罪的条件，预测将来可能发生犯罪活动的时间和地点；确定罪犯重新犯罪的可能性。

（3）预测分析帮助电信运营商更深入了解客户。受技术和法规要求的推动，以及基于互联网的通信运营商和模式的新型生态系统的出现，电信运营商要想获得新的价值来源，需要对业务模式做出根本性的转变，并且必须有能力将战略资产和客户关系与旨在抓住新市场机遇的创新相结合。预测和管理变革的能力将是未来电信运营商的关键能力。

8.1.2　数据具有内在预测性

大部分数据的堆积都不是为了预测，但预测分析系统能从庞大的数据中学到预测未来的能力，正如人们可以从自己的经历中汲取经验、教训那样。

最激动人心的不是数据的数量，而是其增长速度。我们会敬畏数据的庞大数量，今天的数据必然比昨天的多。但数量是相对的，而不是绝对的。数据的数量并不重要，重要的是其增长速度。

世上万物均有关联，这一点在数据中也有反映。

* 你的购买行为与你的消费历史、在线习惯、支付方式以及社会交往人群相关，能从这些因素中预测出消费者的行为。

* 你的身体健康状况和环境有关，因此能通过小区以及家庭规模等数据来预测你的健康状态。

* 你对工作的满意程度与你的工资水平、表现评定以及升职情况相关，而数据则能反映这些现实表现。

* 经济行为与人类情感相关，因此数据也能反映这种关系。

数据科学家通过预测分析系统不断地从数据中找到规律。如果将数据整合在一起，尽管你不知道自己将从这些数据里发现什么，但至少能通过观测解读数据来发现某些数据的内在联系。数据效应就是这么简单。

预测常常从小处入手。预测分析是从预测变量开始的，这是对单一值的评测。近期值就是一个常见的变量，它可表示某人最近一次购物、最近一次犯罪或最近一次发病到现在的时间，近期值越接近现在，观察对象再次采取行动的概率就越高。许多模型的应用（无论是试图建立联系、开展犯罪调查还是进行医疗诊断）都是从近期表现最积极的人群开始的。

与此相似，频率也是常见且富有成效的指标。如果有人此前经常做某事，那么他再次做这件事的概率就会很高。实际上，预测就是指根据人的过去行为来预见其未来行为。因此，预测分析模型不仅要靠那些枯燥的基本人口数据，例如住址、性别等，而且也要涵盖购买行为、经济行为以及使用电话和上网等产品的习惯之类的行为预测变量。这些行为通常是最有价值的，因为我们要预测的就是未来是否还会出现这些行为，这就是通过行为来预测行为的过程。正如哲学家萨特所言："人的自我由其行为决定。"

预测分析系统会综合考虑数十项，甚至数百项预测变量。你要把个人的全部已知数据都输入系统，然后等待系统运转。系统综合考虑这些数据的核心学习技术正是科学的"魔力"所在。

8.1.3 定量分析与定性分析

定量分析与定性分析都是数据分析技术。其中，定量分析专注于量化从数据中发现的模式和关联。基于统计实践，这项技术涉及分析大量从数据集中所得的观测结果。因为样本容量极大，定量分析的结果可以被推广，并且结果在整个数据集中都适用。定量分析结果是绝对数值型的，因此可以被用在数值比较上。例如，对于冰激凌销量的定量分析可能发现：温度上升 5 摄氏度，冰激凌销量提升 15%。

定性分析专注于用语言描述不同数据的质量。与定量分析相对比，定性分析涉及分析相对少而深入的样本。由于样本很少，分析结果不适用于整个数据集。它们也不能测量数值或用于数值比较。例如，冰激凌销量的定性分析可能揭示了 5 月销量不像 6 月一样高。分析结果仅仅说明了"不一样高"，而并未提供数值偏差。定性分析的结果是描述性的，即用语言对关系的描述，这个结果不适用于整个数据集。

8.2 统计分析

统计分析以数学公式为手段来分析数据。统计方法大多是定量的，但也可以是定性的。统计分析通常通过概述来描述数据集，例如提供与数据集相关的统计数据的平均值、中位数或众数。它也可以被用于推断数据集中的模式和关系。

统计分析

8.2.1 A/B 测试

A/B 测试又称分割测试或木桶测试，它是指在网站优化的过程中，同时提供多个版本（如版本 A 和版本 B，如图 8-3 所示），并对各自的好评程度进行测试的方法。每个版本中的页面内容、设计、布局、文案等要素有所不同，通过对比实际的点击量和转化率，可以判断哪一个更加优秀。

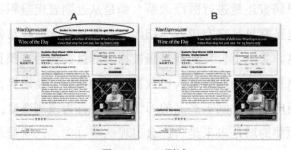

图 8-3　A/B 测试

A/B 测试根据预先定义的标准，比较一个元素的两个版本以确定哪个版本更好。这个元素可以有多种类型，它可以是具体内容（例如网页），也可以是提供的产品或者服务（例如电子产品的交易）。现有版本为控制版本，改良的版本为处理版本。对两个版本同时进行一项实验，记录观察结果来确定哪个版本更优秀。

A/B 测试几乎适用于任何领域，它最常被用于市场营销。通常，其目的是用增加销量的目标来测量人类行为。例如，为了确定 A 公司网站上冰激凌广告可能的最好布局，使用两个不同版本的广告，其中版本 A（控制版本）是现存的广告，版本 B（处理版本）的布局被做了轻微的调整，然后将两个版本同时呈献给不同的用户：版本 A 给 A 组用户和版本 B 给 B 组用户。结果分析揭示了相比于版本 A 的广告，版本 B 的广告促进了更多的销量。

在其他领域，如科学领域，其目的可能仅仅是观察哪个版本运行得更好，用来优化流程或产品。A/B 测试适用的样例问题可以为：

- 新版药物比旧版药物更好吗？
- 用户会对邮件或电子邮件发送的广告有更好的反响吗？
- 网站新设计的首页会产生更多的用户流量吗？

虽然都是大数据，但传感器数据和 SNS（Social Network Service，社交网络服务）数据在各自的获取方法与分析方法上是有所区别的。SNS 数据需要从用户发布的庞大文本数据中提炼出，并通过文本挖掘和语义检索等技术，由机器对用户要表达的意图进行自动分析。

在支撑大数据的技术中，虽然 Hadoop、关系数据库等基础技术是不容忽视的，但即便这些技术对提高处理的速度做出了很大的贡献，仅靠其本身并不能产生商业上的价值。从在商业上利用大数据的角度来看，像自然语言处理、语义技术、统计分析等，能够从个别数据中总结出有用信息的技术也需要被重视起来。

8.2.2　相关性分析

相关性分析是一种用来确定两个变量之间是否互相有关系的技术。如果发现它们之间有关系，下一步是确定它们之间有什么关系。例如，变量 B 无论何时增长，变量 A 都会增长，更进一步，我们可能会探究变量 A 与变量 B 之间的关系到底如何，这就意味着我们想分析变量 A 增长与变量 B 增长的相关程度。

相关性分析可以帮助人们形成对数据的理解，并且发现可以解释某个现象的关联事物。因此相关性分析常被用来做数据挖掘，也就是通过识别数据中变量之间的关系来发现模式和异常。这样可以揭示数据的本质或现象发生的原因。

当两个变量被认为有关时，基于线性关系，它们保持一致。这就意味着当一个变量改变时，另一个变量也会恒定地成比例改变。相关性用一个-1 到+1 之间的十进制数来表示，它也被称为相关系数。当数字从-1 到 0 或从+1 到 0 改变时，关系程度由强变弱。

图 8-4 描述了相关系数为+1 时的相关性，表明两个变量之间呈正相关关系。

图 8-5 描述了相关系数为 0 时的相关性，表明两个变量之间没有关系。

图 8-6 描述了相关系数为-1 时的相关性，表明两个变量之间呈负相关关系。

例如，销售经理认为冰激凌商店需要在天气热的时候存储更多的冰激凌，但是不知道要多存多少。为了确定天气与冰激凌销量之间是否存在关系，分析师首先对出售的冰激凌数量和温度记录用了相关性分析，得出的值为+0.75，表明两者之间确实存在正相关关系，这种关系表明当温度升高，冰激凌卖得更好。

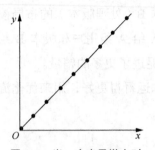
图 8-4　当一个变量增大时，另一个也增大

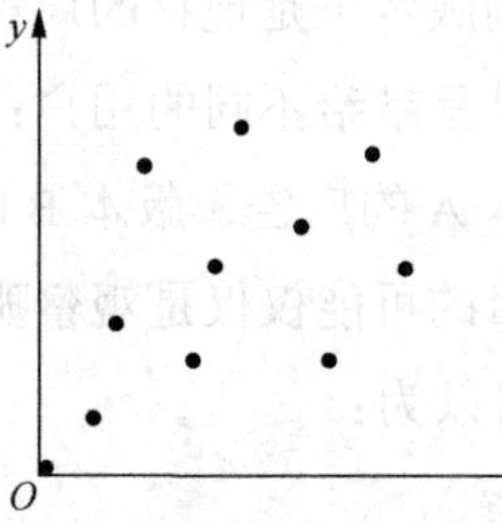

图 8-5　当一个变量增大时，另一个保持不变或者无规律地增大或减小

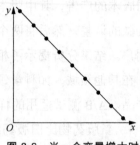
图 8-6　当一个变量增大时，另一个减小

相关性分析适用的样例问题可以为：

- 离大海的距离远近会影响一个城市的温度高低吗？
- 在小学表现好的学生在高中也会同样表现很好吗？
- 肥胖症与过度饮食有怎样的关联？

8.2.3　回归性分析

回归性分析技术旨在探寻在一个数据集内一个因变量与自变量之间的关系。在一个示例场景中，回归性分析可以帮助确定温度（自变量）与作物产量（因变量）之间存在的关系类型。可利用此项技术帮助确定自变量变化时，因变量的值如何变化。例如，当自变量增大时，因变量是否会增大？如果是，增大是线性的还是非线性的？

例如，为了决定冰激凌商店要多备多少库存，分析师通过插入温度值来进行回归性分析。将基于天气预报的值作为自变量，将冰激凌销量作为因变量。分析师发现温度每上升 5 摄氏度，就需要 15%的附加库存。

多个自变量可以同时被测试。然而，在这种情况下，只有一个自变量可能改变，其他的保持不变。回归性分析可以帮助人们更好地理解一个现象是什么以及现象是怎么发生的。它也可以用来预测因变量的值。

如图 8-7 所示，线性回归表示一个恒定的变化速率。

如图 8-8 所示，非线性回归表示一个可变的变化速率。

其中，回归性分析适用的样例问题可以为：

- 一个离海 250 千米的城市的温度会是怎样的？

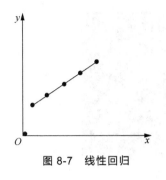

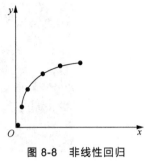

图 8-7　线性回归　　　　　图 8-8　非线性回归

- 基于小学成绩，一名学生的高中成绩会是怎样的？
- 基于食物的摄入量，一个人肥胖的概率是怎样的？

回归性分析与相关性分析相互联系，而又有区别。有相关性并不意味着有因果关系。一个变量的变化可能并不是另一个变量变化的原因，虽然两者可能同时变化。这种情况的发生可能是由于未知的第三变量，也被称为混杂因子。相关性分析假设两个变量是独立的。

然而，回归性分析适用于之前已经被识别作为自变量和因变量的变量，并且意味着变量之间有一定程度的因果关系，这种因果关系可能是直接或间接的因果关系。在大数据分析中，相关性分析可以首先让用户发现关系的存在。回归性分析可以用于进一步探索关系且基于自变量的值来预测因变量的值。

8.3　数据挖掘

数据挖掘也叫数据发现，它是一种针对大型数据集的数据分析的特殊形式。数据挖掘通常指的是自动的、基于软件技术的、筛选海量数据来识别模式和趋势的技术。特别是为了识别未知的模式，数据挖掘涉及提取数据中的隐藏或未知模式。数据挖掘是预测分析和商务智能的基础。

链接挖掘是对 SNS、网页之间的链接结构、邮件的收发件关系、论文的引用关系等各种网络中的相关关系进行分析的一种挖掘技术。特别是最近，这种技术被应用在 SNS 中，如"你可能认识的人"推荐功能，以及用于找到影响力较大的风云人物。

六度理论是指你和任何一个陌生人之间所间隔的人不会超过 6 个，也就是说，最多通过 6 个人，你就能够认识任何一个陌生人。依据六度理论，SNS 采用分布式技术（见图 8-9）构建基于个人的网络软件。SNS 统筹安排分散在个人设备上的 CPU、硬盘、带宽，并赋予这些相对服务器来说很渺小的设备以更强大的能力，包括计算速度、通信速度、存储空间。

在互联网中，PC（Personal Computer，个人计算机）、智能手机都没有强大的计算能力及丰富的带宽资源，它们依靠网络服务器才能浏览、发布信息。如果将每个设备的计算能力及带宽资源进行重新分配与共享，这些设备就有可能具备比服务器更为强大的能力。这就是分布计算理论诞生的根源，是 SNS 技术诞生的理论基础。

图 8-9 SNS

8.4 大数据分析的生命周期

大数据分析
生命周期

大数据改变了商业分析的途径。大数据分析的生命周期从大数据项目商业案例评估开始，到保证分析结果部署在组织中并最大化地创造价值时结束。数据标识、获取、过滤、提取、验证、清理、聚合和表示，都是在数据分析之前所必需的准备。生命周期的实现需要让组织内培养或者雇用具有相关能力的人。

由于被处理数据的数量、速度和种类所具备的特点，决定着大数据分析不同于传统的数据分析。为了实现大数据分析需求的多样性，我们需要一步步地使用采集、处理、分析和重用数据等方法。通过大数据分析的生命周期可以组织和管理与大数据分析相关的任务和活动。从数据的采用和规划的角度来看，除了生命周期以外，还必须考虑数据分析团队的培训、教育、工具和人员配备等。

大数据分析的生命周期可以分为 9 个阶段（见图 8-10）。

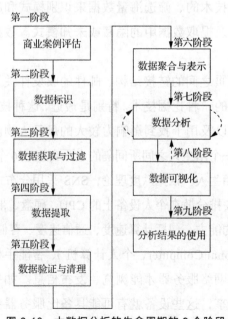

图 8-10 大数据分析的生命周期的 9 个阶段

8.4.1　商业案例评估

每一个大数据分析的生命周期都必须起始于一个被很好定义的商业案例，这个商业案例有着清晰的执行评估的理由、动机和目标。在商业案例评估阶段中，应该在着手分析任务之前创建、评估和改进商业案例。

大数据分析的生命周期中商业案例评估能够帮助决策者了解需要使用哪些商业资源、需要面临哪些挑战。另外，在这个阶段中深入区分关键绩效指标能够更好地明确分析结果的评估标准和评估路线。如果关键绩效指标不容易获取，则需要努力使分析项目变得 SMART，即 Specific（具体的）、Measurable（可衡量的）、Attainable（可实现的）、Relevant（相关的）和 Timely（及时的）。

基于商业案例中记录的商业需求，我们可以确定定位的商业问题是否是真正的大数据问题。为此，这个商业问题必须具有一个或多个大数据的特点，这些特点主要包括数据量大、周转迅速、种类众多。

同样还要注意的是，本阶段的另一个任务是确定分析项目的基本预算。任何如工具、硬件等需要购买的物品都要提前确定以保证我们可以对预期投入和最终实现目标所产生的收益进行衡量。比起能够反复使用前期投入的后期迭代，大数据分析的生命周期初始迭代需要更多在大数据技术、产品和训练上的前期投入。

8.4.2　数据标识

数据标识阶段的主要任务是标识分析项目所需要的数据集和所需的资源。

标识种类众多的数据资源可能会提高找到隐藏模式和相关关系的可能性。例如，为了实现洞察能力，尽可能多地标识出各种类型的相关数据资源非常有用，尤其是当我们探索的目标并不是那么明确的时候。

由于分析项目的业务范围和正在解决的业务问题的性质不同，所需要的数据集和它们的源可能是企业内部和/或企业外部的。在内部数据集的情况下，像是数据市场和操作系统等一系列可供使用的内部资源数据集往往靠预定义的数据集规范来进行收集和匹配。在外部数据集的情况下，像是数据市场和公开可用的一系列可能的第三方数据提供者的数据集会被收集。一些外部数据则会被内嵌到博客和一些基于内容的网站中，这些数据需要通过自动化工具来获取。

8.4.3　数据获取与过滤

在数据获取与过滤阶段，前一阶段标识的数据已经从所有的数据资源中获取到。这些数据接下来会被归类并进行自动过滤，以去除掉所有被"污染"的数据和对分析对象毫无价值的数据。

由于数据集的类型不同，数据可能会是档案文件，如从第三方数据提供者处购入的数据；

可能是需要 API 集成的数据，像是推特上的数据。在许多情况下，我们得到的数据常常是并不相关的数据，特别是外部的非结构化数据，这些数据会在过滤程序中被丢弃。

被定义为"坏"数据的数据，包括缺失值、毫无意义的值或是无效数据类型的数据。但是，被一种分析过程过滤掉的数据还有可能对于另一种不同类型的分析过程具有价值。因此，在执行过滤之前存储一份原文副本是一个不错的选择。为了节省存储空间，我们可以对原文副本进行压缩。

内部数据或外部数据在生成或进入企业后都需要保存。为了满足批处理分析的要求，数据必须在分析之前存储在磁盘中。而在实时分析时，数据需要先进行分析，然后存储在磁盘中。

元数据会通过自动化操作添加到来自内部和外部的数据资源中来改善分类和查询（见图 8-11）。扩充的元数据主要包括数据集的大小和结构、资源信息、日期、创建或收集的时间、特定语言的信息等。确保元数据能够被机器读取并传送到大数据分析的下一个阶段是至关重要的，这样能够帮助我们在大数据分析的生命周期中保留数据的起源信息，保证数据的精确性和高质量。

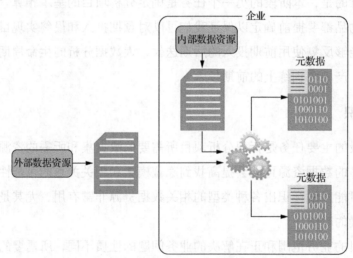

图 8-11　元数据添加到内部和外部的数据资源中

8.4.4　数据提取

为分析而输入的一些数据可能会与大数据解决方案产生格式上的不兼容，这样的数据往往来自外部资源。数据提取阶段的主要任务是要提取不同的数据，并将其转换为大数据解决方案中可用于数据分析的格式的数据。

需要提取和转换的程度取决于分析的类型和大数据解决方案的能力。例如，如果相关的大数据解决方案已经能够直接加工文件，那么从有限的文本数据（如网络服务器日志文件）中提取需要的域，可能就不必要了。类似地，如果大数据解决方案可以直接以本地格式读取文件，对于需要总览整个文件的文本分析而言，文本的提取过程就会简化许多。

图 8-12 显示了从没有更多转换需求的 XML 文件中对注释和用户编号的提取。

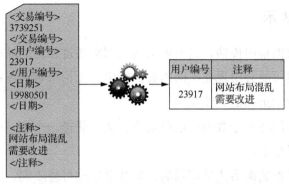

图 8-12　从 XML 文件中提取注释和用户编号

图 8-13 显示了从单个 JSON 文件中提取用户编号和经纬度。为了满足大数据解决方案的需求，我们想将数据分为两个不同的域，这时就需要做进一步的数据转换。

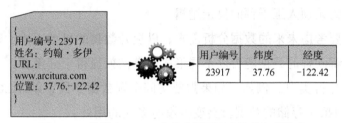

图 8-13　从单个 JSON 文件中提取用户编号和经纬度

8.4.5　数据验证与清理

无效数据会歪曲和伪造分析的结果。与传统的那种数据结构被提前定义好、数据也被提前校验的方式不同，大数据分析的数据输入方式往往没有任何的参考和验证来进行结构化操作，其复杂性会进一步使数据集的验证变得困难。

数据验证与清理是为了整合验证规则并移除已知的无效数据。大数据经常会从不同的数据集中接收到冗余的数据。这些冗余数据往往会为了整合验证字段、填充无效数据而被用来探索有联系的数据集。数据验证会被用来检验具有内在联系的数据集，填充遗失的有效数据。

对于批处理分析，数据验证与清理可以通过离线 ETL（抽取、转换、加载）来执行。对于实时分析，则需要一个更加复杂的在内存中的系统来对从资源中得到的数据进行处理。在确认问题数据的准确性和质量时，来源信息往往扮演着十分重要的角色。有的时候，看起来无效的数据可能在其他隐藏模式和趋势中具有价值，在新的模式中可能有意义（见图 8-14）。

图 8-14　无效数据的存在造成的峰值

8.4.6 数据聚合与表示

数据可以在多个数据集中传播，这要求这些数据集通过相同的域被连接在一起。在其他情况下，相同的数据域可能会出现在不同的数据集中。无论哪种情况都需要对数据进行核对的方法或者需要确定表示正确值的数据集。

数据聚合与表示专门将多个数据集进行聚合，从而获得一个统一的视图。这个阶段会因为以下两种情况而变得复杂。

（1）数据结构。尽管数据格式是相同的，但数据结构可能不同。

（2）语义。在两个不同的数据集中具有不同标记的值可能表示同样的内容，例如"姓"和"姓氏"。

大数据解决方案能够使数据聚合变成一个时间和劳动密集型的操作。调和数据差异需要的是可以自动执行的无须人工干预的复杂逻辑。

在此阶段，需要考虑未来的数据分析需求，以提升数据的可重用性。确定是否需要对数据进行聚合，则了解同样的数据能否以不同形式来存储就显得十分重要。一种形式可能比另一种更适合特定的分析类型。例如，如果需要访问个别数据字段，以 BLOB（Binary Large Object，二进制大对象）存储的数据就会变得没有多大的用处。

由大数据解决方案进行标准化的数据结构可以作为一个标准的共同特征被用于一系列的分析技术和项目。这可能需要建立一个像非结构化数据库一样的中央标准分析仓库（例如使用 ID 域聚集两个数据集，如图 8-15 所示）。

图 8-16 展示了用两种格式存储的相同数据块。数据集 A 包含所需的数据块，但是由于它是 BLOB 的一部分而不容易访问。数据集 B 包含相同的以列为基础来存储的数据块，使得每个字段都能被单独查询到。

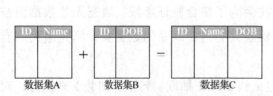

图 8-15　使用 ID 域聚集两个数据集的简单例子

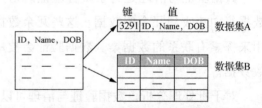

图 8-16　数据集 A 和数据集 B 能通过大数据解决方案结合起来创建一个标准化的数据结构

8.4.7 数据分析

数据分析阶段致力于执行实际的分析任务，通常会涉及一种或多种类型的数据分析。在这个阶段，数据可以自然迭代，尤其是在数据分析为探索性分析的情况下，分析过程会一直重复，直到适当的模式或者相关性被发现。

根据所需分析结果的类型，这个阶段可以被尽可能地简化为查询数据集以实现用于比较的聚合。另外，它可以像结合数据挖掘和复杂统计分析技术来发现各种模式和异常，生成一个统计模型或是数学模型来描述变量关系一样具有挑战性。

数据分析可以分为验证性数据分析和探索性数据分析两类,后者常常与数据挖掘相联系。

验证性数据分析是一种演绎方法,即先提出被调查现象的原因,这种被提出的原因或者假说称为假设。接下来使用数据分析以验证或反驳假设,并为具体的问题提供明确的答案。我们常常会使用数据采样技术,意料之外的发现或异常经常会被忽略,因为预定的原因是假设。

探索性数据分析是一种与数据挖掘紧密结合的归纳法。在探索性数据分析过程中没有假想的或是预定的假设产生,而是通过分析探索来发展一种对于现象起因的理解。尽管它可能无法提供明确的答案,但这种方法会提供一个大致的方向以便人们发现模式或异常。

8.4.8　数据可视化

如果只有分析师才能解释数据分析结果,那么分析海量数据并发现有用的见解的能力就没有什么价值了。

数据可视化阶段致力于使用数据可视化技术和工具,并通过图形表示有效的分析结果。为了从分析中获取价值并在随后拥有从第八阶段(数据可视化)向第七阶段(数据分析)提供反馈的能力,用户必须充分理解数据分析的结果。

数据可视化的结果能够为用户提供执行可视化分析的能力,这样能够让用户发现一些未曾预估到的问题的答案。相同的结果可能会以许多不同的方式来呈现,这样会影响最终结果的解释。因此,重要的是保证在相应环境中使用最合适的可视化技术。

必须要记住的是:为了让用户了解最终的积累或者汇总结果是如何产生的,提供一种相对简单的统计方法也是至关重要的。

8.4.9　分析结果的使用

大数据分析的结果可以用来为商业使用者提供商业决策支持,像是使用图表之类的工具,可以为使用者提供更多使用分析结果的机会。在分析结果的使用阶段,致力于确定如何以及在哪里分析数据能保证产出更大的价值。

基于要解决的问题本身的性质,分析结果很有可能会产生对被分析的数据内部一些模式和关系有着新的看法的"模型"。这个模型可能看起来会比较像一些数据公式和规则的集合。它可以用来改进商业进程的逻辑和应用系统的逻辑,也可以作为新的系统或者软件的基础。

在这个阶段常常会被探索的领域主要有以下几种。

(1)企业系统的输入。数据分析的结果可以自动或者手动地输入企业系统中,用来改进系统的行为模式。例如,在线商店可以通过处理用户关系分析结果来改进产品推荐方式。新的模型可以在现有的企业系统或是在新系统的基础上改善操作逻辑。

(2)商务进程优化。在数据分析过程中识别出的模式、关系和异常能够用来改善商务进程。模型也有机会能够改善商务进程。

（3）警报。数据分析的结果可以作为现有警报的输入或者新警报的基础。

【习题】

1. 预测分析是一种（   ）解决方案，它可在结构化和非结构化数据中使用以确定未来结果的算法和技术，用以预测、优化、预报和模拟等。

    A. 存储和计算   B. 统计或数据挖掘

    C. 数值计算和分析   D. 数值分析和计算处理

2. 预测分析可帮助用户评审和权衡（   ）的影响力，用来分析历史模式和概率，以预测未来业绩并采取预防措施。

    A. 资源运用   B. 潜在风险   C. 经济价值   D. 潜在决策

3. （   ）不是预测分析的主要作用。

    A. 决策管理   B. 滚动预测   C. 成本计算   D. 自适应管理

4. 大部分数据的堆积都不是为了（   ），但分析系统能从庞大的数据中学到预测未来的能力，正如人们可以从自己的经历中汲取经验、教训那样。

    A. 预测   B. 计算   C. 处理   D. 存储

5. 如果将数据整合在一起，尽管你不知道自己将从这些数据里发现什么，但至少能通过观测解读数据来发现某些（   ），这就是数据效应。

    A. 外在联系   B. 内在联系   C. 逻辑联系   D. 物理联系

6. 预测分析模型不仅要靠基本人口数据，例如住址、性别等，而且要涵盖购买行为、经济行为以及使用电话和上网等产品的习惯之类的（   ）变量。

    A. 行为预测   B. 生活预测   C. 经济预测   D. 动作预测

7. 定量分析专注于量化从数据中发现的模式和关联，这项技术涉及分析大量从数据集中所得的观测结果，其结果是（   ）的。

    A. 相对字符型   B. 相对数值型   C. 绝对字符型   D. 绝对数值型

8. 定性分析专注于用（   ）描述不同数据的质量。与定量分析相对比，定性分析涉及分析相对少而深入的样本，分析结果不适用于整个数据集中，也不能测量数值或用于数值比较。

    A. 数字   B. 符号   C. 语言   D. 字符

9. 数据挖掘通常指的是（   ），它涉及提取数据中的隐藏或未知模式。

    A. 自动的、基于软件技术的、筛选海量数据来识别模式和趋势的技术

    B. 手动的、基于统计算法来计算分析的技术

C.　自动的、基于随机小样本分析、筛选批量数据来识别趋势的技术

D.　基于手动方式、发挥计算者智慧的识别模式和趋势的技术

10.　A/B 测试是指在网站优化的过程中，根据预先定义的标准，提供（　　）并对其好评程度进行测试的方法。

A.　一个版本　　　B.　多个版本　　　C.　一个或多个版本　　D.　单个测试样本

11.　（　　）不属于 A/B 测试适用的样例问题。

A.　新版药物比旧版药物更好吗

B.　用户会对邮件或电子邮件发送的广告有更好的反响吗

C.　这项研究有较好的经济价值和社会效应吗

D.　网站新设计的首页会产生更多的用户流量吗

12.　相关性分析是一种用来确定（　　）的技术。如果发现它们之间有关系，下一步是确定它们之间有什么关系。

A.　两个变量之间是否相互独立　　　B.　两个变量之间是否互相有关系

C.　多个数据集之间是否相互独立　　　D.　多个数据集之间是否互相有关系

13.　回归性分析技术旨在探寻在一个数据集内一个（　　）有着怎样的关系。

A.　外部变量和内部变量　　　B.　小数据变量和大数据变量

C.　组织变量和社会变量　　　D.　因变量与自变量

14.　在大数据分析中，（　　）分析可以首先让用户发现关系的存在，（　　）分析可以用于进一步探索关系且基于自变量的值来预测因变量的值。

A.　相关性　回归性　　　B.　回归性　相关性

C.　相关性　复杂性　　　D.　复杂性　回归性

15.　SNS（社交网络服务）是一个依据（　　），采用（　　）构建的下一代基于个人的网络软件。

A.　计算理论　电子技术　　　B.　六度理论　点对点技术

C.　AI 理论　通信技术　　　D.　工程理论　OA 技术

16.　大数据分析的生命周期从大数据项目商业案例的评估开始，到保证分析结果部署在组织中并最大化地创造了价值时结束。数据（　　），都是在数据分析之前所必需的准备。

A.　标识、获取、过滤、提取、验证、清理、聚合和表示

B.　输出、计算、过滤、提取、清理和聚合

C.　统计、计算、过滤、存储、清理和聚合

D.　存储、提取、统计、计算、分析和输出

17.　每一个大数据分析的生命周期都必须起始于一个被很好定义的（　　），它应该在着手分析任务之前被创建、评估和改进，并且有着清晰的执行评估的理由、动机和目标。

A.　商业计划　　　B.　社会目标　　　C.　盈利方针　　　D.　商业案例

18. 在商业案例评估阶段，如果关键绩效指标不容易获取，则需要努力使分析项目变得SMART，即（   ）。

    A. 实际的、大胆的、有价值的、可分析的

    B. 有风险的、有机会的、能实现的和有价值的

    C. 具体的、可衡量的、可实现的、相关的和及时的

    D. 有理想的、有价值的、有前途的和能实现的

19. 大数据分析的生命周期可以分为 9 个阶段，但（   ）不是其中的阶段之一。

    A. 商业案例评估　B. 数值计算　　　C. 数据获取与过滤　D. 数据提取

20. 大数据分析的结果可以用来为商业使用者提供商业决策支持，为使用者提供更多使用分析结果的机会。在分析结果的使用阶段，致力于确定（   ）分析数据能保证产出更大的价值。

    A. 如何以及在哪里　　　　　　　B. 怎样以及什么时候

    C. 是否以及怎样　　　　　　　　D. 如何输出以及存储

09 第9章 大数据处理与存储

导读案例

什么是开源？

"开源"这个词，指的是事物规划为可以公开访问的，因此人们可以修改并分享（见图 9-1）。这个词最初起源于软件开发中，指的是一种开发软件的特殊形式。但到了今天，"开源"已经泛指一组概念，称为"开源的方式"，其概念包括开源项目、产品，或是自发倡导并欢迎开放变化、协作参与、快速原型、公开透明、精英机制以及面向社区开发的原则。

图 9-1 开源

有些软件只有创建它的人、团队、组织才能修改，并且控制维护工作。人们称这种软件是"专有"或"闭源"软件。

专有软件只有原作者可以合法地复制、审查，以及修改。为了使用专有软件，计算机用户必须同意（通常是在软件第一次运行的时候签署一份显示的许可）他们不会对软件做软件作者没有表态允许的事情。Microsoft Office 和 Adobe Photoshop 就是专有软件的例子。

开源软件不一样。它的作者让源代码对其他人开放，需要的人都可以查看、复制、学习、修改或分享。LibreOffice 和 GIMP 是开源软件的例子。

通常，程序员可以通过修改代码来改变一个软件（"程序"或"应用"）工作的方式。程序员如果可以接触到计算机程序源代码，就可以通过添加功能或修复问题来改进这个软件。

就像专有软件那样，用户在使用开源软件时必须接受一份许可证的条款——但开源许可的法律条款和专有软件的许可截然不同。

开源许可证影响人们使用、学习、修改以及分享的方式。总的来说，开源许可证赋予计算机用户按他们想要的目的来使用开源软件的许可。一些开源许可证规定任何发布了修改过的开源软件的人，同时还要一同发布它的源代码。此外，另一些开源许可规定任何修改和分享一个程序给其他人的人，还要分享这个程序的源代码，而且不能收取许可费用。

开源软件许可证有意地提升了协作和分享，因为它们允许其他人对代码做出修改并将改动包含到他们自己的项目中。开源许可证鼓励开发者随时访问、查看、修改开源软件，前提是开发者在分享成果的时候允许其他人也能够做相同的事情。开源技术和开源思想对开发者和非开发者都有益。

人们相对于专有软件更倾向于开源软件有很多原因，如下所示。

（1）可控。很多人青睐开源软件是因为相对其他类型软件，他们可以拥有更多的可控性。他们可以检查代码来保证它没有做任何不希望它做的事情，并且可以改变不喜欢的部分。不是开发者的用户也可以从开源软件获益，因为他们可以以任何目的使用开源软件——而不仅仅是某些人认为他们应该有的目的。

（2）训练。其他人喜欢开源软件是因为它可以帮助他们成为更好的开发者。因为开源代码可以公开访问，学生可以在创建更好的软件时轻松地从中学习。学生还可以在提升技能的时候分享他们的成果给别人，获得评价。当人们发现程序源代码中的错误的时候，可以将这个错误分享给其他人，帮助他们避免犯同样的错误。

（3）安全。一些人倾向开源软件是因为他们认为它比专有软件更安全和稳定。因为任何人都可以查看和修改开源软件，就会有人可能注意到并修正原作者遗漏的错误或疏忽。并且因为这么多的开发者可以在同一开源软件上工作，而不用事先联系获取原作者的授权，相比专有软件，他们可以更快速地修复、更新和升级开源软件。

（4）稳定。许多用户在重要、长期的项目中相较专有软件更加青睐开源软件。因为开发者公开分享开源软件的源代码，如果最初的开发者停止开发了，关键任务依赖该软件的用户可以确保他们的工具不会消失，或是陷入无法修复的状态。另外，开源软件趋向于同时包含和按照开放标准进行操作。

资料来源：Linux 中国。

阅读上文，请思考、分析并简单记录。

（1）请简单阐述什么是"开源"方式。

答：＿＿＿＿＿＿＿＿＿＿＿＿＿＿＿＿＿＿＿＿＿＿＿＿＿＿＿

＿＿＿＿＿＿＿＿＿＿＿＿＿＿＿＿＿＿＿＿＿＿＿＿＿＿＿＿＿＿＿

＿＿＿＿＿＿＿＿＿＿＿＿＿＿＿＿＿＿＿＿＿＿＿＿＿＿＿＿＿＿＿

＿＿＿＿＿＿＿＿＿＿＿＿＿＿＿＿＿＿＿＿＿＿＿＿＿＿＿＿＿＿＿

（2）请简单描述什么是"开源许可证"。

答：＿＿＿＿＿＿＿＿＿＿＿＿＿＿＿＿＿＿＿＿＿＿＿＿＿＿＿

＿＿＿＿＿＿＿＿＿＿＿＿＿＿＿＿＿＿＿＿＿＿＿＿＿＿＿＿＿＿＿

＿＿＿＿＿＿＿＿＿＿＿＿＿＿＿＿＿＿＿＿＿＿＿＿＿＿＿＿＿＿＿

＿＿＿＿＿＿＿＿＿＿＿＿＿＿＿＿＿＿＿＿＿＿＿＿＿＿＿＿＿＿＿

（3）请简单阐述为什么"相对于专有软件，人们更倾向于开源软件"。

答：＿＿＿＿＿＿＿＿＿＿＿＿＿＿＿＿＿＿＿＿＿＿＿＿＿＿＿

＿＿＿＿＿＿＿＿＿＿＿＿＿＿＿＿＿＿＿＿＿＿＿＿＿＿＿＿＿＿＿

＿＿＿＿＿＿＿＿＿＿＿＿＿＿＿＿＿＿＿＿＿＿＿＿＿＿＿＿＿＿＿

＿＿＿＿＿＿＿＿＿＿＿＿＿＿＿＿＿＿＿＿＿＿＿＿＿＿＿＿＿＿＿

（4）请简单描述你所知道的上一周发生的国际、国内或者身边的大事。

答：＿＿＿＿＿＿＿＿＿＿＿＿＿＿＿＿＿＿＿＿＿＿＿＿＿＿＿

＿＿＿＿＿＿＿＿＿＿＿＿＿＿＿＿＿＿＿＿＿＿＿＿＿＿＿＿＿＿＿

＿＿＿＿＿＿＿＿＿＿＿＿＿＿＿＿＿＿＿＿＿＿＿＿＿＿＿＿＿＿＿

＿＿＿＿＿＿＿＿＿＿＿＿＿＿＿＿＿＿＿＿＿＿＿＿＿＿＿＿＿＿＿

9.1 开源技术商业支援

在大数据生态系统中，基础设施主要负责数据存储以及处理海量数据。人类和计算机系统通过使用应用程序，可以从数据中获知关键信息。人们使用应用程序使数据可视化，并由此做出更好的决策；而计算机则使用应用系统将广告投放给合适的人群，或者监测信用卡欺诈行为。

开源技术商业支援

最初，IBM、甲骨文以及其他公司都将其拥有的大型关系数据库商业化。关系数据库使数据存储在自定义表中，再通过一个密码进行访问。例如，雇员可以通过雇员编号认定，然后该编号就会与包含该雇员信息的其他字段相联系——名字、地址、雇用日期及职位等。这样的结构化数据库在公司不得不解决大量的非结构化数据之前还是适用的。例如企业网络必须处理海量网页以及这些网页之间的关系，而社交网络必须处理社交图谱数据。

社交图谱是社交网站上人与人之间关系的数字表示，其上的每个点末端连接着非结构化数据，例如照片、信息、个人档案等。于是，腾讯、阿里巴巴、谷歌以及其他公司开发出各自的解决方案，以存储和处理大量的数据。

在大数据的演变中，开源软件起到了很大的作用。如今，越来越多的企业将 UNIX 操作系统的开源版本 Linux 商用，并与低成本的服务器硬件系统相结合，期望获得企业级的商业支持和保障，以低成本实现所需要的功能。甲骨文公司的 MySQL 开源关系数据库、Apache 开源网络服务器以及 PHP（Page Hypertext Preprocessor，页面超文本预处理器）开源脚本语言（最初为创建网站开发）搭配起来的实用性也推动了 Linux 的普及。大数据世界里有许多类似的事物在不断涌现。

源自谷歌公司原始创建技术的 Apache Hadoop 是一个开源分布式计算平台，通过 Hadoop 分布式文件系统（Hadoop Distributed File System，HDFS）存储大量数据，再通过名为 MapReduce 的编程模型将这些数据分成小片段。随后，开发了一系列围绕 Hadoop 的开源技术。Apache Hive 可提供数据仓库功能，包括数据抽取、转换、装载（ETL），即将数据从各种来源中抽取出来，再实行转换以满足操作需要（包括确保数据质量），然后装载到目标数据库。Apache HBase 则可提供处于 Hadoop 顶部的海量结构化数据的实时读写、访问功能。同时，Apache Cassandra 可通过复制数据来提供容错数据存储功能。

过去，开源软件所拥有的功能通常只能从商业软件供应商处依靠专门的硬件获取。开源大数据技术正在使数据存储和处理能力——这些本来只有像谷歌或其他商用运营商之类的公司才具备的能力，在商用硬件上也得到了应用，降低了使用大数据的先期投入，并且使大数据具备了接触到更多潜在用户的潜力。

开源软件在开始使用时，在个人使用或有限数据的前提下是免费的，这使其对大多数人颇具吸引力，从而使一些商用运营商采用免费增值的商业模式参与到竞争当中。用户需要在之后为部分或大量数据的使用付费。久而久之，采用开源技术的企业也往往需要得到商业支援，一如当初使用 Linux 碰到的情形。

9.2 Hadoop 基础

Hadoop 是以开源形式发布的一种对大规模数据进行分布式处理的技术。特别是处理大数据时代的非结构化数据时，Hadoop 在性能和成本方面都具有优势，而且通过横向扩展进行扩容也相对容易。Hadoop 是最受欢迎的在因特网上对搜索关键字进行内容分类的工具，但它也可以解决许多要求极大伸缩性的问题。

9.2.1 Hadoop 的由来

Hadoop 的基础是谷歌公司于 2004 年发表的一篇关于大规模数据分布式处理的题为

《MapReduce：大集群上的简单数据处理》的论文。

MapReduce 指的是一种分布式处理的方法，而 Hadoop 则是将 MapReduce 通过开源方式进行实现的框架的名称。这是因为谷歌在其论文中公开的仅限于处理方法，而并没有公开程序本身。也就是说，提到 MapReduce，指的只是一种处理方法，而对其实现的形式并非只有 Hadoop 一种。Hadoop 则指的是一种基于 Apache 授权协议，以开源形式发布的程序。

Hadoop 原本是由三大组件组成的，即用于分布式存储大容量文件的 HDFS、用于对大量数据进行高效分布式处理的 Hadoop MapReduce 框架，以及超大型数据仓库 HBase。谷歌的基础技术与开源的基础技术相对应（见图 9-2）。

从数据处理的角度来看，Hadoop MapReduce 是其中最重要的组件。Hadoop MapReduce 并非用于配备高性能 CPU 和磁盘的计算机，而是一种工作在由多台通用型计算机组成的集群上的、对大规模数据进行分布式处理的框架。

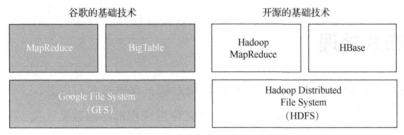

图 9-2 谷歌的基础技术与开源基础技术的对应关系

Hadoop 将应用程序细分为在集群中任意节点上都可执行的成百上千个工作负载，并将其分配给多个节点来执行。然后，通过对各节点瞬间返回的信息进行重组，得出最终的回答。虽然存在其他功能类似的程序，但 Hadoop 依靠其处理的高速性脱颖而出。最早由 HDFS、Hadoop MapReduce、HBase 这 3 个组件所组成的软件架构，现在也衍生出了多个子项目，其范围也随之逐步扩大。

9.2.2　Hadoop 的优势

企业里的数据分析师和市场营销人员过去由于成本、处理时间的限制，而不得不放弃对大量非结构化数据的处理，只能依赖抽样数据来进行分析。现在，由于 Hadoop 集群的规模可以很容易地扩展到拍字节级别甚至是艾字节级别，因此可以将分析对象扩展到全部数据的范围。而且，由于处理速度比过去有了飞跃性的提升，现在可以进行若干次重复的分析，也可以用不同的查询作业来进行测试，从而有可能获得过去无法获得的更有价值的信息。

Hadoop 是一个能够对大量数据进行分布式处理的软件框架。Hadoop 假设计算和存储会失败，因此它会维护多个工作数据副本，确保能够针对失败的节点重新分布处理。Hadoop 是高效的，因为它以并行的方式工作，通过并行处理加快处理速度。Hadoop 还是可伸缩的，能够处理拍字节级别的数据。此外，Hadoop 的使用成本比较低，适用面广。

Hadoop 是一个能够让用户轻松架构和使用的分布式计算平台。用户可以轻松地在 Hadoop 上开发和运行处理海量数据的应用程序。它主要有以下几个优点。

（1）高可靠性。Hadoop 按位存储和处理数据。

（2）高可扩展性。Hadoop 是在可用的计算机集簇间分配数据并完成计算任务的，这些集簇可以方便地扩展到数以千计的节点中。

（3）高效性。Hadoop 能够在节点之间动态地移动数据，并保证各个节点的动态平衡，因此处理速度非常快。

（4）高容错性。Hadoop 能够自动保存数据的多个副本，并且能够自动将失败的任务重新分配。

Hadoop 带有用 Java 语言编写的框架，其上的应用程序也可以使用其他语言编写，例如 C++。

9.3　分布式处理

文件系统是在存储设备上存储和组织数据的方法，存储设备可以是闪存、DVD 和硬盘。文件是存储的原子单位，被文件系统用来存储数据。文件系统提供了存储在存储设备上的数据逻辑视图，并以树结构的形式展示了目录和文件。操作系统采用文件系统来存储和检索数据。每个操作系统支持一个或多个文件系统，例如 Windows 上的 NTFS 和 Linux 上的 ext。

分布式处理

9.3.1　分布式系统

分布式系统是建立在网络之上的软件系统，它具有高度的内聚性和透明性，因此网络与分布式系统之间的区别更多在于高层软件（特别是操作系统），而不是硬件。内聚性是指每一个数据库分布节点高度自治，每个节点都有本地的数据库管理系统。透明性是指每一个数据库分布节点对用户的应用来说都是透明的，看不出是本地的还是远程的。在分布式数据库系统中，用户感觉不到数据是分布的，无须知道关系是否分割、有无副本、数据存于哪个节点以及事务在哪个节点上执行等。

在一个分布式系统中，一组独立的计算机展现给用户的是一个统一的整体。系统拥有多种通用的物理和逻辑资源，可以动态分配任务，分散的物理资源和逻辑资源通过计算机网络实现信息交换。系统中存在一个以全局方式管理计算机资源的分布式操作系统，通常对用户来说，分布式系统只有一个模型，在操作系统之上有一层软件中间件负责实现这个模型。例如互联网就是一个典型的分布式系统，在互联网中，所有的一切看起来就好像是一个文档（Web 页面）一样。

在计算机网络中，这种统一性、模型以及其中的软件都不存在。用户看到的是实际的机器，计算机网络并没有使这些机器看起来是统一的。如果这些机器有不同的硬件或者不同的操作系统，那么，这些差异对于用户来说都是完全可见的。如果一个用户希望在一台远程机器上运行一个程序，那么，该用户必须登录到远程机器，然后在那台机器上运行该程序。

分布式系统和计算机网络系统的共同点是：多数分布式系统是建立在计算机网络之上的，所以分布式系统与计算机网络在物理结构上是基本相同的。分布式系统的设计思想与网络系统的设计思想是不同的，这决定了它们在结构、工作方式和功能上也不同。

网络系统要求网络用户在使用网络资源时首先必须了解网络资源，网络用户必须知道网络中各个计算机的功能与配置、软件资源、网络文件结构等情况。在网络中如果用户要读取一个共享文件，用户必须知道这个文件放在哪一台计算机的哪一个目录下。

分布式系统是以全局方式管理系统资源的，它可以为用户任意调度网络资源，并且调度过程是"透明"的。当用户提交一个作业时，分布式系统能够根据需要在系统中选择最合适的处理器，将用户的作业提交到该处理器，在处理器完成作业后，将结果传给用户。在这个过程中，用户并不会意识到有多个处理器的存在。这个系统就像是一个处理器一样。

9.3.2　分布式文件系统

分布式文件系统作为文件系统可以存储分布在集群的节点上的大文件。对于客户端来说，文件似乎在本地上；然而，这只是一个逻辑视图，在物理形式上文件分布于整个集群。本地视图展示了通过分布式文件系统存储文件，并且使文件可以从多个位置被访问，例如 Google 文件系统（Google File System，GFS）和 Hadoop 分布式文件系统（HDFS）。

像其他文件系统一样，分布式文件系统对所存储的数据是不可知的，因此能够支持无模式的数据存储。通常，分布式文件系统存储设备通过复制数据到多个位置而提供开箱即用的数据冗余和高可用性，但并不提供开箱即用的搜索文件内容的功能。

一个实现了分布式文件系统的存储设备可以提供简单、快速的数据存储功能，并能够存储大量非关系数据，如半结构化数据和非结构化数据。尽管对于并发控制采用了简单的文件锁机制，分布式文件系统依然拥有快速的读写能力，从而能够应对大数据的快速特性。

对于包含大量小文件的数据集来说，分布式文件系统不是一个很好的选择，因为它造成过多的磁盘寻址行为，降低了总体数据获取速度。此外，在处理大量小文件时也会产生更多开销，因为在处理每个文件时，且在结果被整个集群同步之前，处理引擎会产生一些专用的进程。

由于这些限制，分布式文件系统更适用于数量少、占用空间大，并以连续方式访问的文件。多个较小的文件通常被合并成一个文件以获得最佳的存储和处理性能。当数据必须以流模式获取且没有随机读写需求时，分布式文件系统会获得更好的性能。

分布式文件系统存储设备适用于存储原始数据的大型数据集，或者需要归档的数据集。

另外，分布式文件系统为需要在相当长的一段时期内在线存储大量数据提供了一个廉价的选择。因为集群可以非常简单地增加磁盘而不需要将数据加载到像磁带等离线数据存储空间中。

9.3.3 并行数据处理与分布式数据处理

并行数据处理就是把一个规模较大的任务分成多个子任务同时执行（见图 9-3），目的是减少处理的时间。虽然并行数据处理能够在多个网络机器上进行，但目前来说更为典型的方式是在一台机器上使用多个处理器或内核来完成。

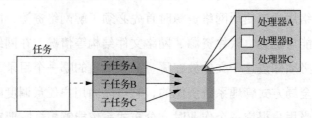

图 9-3　任务被分成子任务，在一台机器的不同处理器上并行执行

分布式数据处理与并行数据处理非常相似，二者都利用了"分治"的原理。与并行数据处理不同的是，分布式数据处理通常在几个物理上分离的机器上进行，这些机器通过网络连接构成一个集群。如图 9-4 所示，一个任务同样被分为 3 个子任务，但是这些子任务在 3 个不同的机器上执行，这 3 个机器连接到同一个交换机。

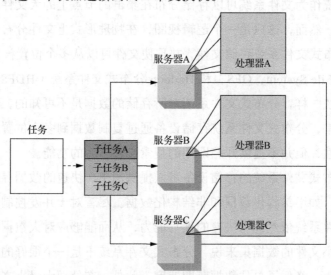

图 9-4　分布式数据处理举例

9.3.4 分布式存储

大数据导致了数据量的爆发式增长，传统的集中式存储（如 NAS 或 SAN）在容量和性能上都无法较好地满足大数据的需求。因此，具有可扩展能力的分布式存储成为大数据存储的主流方式。分布式存储多采用普通的硬件设备作为基础设施，因此，单位容量的存储成本极大降低。另外，分布式存储在性能、维护性和容灾性等方面也具有不同程度的优势。

分布式存储系统需要解决的关键技术问题包括可扩展性、数据冗余、数据一致性、全局命名空间、缓存等。从架构上来讲，分布式存储大体上可以分为 C/S（Client/Server，客户/服务器）架构和 P2P（Peer-to-Peer，对等网络）架构两种。当然，也有一些分布式存储中会同时存在这两种架构方式。

分布式存储面临的其他问题，就是如何组织和管理成员节点，以及如何建立数据与节点之间的映射关系。成员节点的动态增加或者减少，在分布式系统中基本上可以算是一种常态。

9.4　NoSQL 数据库

存储技术随着时间的推移持续发展，把存储从服务器内部逐渐移动到网络上。当今对融合式架构的推动把计算、存储、内存和网络放入一个可以统一管理的架构中。在这些变化中，大数据的存储需求彻底地改变了自 20 世纪 80 年代末期以来企业信息通信技术所支持的以关系数据库为中心的观念。其根本原因在于，关系技术不支持大数据的容量可扩展性。更何况，企业通常通过处理半结构化和非结构化数据获取有用的价值，而这些数据通常与关系技术不兼容。

从 SQL 到 NoSQL

大数据促进形成了统一的观念，即存储的边界是集群可用的内存和磁盘存储。如果需要更多的存储空间，横向可扩展性允许集群通过添加更多节点来扩展。这个事实对于内存与磁盘设备都成立，尤其重要的是创新的方法能够通过内存存储来提供实时分析。

磁盘存储通常利用廉价的硬盘设备作为长期存储的介质，并可由分布式文件系统或数据库实现（见图 9-5）。

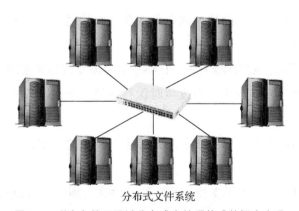

分布式文件系统

图 9-5　磁盘存储可通过分布式文件系统或数据库实现

NoSQL 数据库是非关系数据库，具有高度的可扩展性、容错性，并且专门设计用来存储半结构化和非结构化数据。NoSQL 数据库通常会提供一个能被应用程序调用的基于 API 的查询接口。NoSQL 数据库也支持结构查询语言（SQL）以外的查询语言，因为 SQL 是为了查询存储在关系数据库中的结构化数据而设计的。例如，优化一个 NoSQL 数据库用来存储 XML 文件通常会使用 Xquery 作为查询语言。同样，设计一个 NoSQL 数据库用来存储 RDF（Resource Description Framework，资源描述框架）数据将使用 SPARQL 来查询它包含的关系。不过，还是有一些 NoSQL 数据库可以提供类似于 API 或类 SQL 语句的查询接口（见图 9-6）。

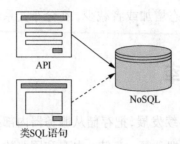

图 9-6　NoSQL 数据库可以提供类似于 API 或类 SQL 语句的查询接口

9.4.1　NoSQL 的主要特性

下面列举一些 NoSQL 存储设备与传统 RDBMS 不一致的主要特性，但并不是所有的 NoSQL 存储设备都具有这些特性。

（1）无模式的数据模型——数据可以以它的原始形式存在。

（2）横向扩展而不是纵向扩展——为了获得额外的存储空间，NoSQL 可以增加更多的节点，而不是用性能更好的/容量更高的节点替换现有的节点。

（3）高可用性——NoSQL 建立在提供开箱即用、支持容错性、基于集群的技术之上。

（4）较低的运营成本——许多 NoSQL 数据库建立在开源的平台上，不需要支付软件许可费。它们通常可以部署在商业硬件上。

（5）最终一致性——跨节点的数据读取可能在写入后短时间内不一致。但是，最终所有的节点会处于一致的状态。

（6）BASE 兼容而不是 ACID 兼容——BASE 兼容需要数据库在网络或者节点故障时保持高可用性，而不要求数据库在数据更新发生时保持一致的状态。数据库可以处于不一致状态直到最后获得一致性。

（7）API 驱动的数据查询——数据通常支持基于 API 的查询，但一些实现可能也提供类 SQL 查询的支持。

（8）自动分片和复制——为了支持水平扩展提供高可用性，NoSQL 存储设备自动地运用分片和复制技术，数据可以被水平分割后被复制到多个节点。

（9）集成缓存——没有必要加入第三方分布式缓存层。

（10）分布式查询支持——NoSQL 存储设备通过多重分片来维持一致性查询。

（11）不同类型设备同时使用——NoSQL 存储设备并没有淘汰传统的 RDBMS，它支持不同类型的存储设备可以同时使用，即在相同的结构里，可以使用不同类型的存储技术以持久化数据。这样对于需要结构化，也需要半结构化或非结构化数据的系统开发有好处。

（12）注重聚集数据——不像关系数据库那样对处理规范化数据最为高效，NoSQL 存储设备存储非规范化的聚集数据（一个实体为一个对象），所以减少了在不同应用对象和存储在数据库中的数据之间进行连接与映射操作的需要。但是有一个例外，图数据存储设备不注重聚集数据。

NoSQL 存储设备的出现主要归因于大数据的 3V 特征。NoSQL 数据库能够像随着数据集的进化改变数据模型一样改变模式，基于这个能力，NoSQL 存储设备能够存储无模式数据和不完整数据。换句话说，NoSQL 数据库支持模式进化。

如图 9-7～图 9-10 所示，根据不同存储数据的方式，NoSQL 存储设备可以被分为 4 种类型。

Key	Value
631	John Smith, 10.0.30.25, Good customer service
365	1001010111011011110111010101101010100111001101
198	\<CustomerId\>32195\</CustomerId\>\<Total\>43.25\</Total\>

图 9-7　NoSQL 键-值存储的一个例子

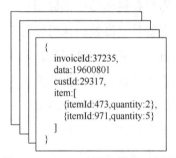

图 9-8　NoSQL 文档存储的一个例子

studentId	personal details	address	modules history
821	FirstName: Cristie LastName: Augustin DOB: 03-15-1992 Gender: Female Ethnicity: French	Street: 123 New Ave City: Portland State: Oregon ZipCode: 12345 Country: USA	Taken: 5 Passed: 4 Failed: 1
742	FirstName: Carios LastName: Rodriguez MiddleName: Jose Gender: Male	Street: 456 Old Ave City: Los Angeles Country: USA	Taken: 7 Passed: 5 Failed: 2

图 9-9　NoSQL 列簇存储的一个例子

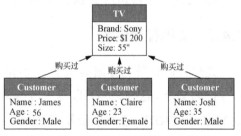

图 9-10　NoSQL 图存储的一个例子

9.4.2　键-值存储设备

键-值存储设备以键-值对的形式存储数据，并且运行机制和散列表类似。键-值对表是一个值列表，其中每个值由一个键来标识。值对数据库不透明且通常以 BLOB 形式存储。存储的值可以是任何从传感器数据到视频数据的集合。

只能通过键查找值，因为数据库对所存储的数据集合的细节是未知的。不能部分更新，更新操作只能是删除或者插入。键-值存储设备通常不含有任何索引，所以写入非常快。基于简单的存储模型，键-值存储设备高度可扩展。

由于键是检索数据的唯一方式，为了便于检索，所保存值的类型经常被附在键之后。

123_sensor1 就是一个这样的例子。

为了使存储的数据具有一些结构，大多数的键-值存储设备会提供集合或桶（像表一样）来放置键-值对。如图9-11所示，一个集合可以容纳多种格式的数据。一些实现方法为了减小存储空间会支持压缩值，但是这样在读出期间会造成延迟，因为数据在返回之前需要先被解压。

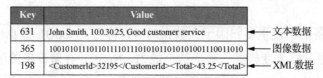

Key	Value	
631	John Smith, 10.0.30.25, Good customer service	← 文本数据
365	1001010111011011110111010101101010100111010011010	← 图像数据
198	<CustomerId>32195</CustomerId><Total>43.25</Total>	← XML数据

图 9-11　数据被组织在键-值对中的一个例子

键-值存储设备适用于：

- 需要存储非结构化数据；
- 需要具有高效的读写性能；
- 值可以完全由键确定；
- 值是不依赖其他值的独立实体；
- 值有着相当简单的结果或是二进制的；
- 查询模式简单，只包括插入、查找和删除操作；
- 存储的值在应用层被操作。

键-值存储设备包括 Riak、Redis 和 Amazon Dynamo DB。

9.4.3　文档存储设备

文档存储设备也存储键-值对。但是，与键-值存储设备不同，其存储的值是可以由数据库查询的文档。这些文档可以具有复杂的嵌套结构。这些文档可以使用基于文本的编码方案，如 XML 或 JSON，也可以使用二进制编码方案，如 BSON（Binary JSON）进行编码。

像键-值存储设备一样，大多数文档存储设备也会提供集合或桶来放置键-值对。文档存储设备和键-值存储设备之间的区别如下：

- 是值可感知的；
- 存储的值是自描述的，模式可以从值的结构或模式的引用推断出，因为文档已经被包括在值中；
- 选择操作可以引用集合内的一个字段；
- 选择操作可以检索集合的部分值；
- 支持部分更新，所以集合的子集可以被更新；
- 通常支持用于加速查找的索引。

每个文档都可以有不同的模式，所以在相同的集合或者桶中可能存储不同种类的文档。

在最初的插入操作之后，可以加入新的属性，所以文档存储设备提供了灵活的模式支持。应当指出，文档存储设备并不局限于存储像 XML 文件等以真实格式存在的文档，它也可以用于存储包含一系列具有平面或嵌套模式的属性的集合。图 9-12 展示了 JSON 文件如何以文档的形式存储在 NoSQL 数据库中。

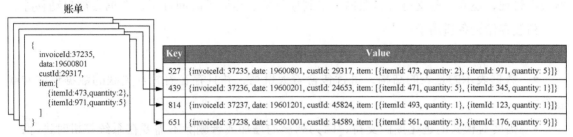

图 9-12　JSON 文件存储在文档存储设备中的一个例子

文档存储设备适用于：

- 存储包含平面或嵌套模式的面向文档的半结构化数据；
- 模式的进化由于文档结构的未知性或者易变性而成为必然；
- 应用需要对存储的文档进行部分更新；
- 需要在文档的不同属性上进行查找；
- 以序列化对象的形式存储应用领域中的对象；
- 查询模式包含插入、选择、更新和删除操作。

文档存储设备包括 MongoDB、CouchDB 和 Terrastore。

9.4.4　列簇存储设备

列簇存储设备像传统 RDBMS 一样存储数据，但是会将相关联的列聚集在一行中，从而形成列簇。如图 9-13 所示，图中加下画线的列表示列簇存储设备提供的灵活模式特征，此处每一行可以有不同的列，而每一列都可以是一系列相关联的集合，被称为超列。

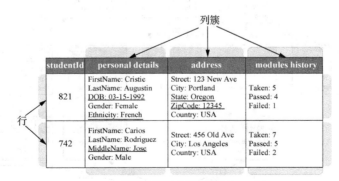

图 9-13　列簇存储设备存储数据示例

每个超列可包含任意数量的相关列，这些列通常作为一个单元被检索或更新。每行都包括多个列簇，并且含有不同的列的集合，所以有灵活的模式支持。每行被行键标识。

列簇存储设备可提供快速数据访问，并带有随机读写功能。它把列簇存储在不同的物理文件中，这样会提高查询响应速度，因为只有被查询的列簇才会被搜索到。

一些列簇存储设备支持选择性地压缩列簇。不对一些能够被搜索到的列簇进行压缩，这样会让查询速度更快，因为在查询过程中，那些目标列不需要被解压。大多数的实现支持数据版本管理，还有一些支持对列数据指定到期时间。当到期时间过了，数据会被自动移除。

列簇存储设备适用于：

- 需要实时的随机读写功能，并且数据以已定义的结构存储；
- 数据表示的是表的结构，每行包含着大量列，并且存在着相互关联的数据形成的嵌套组；
- 需要对模式的进化提供支持，因为列簇的增加或者删除不需要在系统停机时进行；
- 某些字段大多数情况下可以一起访问，并且可以搜索需要利用字段的值；
- 当数据包含稀疏的行而需要有效地使用存储空间时，因为列簇存储设备只为存在列的行分配存储空间，如果没有列，将不会分配任何空间；
- 查询模式包含插入、选择、更新和删除操作。

列簇存储设备包括 Cassandra、HBase 和 Amazon SimpleDB。

9.4.5 图存储设备

图存储设备被用于持久化互联的实体。不像其他的 NoSQL 存储设备那样注重实体的结构，图存储设备更强调存储实体之间的联系（见图 9-14）。

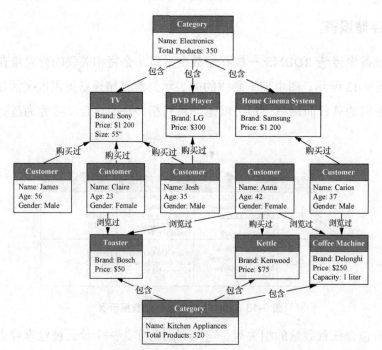

图 9-14　图存储设备的存储实体和它们之间的联系

存储的实体被称作节点（注意不要与集群节点相混淆），也被称为顶点；实体间的联系被称为边。按照 RDBMS 的说法，每个节点可被认为是一行，而边可表示连接。节点之间通过多条边形成多种类型的链路，每个节点有如键-值对的属性数据，例如顾客可以有 ID、姓名和年龄属性。

一个节点有多条边，与在 RDBMS 中含有多个外键是相类似的，但是，并不是所有的节点都需要相同的边。查询一般包括根据节点属性或者边属性查找互联节点，通常被称为节点的遍历。边可以是单向的或双向的，指明了节点遍历的方向。一般来讲，图存储设备通过 ACID 兼容而支持一致性。

图存储设备的有用程度取决于节点之间的边的数量和类型。边的数量越多，类型越复杂，可执行的查询种类就越多。因此，如何全面地捕捉节点之间存在的不同类型的联系很重要。

图存储设备通常允许在不改变数据库的情况下加入新类型的节点，这也使得可以在节点之间定义额外的连接，以新的联系或者节点体现在数据库中。

图存储设备适用于：

- 需要存储互联的实体；
- 需要根据关系的类型查询实体，而不是实体的属性；
- 查找互联的实体组；
- 就节点遍历距离来查找实体之间的距离；
- 为了寻找模式而进行的数据挖掘。

图存储设备主要有 Neo4J、Infinite Graph 和 OrientDB。

9.4.6 与 RDBMS 的主要区别

传统的 RDBMS（关系数据库管理系统）是通过 SQL 这种标准语言来对数据库进行操作的，而相对地，NoSQL 数据库并不使用 SQL。因此，有时候人们会将其误认为是对使用 SQL 的现有 RDBMS 的否定，并将要取代 RDBMS，而实际上并非如此。NoSQL 数据库对 RDBMS 所不擅长的部分进行了补充，因此应该理解为 "Not only SQL" 的意思。

NoSQL 数据库与传统的 RDBMS 之间的主要区别有下列几点（见表 9-1）。

表 9-1　　　　　　RDBMS 与 NoSQL 数据库之间的主要区别

比较项	RDBMS	NoSQL 数据库
数据类型	结构化数据	主要是非结构化数据
数据库结构	需要事先定义，是固定的	不需要事先定义，并可以灵活改变
数据一致性	通过 ACID 原则保持严格的一致性	存在临时的不保持严密一致性的状态（结果一致性）
可扩展性	基本是向上扩展的。由于需要保持数据的一致性，因此性能下降明显	通过横向扩展可以在不降低性能的前提下应对大量访问，实现线性扩展

续表

比较项	RDBMS	NoSQL 数据库
服务器	以在一台服务器上工作为前提	以分布、协作式工作为前提
容错性	为了提高容错性需要很高的成本	有很多无单一故障点的解决方案，成本低
查询语言	SQL	支持多种非 SQL
数据量	（与 NoSQL 数据库相比）较小规模数据	（与 RDSMS 相比）较大规模数据

（1）数据模型与数据库结构。在 RDBMS 中，数据被归纳为表（Table）的形式，并通过定义数据之间的关系，来描述严格的数据模型。这种方式需要在理解要输入数据的含义的基础上，事先对字段结构做出定义。数据库结构一旦定义好就相对固定了，很难进行修改。在 NoSQL 数据库中，数据是通过键及其对应的值的组合，或者是键-值对和追加键来描述的，因此结构非常简单，也无法定义数据之间的关系。其数据库结构无须在一开始就固定下来，且随时都可以进行灵活的修改。

（2）数据一致性。在 RDBMS 中，由于存在 ACID 原则，因此可以保持严密的数据一致性。而 NoSQL 数据库并不是遵循 ACID 这种严格的原则，而是采用结果上的一致性（Eventual Consistency），即可能存在临时的、无法保持严密一致性的状态。到底是用 RDBMS 还是用 NoSQL 数据库，需要根据用途来进行选择，而数据一致性这一点尤为重要。

例如，像银行账户的转入/转出处理，如果不能保证交易处理立即在数据库中得到体现，并严密保持数据一致性，就会引发很大的问题。相对地，我们想一想推特上增加"粉丝"的情况。粉丝数量从 1 050 人变成 1 051 人，但这个变化即便没有即时反映出来，基本上也不会引发什么大问题。前者这样的情况，适合用 RDBMS；而后者这样的情况，则适合用 NoSQL 数据库。

（3）可扩展性。RDBMS 由于重视 ACID 原则和数据的结构，因此在数据量增加的时候，基本上采取使用更大的服务器这样向上扩展的方法来进行扩容，而从架构方面来看，是很难进行横向扩展的。

此外，由于数据的一致性需要严密的保证，这对性能的影响也十分显著。如果为了提升性能而进行非正则化处理，则又会降低数据库的可维护性和可操作性。

虽然通过像 Oracle 的"真正应用集群"这样能够从多台服务器同时操作数据库的架构，也可以对 RDBMS 实现横向扩展，但从现实情况来看，这样的扩展最多到几倍的程度就已经达到极限了。除此之外还有一种方法：将数据库的内容由多台应用程序服务器进行分布式缓存，并将缓存配置在 RDBMS 的前面。但在大规模环境下，这样会导致出现数据同步延迟、维护复杂等问题，并不是一个非常实用的方法。NoSQL 数据库则具备很容易进行横向扩展的特性，对性能造成的影响也很小。而且，由于它在设计上就是以在一般通用型硬件构成的集群上工作为前提的，因此在成本方面也具有优势。

（4）容错性。RDBMS 可以通过复制为数据在多台服务器上保留副本，从而提高容错性。

然而，在发生数据不匹配的情况，以及想要增加副本时，在维护上的负荷和成本都会提高。NoSQL 数据库由于本来就支持分布式环境，大多数 NoSQL 数据库都没有单一故障点，故障的应对成本比较低。

可见，NoSQL 数据库具备这些特征：数据结构简单、不需要数据库结构定义（或者可以灵活变更）、不对数据一致性进行严格保证、通过横向扩展可实现很高的可扩展性等。简而言之，NoSQL 数据库就是一种以牺牲一定的数据一致性为代价，追求灵活性、可扩展性的数据库。

9.5　NewSQL 数据库

NoSQL 数据库是高度可扩展的、可用的、容错的，对于读写操作是快速的。但是，它不提供 ACID 兼容的 RDBMS 所表现的事务和一致性支持。根据 BASE 模型，NoSQL 数据库提供了最终一致性而不是立即一致性。它在达到最终的一致性状态前处于软状态，因此并不适用于实现大规模事务系统。

进一步发展的 NewSQL 数据库结合了 RDBMS 的 ACID 特性和 NoSQL 数据库的可扩展性与容错性。它既保留了高层次 SQL 查询的方便性，又能提供高性能和高可扩展性，还能保留传统的事务操作的 ACID 特性。NewSQL 数据库通常支持符合 SQL 语法的数据定义与数据操作，对于数据存储则使用逻辑上的关系数据模型。由于 NewSQL 数据库支持 SQL，与 NoSQL 数据库相比，它更容易从传统的 RDBMS 转换为高度可扩展的数据库。

NewSQL 数据库涉及很多新颖的架构设计，例如，可以使整个数据库都在主内存中运行，从而消除掉数据库传统的缓存管理；可以在一个服务器上面只运行一个线程，从而去除掉轻量的加锁阻塞（尽管某些加锁操作仍然需要，但影响性能）；还可以使用额外的服务器来进行复制和失败恢复的工作，从而取代代价昂贵的事务恢复操作。

NewSQL 数据库可以用来开发有大量事务的 OLTP 系统，例如银行系统。它也可以用于实时分析，如运营分析，因为它可采用内存存储。

NewSQL 数据库包括 ClustrixDB、NimbusDB、VoltDB、NuoDB 和 InnoDB。

【习题】

1. 在大数据生态系统中，基础设施主要负责（　　　）。

   A. 数据存储以及处理海量数据

   B. 网络连通以及通信质量

   C. 连接打印机与绘图仪的操作

   D. 程序设计与应用程序开发

2. 在大数据的演变中，开源软件起到了很大的作用。如今，（　　　　）已经成为主流操作系统，并与低成本的服务器硬件系统相结合。

  A. Windows   B. DOS   C. Linux   D. UNIX

3. （　　　　）是一个开源分布式计算平台，通过 Hadoop 分布式文件系统存储大量数据，再通过 MapReduce 的编程模型将这些数据分成小片段。

  A. Apache Google   B. Google Apache

  C. Google Linux   D. Apache Hadoop

4. 开源软件在开始使用时，在个人使用或有限数据的前提下是免费的，但用户需要在之后为部分或大量数据的使用（　　　　）。

  A. 投资硬件   B. 维护系统   C. 付费   D. 编程

5. MapReduce 指的是一种分布式处理的方法，而 Hadoop 则是将 MapReduce 通过（　　　　）进行实现的框架的名称。

  A. 开源方式   B. 专用方式   C. 硬件固化   D. 收费服务

6. 文件系统是在存储设备上存储和组织数据的（　　　　），存储设备可以是闪存、DVD 和硬盘。

  A. 概念   B. 格式   C. 方法   D. 原则

7. 文件是存储的（　　　　），被文件系统用来存储数据。

  A. 硬件介质   B. 原子单位   C. 分子结构   D. 基本环境

8. 分布式文件系统作为文件系统可以存储分布在集群的节点上的大文件。对于客户端来说，文件似乎在本地上；然而，这只是一个（　　　　）视图，在（　　　　）形式上文件分布于整个集群。

  A. 逻辑 逻辑   B. 逻辑 物理

  C. 物理 逻辑   D. 物理 物理

9. 文件系统提供了存储在存储设备上的数据逻辑视图，并以（　　　　）的形式展示了目录和文件。

  A. 线性结构   B. 网状结构   C. 关系结构   D. 树结构

10. 大数据的存储需求彻底改变了以关系数据库为中心的观念。其根本原因在于，关系技术（　　　　）。

  A. 不支持大数据的容量的可扩展性   B. 支持大数据的容量的可扩展性

  C. 不支持大数据的容量的不可扩展性   D. 支持大数据的容量的不可扩展性

11. 大数据促进形成了统一的观念，即存储的边界是（　　　　）可用的内存和磁盘存储。如果需要更多的存储空间，横向可扩展性允许集群通过添加更多节点来扩展。

  A. 机器   B. 主机   C. 集群   D. 网络

12. 磁盘存储通常利用（　　　）作为长期存储的介质，并且可由分布式文件系统或数据库实现。

　　A. 昂贵的内存设备　　　　　　　　B. 廉价的内存设备

　　C. 昂贵的硬盘设备　　　　　　　　D. 廉价的硬盘设备

13. 通常，分布式文件系统存储设备通过（　　　）而提供开箱即用的数据冗余和高可用性。

　　A. 复制数据到多个位置　　　　　　B. 从多个位置复制数据

　　C. 在多个位置输入数据　　　　　　D. 将数据集中处置

14. 一个实现了分布式文件系统的存储设备能够提供简单、快速的数据存储功能，并能够存储（　　　）。

　　A. 少量非关系数据，如半结构化数据和非结构化数据

　　B. 大量关系数据，如结构化数据

　　C. 大量非关系数据，如半结构化数据和非结构化数据

　　D. 大量关系数据，如结构化数据和非结构化数据

15. 分布式文件系统更适用于（　　　），并以连续方式访问的文件。多个较小的文件通常被合并成一个文件以获得最佳的存储和处理性能。

　　A. 数量大、占用空间大　　　　　　B. 数量少、占用空间大

　　C. 数量小、占用空间小　　　　　　D. 数量大、占用空间小

16. 在 RDBMS 中，由于存在 ACID，即原子性、（　　　）原则，因此可以保持严密的数据一致性。

　　① 收敛性　　　　② 一致性　　　　③ 隔离性　　　　④ 持久性

　　A. ①②③　　　　B. ①③④　　　　C. ①②④　　　　D. ②③④

17. NoSQL 数据库是（　　　）数据库，具有高度的可扩展性、容错性，并且专门设计用来存储半结构化和非结构化数据。

　　A. 网状型　　　　B. 层次型　　　　C. 非关系型　　　　D. 关系型

18. NoSQL 数据库不提供 ACID 兼容的 RDBMS 所表现的事务和一致性支持，它并不适用于实现（　　　）。

　　A. 大规模事务系统　　　　　　　　B. 小规模事务系统

　　C. 大规模科学计算　　　　　　　　D. 小规模科学计算

19. NewSQL 数据库结合了 RDBMS 的 ACID 特性和 NoSQL 数据库的可扩展性与容错性，可以用来开发有（　　　）系统，也可以用于实时分析。

　　A. 大量计算的 OLTP　　　　　　　B. 少量事务的 OLTP

　　C. 少量计算的 OLTP　　　　　　　D. 大量事务的 OLTP

10 第10章 大数据与云计算

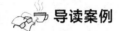导读案例

数字经济时代云发展趋势

云计算（见图10-1）就是"网络上的计算"，它将网络中的各种计算资源转换成云计算服务，并为用户提供按需定制的服务。由于具有集约建设、资源共享、规模化服务、服务成本低等显著经济效益，云计算已经成为数字经济时代的主要计算模式。

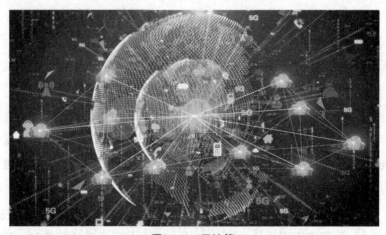

图 10-1　云计算

自2006年谷歌公司首次提出云计算概念以来，云计算市场规模不断扩大。根据高德纳咨询公司统计，2021年以 IaaS、PaaS、SaaS 为代表的全球公有云市场规模达到 3 307 亿美元，增速达 32.5%。我国云计算市场也持续高速发展，成为全球重要的云计算市场。2021年中国云计算市场规模达 3 229 亿元，同比增长 54.4%。其中公有云市场规模达 2 181 亿元，同比增长 70.8%；私有云市场规模达 1 048 亿元，同比增长 28.7%。

随着数字化转型进程加速，云计算正逐渐成为经济社会运行的数字化业务平台。据高德纳咨询公司测算，2015—2021 年，全球各国政府和企业的云计算市场渗透率逐年上升，由 4.3% 上升至 15.3%。云计算用户已经遍及互联网、政务、金融、教育、制造等各个行业。在中国，互联网行业是云计算的主流应用行业，占比约为 1/3；在政策驱动下，中国政务云近年来实现高增长，政务云占比约为 29%；交通物流、金融、制造等行业的云计算应用水平正在快速提高，占据了重要的市场地位。

全球云计算服务商市场集中度较高，2021 年亚马逊、微软、阿里云成为全球 IaaS 服务商的前三甲，占据 69.54% 的市场份额，中国的阿里巴巴、华为、腾讯 3 家合计占据 17% 的全球市场份额。2021 年，AWS 收入 622 亿美元，同比增长 37%；微软智能云收入 600 亿美元，增长 24%；阿里云收入 724 亿元（约 111 亿美元），同比增长 30%。

云边网（见图 10-2）将加速一体化融合。云计算服务商的大型云计算数据中心正在向着新型多层次数据中心演进，更多基于物联网的边缘计算数据中心与云计算数据中心连接在一起，并实现智能终端、物联网、互联网和云计算的高度一体化融合。

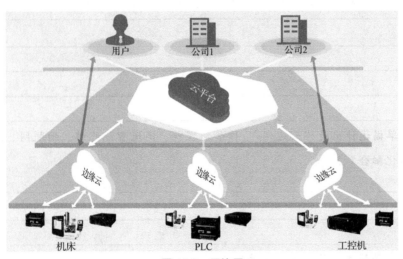

图 10-2　云边网

基础云服务将向新一代算力服务演进。作为云服务的升级，人工智能、区块链、大数据、扩展现实等算力服务不断成熟，并呈现出泛在化、普惠化、标准化的特点。新一代智能算力服务形成数字经济的核心生产力，成为加速行业数字化及经济社会发展的重要引擎。

混合云将是大型企业云服务的常见模式。很多大型企业采用多个云，包括公有云与私有云，以满足不同的需求。公有云与私有云的组合被称为混合云，混合云的优势是能够适应不同的平台需求，它既具有私有云的安全性，也具有公有云的开放性，因此混合云是大型企业云服务的常见模式。中小型企业则更多采用公有云模式。

云计算企业创新活力不断增强。《中国云计算创新活力报告》建立了云计算创新活力评价指标体系，并根据指标体系测算出我国创新活力最强的 12 家云计算企业。《中国云计算创新活力报告》表明，我国云计算企业创新活力不断增强，华为云等 5 家创新活力较强的云计算企业位于第一阵营。

基础设施云创新领先的企业实现规模化发展。《中国云计算创新活力报告》显示，阿里云、华为云、腾讯云等云计算服务商不断推进基础设施云服务创新，提供了丰富、稳定、安全、可靠的基础设施云服务和平台云服务，用户规模不断扩大，应用范围不断推广，带动这些企业的业务实现规模化发展。

新兴云计算企业以算力服务创新为用户提供差异化服务。《中国云计算创新活力报告》显示，新兴云计算企业加快人工智能、行业云等新一代算力服务创新，为用户提供特色和专业化服务，例如百度云等云计算企业专注提供智能云、汽车云服务，金山云专注提供视频云服务，天翼云专注提供安全云等差异化服务。

资料来源：《经济参考报》，2022-11-15。

阅读上文，请思考、分析并简单记录。

（1）请通过网络搜索，简单阐述下列概念：IaaS、PaaS、SaaS 和 DaaS。

答：_____

_____

_____

_____

_____

（2）请简单描述什么是"云边网"。你如何理解"实现智能终端、物联网、互联网和云计算的高度一体化融合"？

答：_____

_____

_____

（3）请搜索并简述，什么是"算力"？

答：_____

_____

_____

_____

（4）请简单描述你所知道的上一周发生的国际、国内或者身边的大事。

答：_____

_____

_____

_____

10.1　与数字化相关的技术

麦肯锡全球研究院（McKinsey Global Institute，MGI）为大数据给出的定义是：一种规模大到在获取、存储、管理和分析方面大大超出了传统数据库软件工具能力范围的数据集合，具有海量的数据规模、快速的数据流转、多样的数据类型和价值密度低四大特征。

除了大数据，数字化所依托的还有如下一些主要技术。

（1）云计算。云计算是指把各种计算资源集合起来，通过软件实现自动化管理，只需要很少的人参与，就能让资源被快速提供。也就是说，计算能力作为一种商品，可以在互联网上流通，就像水、电、燃气一样，可以方便地按需取用，且价格较为低廉。

（2）5G。5G 即第五代移动通信技术，它是 4G、3G、2G 的延伸，有传输速率更快、时滞更短（接口延时在 1 毫秒左右）、容量更大、系统协同化和智能化水平更高等特点。它主要的应用场景有：车联网和自动驾驶、外科远程手术、VR 游戏、物联网等。

（3）工业互联网（见图 10-3）。工业互联网的本质和核心是通过工业互联网平台，把设备、生产线、工厂、供应商、产品和客户紧密地联结、整合起来，可以形成跨设备、跨系统、跨厂区、跨地区的互联互通，从而提高效率，推动整个制造服务体系化、智能化。

图 10-3　工业互联网

（4）物联网。物联网即"万物相连的互联网"，它是在互联网的基础上延伸和扩展的网络，是将各种信息传感设备与互联网结合起来形成的一个巨大的网络，可实现在任何时间、任何地点，人、机、物的互联互通。物联网通过视频识别、红外感应器、全球定位系统、激光扫描器等，按约定的协议，把任何物品和互联网相连接，进行信息交换和通信，以实现对物品的智能识别、定位、跟踪、监控和管理。

（5）区块链（见图 10-4）。区块链的本质是一个去中心化的数据库，是一串使用密码学方法相关联产生的数据块，每个数据块都包含网络交易的信息，用于验证其信息的有效性（防伪）和生成下一个区块。区块链是分布式数据存储、点对点传输、共识传输、共识机制、加密算法等计算机技术的新型应用模式。

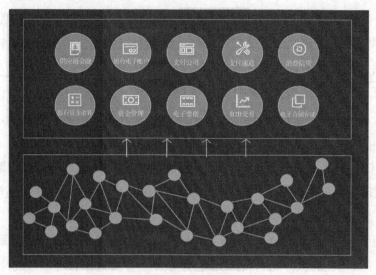

图 10-4　区块链

区块链的特点：去中心化、开放性、独立性、安全性、匿名性。

（6）人工智能。人工智能的主要目标是使机器能够胜任一些通常需要人类智能才能完成的复杂工作。它是跨学科的，涉及机器学习、计算机视觉等技术，还涉及心理学和哲学等人文学科。该技术的研究领域包括机器人、语言识别、图像识别、自然语言处理和专家系统等。

10.2　云计算概述

基础设施是指在 IT 环境中，为具体应用提供计算、存储、互联、管理等基础功能的软硬件系统。在信息技术发展的早期，IT 基础设施往往由一系列昂贵的、经过特殊设计的软硬件组成，存储容量有限，系统之间也没有高效的数据交换通道，应用软件直接运行在硬件平台上。在这种环境中，用户不容易也没有必要去区分哪些部分属于基础设施，哪些部分是应用软件。然而，随着对新应用的需求不断涌现，IT 基础设施发生了翻天覆地的变化。

云计算概述

10.2.1　云计算的定义

摩尔定律在过去的几十年书写了奇迹。在这奇迹的背后，是越来越廉价、越来越高效的计算能力。有了强大的计算能力，人类可以处理更为庞大的数据，而这又带来对存储的需求。再之后，就需要把并行计算的理论搬上台面，更大限度地挖掘 IT 基础设施的潜力。由于硬件已经变得前所未有的复杂，专门管理硬件资源、为上层应用提供运行环境的系统软件也顺应历史潮流，迅速发展壮大。

　　基于大规模数据的系列应用正在悄然推动着 IT 基础设施的发展。为了对大规模数据进行有效的计算，必须最大限度地利用计算和网络资源。计算虚拟化和网络虚拟化要对分布式、异构的计算、存储、网络资源进行有效的管理。

　　云计算（见图 10-5）是一种基于互联网的计算方式。通过这种方式，共享的软硬件资源和信息可以按需求提供给计算机和其他设备。或者说，云计算是指通过网络"云"将巨大的数据计算处理程序分解成无数个小程序，然后通过多台服务器组成的系统处理和分析这些小程序并将得到的结果返回给用户。云计算为我们提供了跨地域、高可靠、按需付费、所见即所得、快速部署等能力，这些都是长期以来 IT 行业所追寻的。随着云计算的发展，大数据正成为云计算面临的一个重大考验。

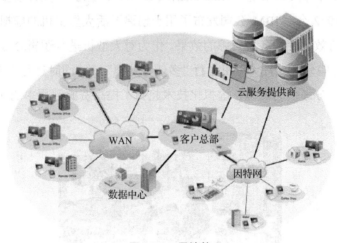

图 10-5　云计算

　　"云"是互联网的一种比喻说法。过去在图中往往用云来表示电信网，后来也用云来表示互联网和底层基础设施的抽象。云计算是继 20 世纪 80 年代大型计算机到客户-服务器的大转变之后的又一巨变。用户不再需要了解云中基础设施的细节，不必具有相应的专业知识，也无须直接进行控制。云计算描述了一种基于互联网的新的 IT 服务增加、使用和交付模式，通常涉及通过互联网来提供动态易扩展，而且经常是虚拟化的资源（它意味着计算能力也可作为一种商品通过互联网进行流通）。

　　云计算是分布式计算、并行计算、网格计算、效用计算、网络存储、虚拟化、负载均衡等传统计算机和网络技术发展融合的产物。其中，网格计算是由一些松散耦合的计算机组成的一个超级虚拟计算机，常用来执行一些大型任务；效用计算是 IT 资源的一种打包和计费方式，例如像传统的电力等公共设施一样，按照计算、存储分别计量费用；自主计算是具有自我管理功能的计算机系统。事实上，许多云计算部署依赖于计算机集群（但与网格计算的组成、体系结构、目的、工作方式大相径庭），也吸收了自主计算和效用计算的特点。

10.2.2 云基础设施

大数据解决方案的构架离不开云计算的支撑。大数据及云计算的底层原则是一样的，即规模化、自动化、资源配置、自愈性。也可以说，大数据是构建在云计算架构之上的应用形式，因此它很难独立于云计算架构而存在。云计算下的海量存储、计算虚拟化、网络虚拟化、云安全及云平台就像支撑大数据这座"大楼"的"钢筋、水泥"。只有好的云计算架构支持，大数据才能立起来，修得更高。

虚拟化是云计算的所有要素中最基本的，也是最核心的。与云计算在最近几年才出现不同，虚拟化技术的发展（自 1956 年开始）其实已经走过了半个多世纪。在虚拟化技术的发展初期，IBM 公司是主力军，它把虚拟化技术用在了大型机领域。1964 年，IBM 公司设计了名为 CP-40 的新型操作系统，实现了虚拟内存和虚拟机。到 1965 年，IBM 公司推出了 System/360 Model 67（见图 10-6）和 TSS 分时共享系统（Time Sharing System，TSS），允许很多远程用户共享同一高性能计算设备。1972 年，IBM 公司发布了用于创建灵活大型主机的虚拟机技术，实现了根据动态需求快速而有效地使用各种资源的效果。作为对大型机进行逻辑分区以形成若干独立虚拟机的一种方式，这些分区允许大型机进行"多任务处理"——同时运行多个应用程序和进程。由于当时大型机是十分昂贵的资源，虚拟化技术起到了提高资源利用率的作用。

图 10-6　IBM 公司推出的 System/360 Model 67

虚拟化技术允许在一台主机上运行多个操作系统，让用户尽可能地充分利用昂贵的大型机资源。其后，虚拟化技术从大型机领域延伸到 UNIX 小型机领域。

1998 年，VMware 公司成立，这是在 x86 虚拟化技术发展史上很重要的一个里程碑。VMware 公司发布的第一款虚拟化产品 VMware Virtual Platform，通过运行在 Windows NT 上的 VMware 来启动 Windows 95，开启了虚拟化技术在 x86 服务器上的应用。

相比于大型机和小型机，x86 服务器和虚拟化技术兼容得并不是很好。但是 VMware 公司针对 x86 平台研发的虚拟化技术不仅克服了虚拟化技术层面的种种困难，其提供的 VMware 基础设施更是极大地方便了虚拟机的创建和管理。VMware 公司对虚拟化技术的研究，开创了虚拟化技术的"x86 时代"，在很长一段时间内，服务器虚拟化市场都是 VMware 公司一枝独秀。

虚拟化技术核心的部分分别是计算虚拟化、网络虚拟化和存储虚拟化。

10.3 计算虚拟化

计算虚拟化，又称平台虚拟化或服务器虚拟化，它的核心思想是使在一个物理计算机上同时运行多个操作系统成为可能。在虚拟化世界中，我们通常把提供虚拟化能力的物理计算机称为宿主机，而把在虚拟化环境中运行的计算机称为客户机。宿主机和客户机虽然运行在同样的硬件上，但是它们在逻辑上是完全隔离的。

虚拟计算机（以及物理计算机）在逻辑上是完全隔离的，拥有各自独立的软、硬件环境。讨论计算虚拟化，所涉及的计算机仅包含构成一个最小计算单位所需的部件，其中包括中央处理器（CPU）和内存，不包含任何可选的外接设备（例如主板、硬盘、网卡、显卡、声卡等）。

计算虚拟化是大数据处理不可缺少的支撑技术，其作用体现在提高设备利用率、提高系统可靠性、解决计算单元管理问题等方面。将大数据应用运行在虚拟化平台上，人们可以充分享受虚拟化带来的管理红利。例如，虚拟化可以支持对虚拟机的快照（Snapshot）操作，从而使得备份和恢复变得更加简单、透明和高效。此外，虚拟机还可以根据需要动态迁移到其他物理机上，这一特性可以让大数据应用享受高可靠性和容错性。

虚拟机（Virtual Machine，VM）是指对物理计算机功能的一种部分或完全的软件模拟，其中虚拟设备在硬件细节上可以独立于物理设备。虚拟机的实现目标通常是不经修改地运行那些原本为物理计算机设计的程序。通常情况下，多台虚拟机可以共存于一台物理机上，以期获得更高的资源使用率以及降低整体的费用。虚拟机之间是互相独立、完全隔离的（见图 10-7）。

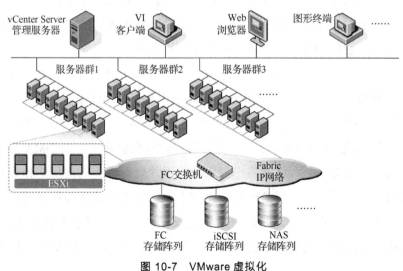

图 10-7 VMware 虚拟化

虚拟机管理程序（Virtual Machine Monitor，VMM）通常又称为 Hypervisor，是在宿主机上提供虚拟机创建和运行管理功能的软件系统或固件。虚拟机管理程序可以归纳为原生的和托管的两个类型。前者直接运行在硬件上管理硬件和虚拟机，常见的有 XenServer、KVM、VMware ESX/ESXi 和微软的 Hyper-V。后者则运行在常规的操作系统上，作为第二层的管理软件存在，而客户机相对硬件来说则是在第三层运行，常见的有 VMware 工作站和 Virtual 盒子。

10.4 网络虚拟化

网络虚拟化，简单来讲是指把逻辑网络从底层的物理网络分离开来。网络虚拟化涉及的技术范围相当宽泛，包括网卡的虚拟化、网络的虚拟接入技术、覆盖网络交换，以及软件定义网络等，这个概念的产生已经比较久了。VLAN（Virtual Local Area Network，虚拟局域网）、VPN（Virtual Private Network，虚拟专用网络）、VPLS（Virtual Private LAN Service，虚拟专用局域网服务）等都可以归为网络虚拟化技术。近年来，云计算的浪潮席卷 IT 界。几乎所有的 IT 基础构架都在朝着云的方向发展。在云计算的发展中，虚拟化技术一直是重要的推动因素。作为基础构架，服务器和存储的虚拟化已经发展得有声有色，而同作为基础构架的网络却还是一直沿用老的套路。在这种环境下，确实期待一次变革，使网络更加符合云计算和互联网发展的需求。

在云计算的大环境下，网络虚拟化的定义没有变，但是其包含的内容却极大增加了（例如动态性、多租户模式等）。

10.4.1 网卡虚拟化

多台虚拟机共享服务器中的物理网卡，需要一种机制既能保证 I/O（Input/Output，输入/输出）的效率，又能保证多台虚拟机共享使用物理网卡。I/O 虚拟化的出现就是为了提供这一机制。I/O 虚拟化包括从 CPU 到设备的一揽子解决方案。

从 CPU 的角度看，要解决虚拟机访问物理网卡等 I/O 设备的性能问题，能做的就是直接支持虚拟机内存到物理网卡的 DMA（Direct Memory Access，直接存储器访问）操作。Intel 的 VT-d 技术及 AMD 的 I/O 内存管理单元技术通过 DMA 重新映射机制来解决这个问题。DMA 重新映射机制主要有两个功能：一个是为每台虚拟机创建了一个 DMA 保护域并实现了安全的隔离，另一个是提供一种机制将虚拟机的物理地址翻译为物理机的物理地址。

从虚拟机对网卡等设备的访问角度看，传统虚拟化的方案是虚拟机通过虚拟机管理程序来共享地访问一个物理网卡，虚拟机管理程序需要处理多虚拟机对设备的并发访问和隔离等。具体的实现方式是通过软件模拟多个虚拟网卡（完全独立于物理网卡），所有的操作都在 CPU

与内存中进行。这样的方案满足了多租户模式的需求，但是牺牲了整体的性能，因为虚拟机管理程序很容易形成性能瓶颈。为了提高性能，一种做法是使虚拟机绕过虚拟机管理程序直接操作物理网卡，这种做法通常称为 PCI 直通，VMware、XEN 和 KVM 都支持这种做法。但这种做法的问题是虚拟机通常需要独占一个 PCI 插槽，不是一个完整的解决方案，成本较高且可扩展性不足。

新的解决方案是物理设备（如网卡）直接对上层操作系统或虚拟机管理程序提供虚拟化的功能，一个以太网卡可以对上层软件提供多个独立的虚拟通道来实现并发访问；这些虚拟设备拥有各自独立的总线地址，从而可以提供对虚拟机 I/O 的 DMA 支持。这样一来，CPU 得以从繁重的 I/O 任务中解放出来，能够更加专注于核心的计算任务（例如大数据分析）。这种方案也是业界主流的做法和发展方向，目前已经形成了标准。

10.4.2　虚拟交换机

在虚拟化早期阶段，由于物理网卡并不具备为多台虚拟机服务的能力，为了将同一物理机上的多台虚拟机接入网络，引入了一个虚拟交换机的概念。它通常也称为软件交换机，以区别于硬件实现的网络交换机。虚拟机通过虚拟网卡接入虚拟交换机，然后通过物理网卡外连到外部交换机，从而实现外部网络接入，例如 VMware 虚拟交换机（见图 10-8）就属于这一类技术。

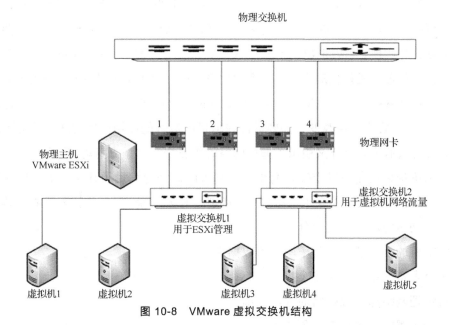

图 10-8　VMware 虚拟交换机结构

这样的解决方案也带来了一系列的问题。首先，一个很大的问题就是性能问题，因为所有的网络交换都必须通过软件模拟。研究表明：一个接入 10～15 台虚拟机的虚拟交换机，通常需要消耗 10%～15% 的主机计算能力；随着虚拟机数量的增长，性能问题无疑将更加严重。

其次，由于虚拟交换机工作在第二层，无形中也使得第二层子网的规模变得更大。更大的子网意味着更大的广播域，这样对性能和管理来说都是不小的挑战。最后，由于越来越多的网络数据交换在虚拟交换机内进行，传统的网络监控和安全管理工具无法对其进行管理，也意味着管理和安全的复杂性极大增加了。

10.4.3 接入层虚拟化

在传统的服务器虚拟化方案中，从虚拟机的虚拟网卡发出的数据包在经过服务器的物理网卡传送到外部网络的上联交换机后，虚拟机的标识信息被屏蔽掉了。上联交换机只能感知从某个服务器的物理网卡流出的所有流量，而无法感知服务器内某个虚拟机的流量，这样就不能从传统网络设备层面来保证服务质量和安全隔离。虚拟接入要解决的问题是要把虚拟机的网络流量纳入传统网络交换设备的管理之中，需要对虚拟机的流量做标识。

10.4.4 覆盖网络虚拟化

虚拟网络并不是全新的概念，事实上我们熟知的 VLAN 就是一种已有的方案。VLAN 的作用是在一个大的物理二层网络里划分出多个互相隔离的虚拟三层网络。这个方案在传统的数据中心网络中得到了广泛的应用。这里就引出了虚拟网络的第一个需求：隔离。VLAN 虽然很好地满足了这个需求，然而由于内在的缺陷，VLAN 无法满足第二个需求，即可扩展性（支持数量庞大的虚拟网络）。随着云计算的兴起，一个数据中心需要支持上百万的用户，每个用户需要的子网可能也不止一个。在这样的需求背景下，VLAN 已经远远不敷使用，需要重新思考虚拟网络的设计与实现。当虚拟数据中心开始普及后，其本身的一些特性也带来了对网络新的需求。物理机的位置一般是相对固定的，虚拟化方案的一个很大的特性在于虚拟机可以迁移。当迁移发生在不同网络、不同数据中心之间时，对网络产生了新的需求，例如需要保证虚拟机的 IP 地址在迁移前后不发生改变、需要保证虚拟机内运行的应用程序在迁移后仍可跨越网络和数据中心进行通信等。这样又引出了虚拟网络的第三个需求：支持动态迁移。

覆盖网络虚拟化就是应以上需求而生的，它可以更好地满足云计算和下一代数据中心的需求，它为用户虚拟化应用带来了许多好处（特别是对大规模的、分布式的数据处理），包括：

（1）虚拟网络的动态创建与分配；

（2）虚拟机的动态迁移（跨子网、跨数据中心）；

（3）一个虚拟网络可以跨多个数据中心；

（4）将物理网络与虚拟网络的管理分离；

（5）安全（逻辑抽象与完全隔离）。

10.4.5 软件定义网络

软件定义网络（Software Defined Network，SDN）尽管不是专门为网络虚拟化而生的，但是它带来的标准化和灵活性却给网络虚拟化的发展带来了无限可能。OpenFlow 是 SDN 的一个核心技术。OpenFlow 起源于斯坦福大学的 Clean Slate 项目组，其目的是重新发明因特网，旨在改变现有的网络基础架构。2006 年，斯坦福大学学生马丁·卡萨多领导的 Ethane 项目试图通过一个集中式的控制器，让网络管理员可以方便地定义基于网络流的安全控制策略，并将这些安全控制策略应用到各种网络设备中，从而实现对整个网络通信的安全控制。受此项目启发，研究人员发现如果将传统网络设备的数据转发和路由控制两个功能模块相分离，通过集中式的控制器以标准化的接口对各种网络设备进行管理和配置，将为网络资源的设计、管理和使用提供更多的可能性，从而更容易推动网络的革新与发展。

OpenFlow 可能的应用场景包括：

（1）校园网络中对实验性通信协议的支持；

（2）网络管理和访问控制；

（3）网络隔离和 VLAN；

（4）基于 Wi-Fi 的移动网络；

（5）非 IP 网络；

（6）基于网络包的处理。

10.5　存储虚拟化

存储虚拟化是一种贯穿于整个 IT 环境、用于简化本来可能会相对复杂的底层基础架构的技术。存储虚拟化的思想是将资源的逻辑映像与物理存储分开，从而为系统和管理员提供一幅简化、无缝的资源虚拟视图。

对于用户来说，虚拟化的存储资源就像是一个巨大的"存储池"，用户不会看到具体的磁盘、磁带，也不必关心自己的数据经过哪一条路径通往哪一个具体的存储设备。异构环境构建存储虚拟化如图 10-9 所示。

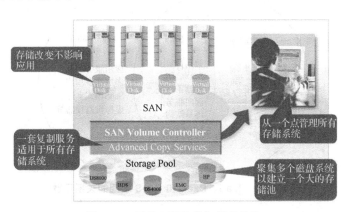

图 10-9　异构环境构建存储虚拟化

从管理的角度来看，虚拟存储池采取集中化的管理方式，并根据具体的需求把存储资源动态地分配给各个应用。值得特别指出的是，利用虚拟化技术可以用磁盘阵列模拟磁带库，为应用提供速度像磁盘一样快、容量却像磁带库一样大的存储资源（当今应用越来越广泛的虚拟磁带库），它在当今企业存储系统中扮演着越来越重要的角色。

将存储看作池子，存储空间如同池子中流动的水一样，可以任意地根据需要进行分配。可通过将一个（或多个）目标服务或功能与其他附加的功能集成，统一提供有用的全面功能服务。典型的虚拟化包括如下一些情况：屏蔽系统的复杂性，增加或集成新的功能，仿真、整合或分解现有的服务功能，等等。虚拟化是作用在一个或者多个实体上的，而这些实体则是用来提供存储资源及服务的。

10.6 云计算服务形式

云按照服务的组织方式不同，有公有云、私有云、混合云之分。公有云向所有人提供服务，典型的公有云提供商有阿里云、腾讯云等，人们可以用相对低廉的价格来方便地使用虚拟主机服务。私有云往往只针对特定客户群提供服务，例如一家企业可以在自己的数据中心搭建私有云，并向企业内部提供服务。也有部分企业整合了内部私有云和公有云，统一提供云服务，这就是混合云。

10.6.1 云计算的服务层次

云计算包括以下几个层次的服务：基础设施即服务（Infrastructure as a Service，IaaS）、平台即服务（Platform as a Service，PaaS）和软件即服务（SaaS）。这里，分层体系架构意义上的"层次"IaaS、PaaS 和 SaaS 分别在基础设施层、软件开放运行平台层和应用软件层实现。IaaS 和 PaaS 都脱胎于 SaaS，IaaS、PaaS 和 SaaS 之间的关系示意如图 10-10 所示。

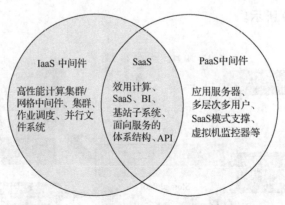

图 10-10　IaaS、PaaS 和 SaaS 之间的关系示意

IaaS：消费者通过因特网可以从完善的计算机基础设施获得服务。IaaS 通过网络向用户

提供计算机（物理机和虚拟机）、存储空间、网络连接、负载均衡和防火墙等基本计算资源；用户在此基础上部署和运行各种软件，包括操作系统和应用程序。例如，通过 AWS，用户可以按需定制所要的虚拟主机和块存储等，在线配置和管理这些资源。

PaaS：实际上是指将软件研发的平台作为一种服务，以 SaaS 模式提交给用户。因此，PaaS 是 SaaS 模式的一种应用。但是，PaaS 的出现可以加快 SaaS 的发展，尤其是加快 SaaS 应用的开发速度。平台通常包括操作系统、编程语言的运行环境、数据库和 Web 服务器，用户可在平台上部署和运行自己的应用。用户不能管理和控制底层的基础设施，只能控制自己部署的应用。目前常见的 PaaS 提供商有 Cloud Foundry、GAE 等。

SaaS：是一种通过因特网提供软件的模式，用户无须购买软件，而是向提供商租用基于 Web 的软件来管理企业经营活动，例如邮件服务、数据处理服务、财务管理服务等。

DaaS（Data as a Service，数据即服务）：是继 IaaS、PaaS、SaaS 之后又一个新的服务概念，指数据为决策提供依据，数据可以转化为财富。DaaS 是一个跨越大数据基础设施和应用的服务。过去的公司一般先获得大数据，然后使用——通常难以获得当前数据或从互联网上得到即时数据。但是现在，出现了各种各样的 DaaS 供应商，例如邓白氏公司为金融数据、地址以及其他形式的数据提供网络编程接口，费埃哲公司（FICO）提供财务信息，等等。

10.6.2　大数据与云相辅相成

长期以来，信息技术的发展主要实现的是云计算中结构化数据的存储、处理与应用。结构化数据的特征是"逻辑性强"，每个"因"都有"果"。然而，现实社会中大量数据事实上没有"显现"的因果关系，如一个时刻的交通堵塞、天气状态、人的心理状态等，它们的特征是随时、海量与弹性的，如一个突变天气分析包含几百拍字节的数据。而一个社会事件如乔布斯去世瞬间所产生在互联网上的数据（微博、文章、视频等）也是突然爆发出来的。

传统的计算机设计与软件以处理结构化数据为主，因此对"非结构"需要一种新的计算架构。互联网时代，社交网络、电商与移动通信把人类社会带入一个以拍字节为单位的结构化与非结构化数据的新时代，它就是大数据时代。

云计算和大数据在很大程度上是相辅相成的，它们最大的不同在于：云计算是你在做的事情，而大数据是你所拥有的数据等。以云计算为基础的信息存储、分享和挖掘手段为知识生产提供了工具，而通过对大数据进行分析、预测会使得决策更加精准，两者相得益彰。另外，云计算是一种 IT 理念、技术架构和标准，而云计算也不可避免地会产生大量的数据。所以说，大数据技术与云计算技术的发展密切相关，大型的云计算应用不可或缺的就是数据中心的建设，大数据技术是云计算技术的延伸。

所以云计算是硬件资源的虚拟化；大数据是海量数据的高效处理。整体来看，未来的趋势是，云计算作为计算资源的底层，支撑着上层的大数据处理，而大数据的发展趋势是，实时交互式的查询效率和分析能力。

相对于普通应用，大数据的分析与处理对网络有着更高的要求，涉及从带宽到延时，从吞吐量到负载均衡，以及可靠性、服务质量控制等方方面面。同时随着越来越多的大数据应用部署到云计算平台中，对虚拟网络的管理要求就越来越高。首先，网络接入设备虚拟化的发展，在保证多租户服务模式的前提下，还能同时兼顾高性能与低延时、低 CPU 占用率。其次，接入层的虚拟化保证了虚拟机在整个网络中的可见性，使得基于虚拟机粒度（或大数据应用粒度）的服务质量控制成为可能。覆盖网络的虚拟化，一方面使得大数据应用能够得到有效的网络隔离，更好地保证了数据通信的安全；另一方面也使得应用的动态迁移更加便捷，保证了应用的高性能和可靠性。软件定义网络更是从全局的视角来重新管理和规划网络资源，使得整体的网络资源得到优化利用。总之，网络虚拟化技术通过对性能、可靠性和资源优化利用的贡献，间接提高了大数据系统的可靠性和运行效率。

10.6.3 云的挑战

当然，许多人仍然对能否利用公有云基础设施保持怀疑。过去，这项服务一直存在着以下 3 个潜在问题。

（1）企业觉得这项服务不安全。内部基础设施被认为更有保障。

（2）许多供应商根本不提供软件的互联网/云版本。公司必须购买硬件，自行运行软件或者依赖第三方提供。

（3）难以将大量数据从内部系统中提取出来，存入云中。

虽然问题（1）对于某些政府机构来说确实存在，但确有从事云存储服务的企业证实它们能安全存储许多机密数据，网上提供的越来越多有类似作用的应用程序也正逐渐被企业所接受。

许多专家认为，对于真正的海量数据来说，源于企业内部的数据仍会保存在原处，源于云中的数据也是如此。但是随着越来越多的业务线应用程序在网上实现应用，也会有越来越多的数据在云中生成，并保存在云中。

借助大数据，企业获得了许多其他优势：它们投入在维护和部署硬件及软件上的时间变少了，可以按需进行扩展。如果有企业需要扩大计算资源或存储量，就不需要耗费数月时间，而只是分秒之间的事情了。有了网上的应用程序，其最新版本一经开放，用户就可以立刻使用。虽然企业的花费受其选择的公有云供应商控制，但云供应商之间的竞争不断推动价格下降，企业也依赖这些供应商提供可靠的服务。

在计算虚拟化、存储虚拟化和网络虚拟化解决了云计算的基本问题之后，如何提高云计算的安全性成为了云计算的一个重要课题。隐私保护、数据备份、灾难恢复、病毒防范、多点服务、数据加密、虚拟机隔离等，都是云安全的研究课题。

10.7　大数据与云计算

　　大数据与云计算都是为数据存储和处理服务的，都需要占用大量的存储和计算资源，而且大数据用到的海量数据存储技术、海量数据管理技术、MapReduce 等并行处理技术也都是云计算的关键技术。不过，大数据与云计算也有很多差异。

大数据与云计算

　　云计算的目的是通过互联网更好地调用、扩展和管理计算及存储资源，以节省企业的部署成本，其处理对象是 IT 资源、处理能力和各种应用。云计算从根本上改变了企业的 IT 架构，相关产业发展的主要推动力量是存储及计算设备的生产厂商和拥有计算及存储资源的企业。

　　而大数据的目的是充分挖掘海量数据中的信息，发现数据中的价值，其处理对象是各种数据。大数据使得企业从"业务驱动"转变为"数据驱动"，从而改变了企业的业务架构，其直接受益者是业务部门或企业 CEO（Chief Executive Officer，首席执行官），相关产业发展的主要推动力量是从事数据存储与处理的软件厂商和拥有大量数据的企业。

　　因此，不难发现，云计算和大数据实际上是工具与用途的关系，即云计算为处理大数据的有力工具，大数据为云计算提供了很有价值的用武之地。而且，从所使用的技术来看，大数据可以理解为云计算的延伸。大数据与云计算相得益彰，两者结合使得互相都能发挥最大的作用。云计算能为大数据提供强大的存储和计算能力，更加迅速地处理大数据，并更方便地提供服务；而来自大数据的业务需求能为云计算的落地找到更多、更好的实际应用。当然，大数据的出现也使得云计算面临新的考验。

【习题】

　　1.（　　　）是指在 IT 环境中，为具体应用提供计算、存储、互联、管理等基础功能的系统。

　　　A. 基础设施　　　B. 网络设施　　　C. 软件系统　　　D. 硬件设备

　　2. 在（　　　）奇迹的背后，是越来越廉价、越来越高效的计算能力。有了强大的计算能力，人类可以处理更为庞大的数据。

　　　A. 程序结构　　　B. 算法透明　　　C. 摩尔定律　　　D. 图灵测试

　　3.（　　　）是一种基于互联网的计算方式。通过这种方式，共享的软硬件资源和信息可以按需求提供给计算机和其他设备。

　　　A. 宏运算　　　B. 云计算　　　C. 瘦服务　　　D. 大数据

　　4. 云计算为我们提供了跨地域、高可靠、按需付费、所见即所得、快速部署等能力，随着云计算的发展，（　　　　）正成为云计算面临的一个重大考验。

    A. 宏运算　　　　　B. 云计算　　　　　C. 瘦服务　　　　　D. 大数据

5. 大数据解决方案的构架离不开（　　　　）的支撑，两者的底层原则是一样的。

    A. 云计算　　　　　B. 宏运算　　　　　C. 瘦服务　　　　　D. 大数据

6. 大数据是构建在云计算架构之上的（　　　　），它很难独立于云计算架构而存在。

    A. 连接方式　　　　B. 算法结构　　　　C. 应用形式　　　　D. 理论基础

7. 云计算下的（　　　　）、云安全及云平台就像支撑大数据这座"大楼"的"钢筋、水泥"。

    ① 图灵算法　　　② 海量存储　　　③ 计算虚拟化　　　④ 网络虚拟化

    A. ①②③　　　　　B. ②③④　　　　　C. ①③④　　　　　D. ①②④

8. 虚拟化是云计算的所有要素中最基本的，也是最核心的，包括（　　　　）。

    ① 计算虚拟化　　② 信息虚拟化　　③ 存储虚拟化　　④ 网络虚拟化

    A. ①②④　　　　　B. ①②③　　　　　C. ②③④　　　　　D. ①③④

9. （　　　　）虚拟化的核心思想是使在一个物理计算机上同时运行多个操作系统成为可能。

    A. 存储　　　　　　B. 数据　　　　　　C. 计算　　　　　　D. 网络

10. 在虚拟化世界中，我们通常把提供虚拟化能力的物理计算机称为（　　　　），而把在虚拟化环境中运行的计算机称为（　　　　）。

    A. 客户机　宿主机　　　　　　　　　　B. 宿主机　客户机

    C. 虚拟机　物理机　　　　　　　　　　D. 物理机　虚拟机

11. （　　　　）虚拟化是指把逻辑网络从底层的物理网络分离开来，包括网卡的虚拟化、网络的虚拟接入技术、覆盖网络交换以及软件定义网络等。

    A. 存储　　　　　　B. 数据　　　　　　C. 计算　　　　　　D. 网络

12. 云可以按照服务的组织方式来区分。（　　　　）向所有人提供服务，人们可以用相对低廉的价格来方便地使用虚拟主机服务。

    A. 公有云　　　　　B. 混合云　　　　　C. 私有云　　　　　D. 共享云

13. 对于（　　　　）来说，虚拟化的存储资源就像是一个巨大的"存储池"，用户不会看到具体的磁盘、磁带，也不必关心自己的数据经过哪一条路径通往哪一个具体的存储设备。

    A. 智能终端　　　　B. 用户　　　　　　C. 程序员　　　　　D. 服务器

14. （　　　　）往往只针对特定客户群提供服务，例如一家企业可以在自己的数据中心搭建它，并向企业内部提供服务。

    A. 公有云　　　　　B. 混合云　　　　　C. 私有云　　　　　D. 共享云

15. 云计算包括（　　　　）等几个层次的服务。

    ① 基础设施即服务（IaaS）　　　　　② 出行即服务（MaaS）

    ③ 平台即服务（PaaS）　　　　　　　④ 软件即服务（SaaS）

    A. ②③④　　　　　B. ①③④　　　　　C. ①②③　　　　　D. ①②④

16.（　　）通过网络向用户提供计算机（物理机和虚拟机）、存储空间、网络连接、负载均衡和防火墙等基本计算资源；用户在此基础上部署和运行各种软件，包括操作系统和应用程序。

    A．PaaS　　　　　B．SaaS　　　　　C．MaaS　　　　　D．IaaS

17.（　　）平台通常包括操作系统、编程语言的运行环境、数据库和 Web 服务器，用户可在平台上部署和运行自己的应用。用户不能管理和控制底层的基础设施，只能控制自己部署的应用。

    A．PaaS　　　　　B．SaaS　　　　　C．MaaS　　　　　D．IaaS

18.（　　）是一种通过因特网提供软件的模式，用户无须购买软件，而是向提供商租用基于 Web 的软件来管理企业经营活动，例如邮件服务、数据处理服务、财务管理服务等。

    A．PaaS　　　　　B．SaaS　　　　　C．MaaS　　　　　D．IaaS

19.（　　）实际上是指将软件研发的平台作为一种服务，以 SaaS 模式提交给用户。

    A．PaaS　　　　　B．ACaaS　　　　　C．MaaS　　　　　D．IaaS

20. 关于云计算和大数据，下列内容中正确的是（　　）。

    ① 云计算是你在做的事情，而大数据是你所拥有的数据等

    ② 以云计算为基础的信息存储、分享和挖掘手段为知识生产提供了工具，而通过对大数据进行分析、预测会使得决策更加精准，两者相得益彰

    ③ 云计算是一种 IT 理念，它不会产生大量的数据

    ④ 大型云计算应用不可或缺的就是数据中心的建设，大数据技术是云计算技术的延伸

    A．①③④　　　　　B．②③④　　　　　C．①②③　　　　　D．①②④

11 第11章 大数据与人工智能

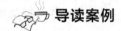**导读案例**

大数据与人工智能的关系

人工智能和大数据都是当前的热门技术，人工智能的发展要早于大数据，人工智能在20世纪50年代就已经开始发展，而2012年是大数据的元年。从百度指数的数据可以看出，人工智能受到国人关注要远早于大数据，且受到长期、广泛的关注，在近几年再次被推向顶峰。

人工智能和大数据是紧密相关的两种技术，二者既有联系，又有区别。

1. 人工智能与大数据的联系

一方面，人工智能需要数据来建立其智能，特别是机器学习。例如，机器学习图像识别应用程序可以查看数以万计的飞机图像，以了解飞机的构成，以便将来能够识别出它们。人工智能应用的数据越多，其获得的结果就越准确。在过去，人工智能由于处理器速度慢、数据量小而不能很好地工作。今天，大数据为人工智能提供了海量的数据，使得人工智能有了长足的发展，甚至可以说，没有大数据就没有人工智能。

另一方面，大数据为人工智能提供了强大的存储能力和计算能力。在过去，人工智能算法都依赖于单机存储和单机算法，而在大数据时代，面对海量的数据，传统的单机存储和单机算法都已经无能为力，建立在集群技术之上的大数据技术（主要是分布式存储和分布式计算）可以为人工智能提供强大的存储能力和计算能力。

2. 人工智能与大数据的区别

人工智能与大数据也存在着明显的区别，人工智能是一种计算形式，它允许机器执行认知功能，例如对输入起作用或做出反应，类似于人类的做法，而大数据是一种传统计算，它不会根据结果采取行动，只是寻找结果。

　　另外，二者要实现的目标和实现目标的手段不同。大数据的主要目标是通过数据的对比分析来推演出更优的方案。就拿视频推送为例，我们之所以会接收到不同的推送内容，便是因为大数据根据我们日常观看的内容，综合考虑了我们的观看习惯和日常的观看内容，推断出哪些内容更可能让我们会有同样的感觉，并将其推送给我们。而人工智能的开发，则是为了辅助和代替我们更快、更好地完成某些任务或进行某些决定。不管是汽车自动驾驶、自我软件调整或者是医学样本检查工作，人工智能都是在人类完成之前完成相同的任务，但区别就在于其速度更快、错误更少，它能通过机器学习的方法，掌握我们日常进行的重复性的工作，并以其计算机的处理优势来高效地实现目标。

　　资料来源：摘引自厦门大学计算机科学与技术系林子雨编著的《大数据导论》。

　　阅读上文，请思考、分析并简单记录。

　　（1）请简单阐述为什么说"没有大数据就没有人工智能"？

　　答：_____

_____

_____

_____

　　（2）阅读上文，请简单阐述人工智能与大数据的主要区别是什么。

　　答：_____

_____

_____

_____

　　（3）经常有人把大数据相关专业归为软件专业，而把人工智能相关专业归为硬件专业。这样的归类方法，你觉得合适吗？为什么？

　　答：_____

_____

_____

_____

　　（4）请简单描述你所知道的上一周发生的国际、国内或者身边的大事。

　　答：_____

_____

_____

_____

11.1　人工智能概述

人工智能（Artificial Intelligence，AI，见图 11-1）是研究、开发用于模拟、延伸和扩展人的智能的理论、方法、技术及应用系统的一门新的技术科学。人工智能是计算机科学的一个分支，它企图了解智能的实质，并生产出一种新的能以人类智能相似的方式做出反应的智能机器。它的研究领域包括机器学习（深度学习）、智能机器人、视觉与图像识别、自然语言处理、语音识别、经济政治决策、控制系统和仿真系统等。

图 11-1　人工智能

人工智能可以分为两部分，即"人工"和"智能"。其中的"智能"涉及其他诸如意识、自我、思维（包括无意识的思维）等方面。

斯坦福大学人工智能研究中心的尼尔森教授对人工智能下了这样一个定义：人工智能是关于知识的学科——表示知识以及获得知识并使用知识的科学。而麻省理工学院的温斯顿教授认为，"人工智能就是研究如何使计算机去做过去只有人才能做的智能工作。"这些说法反映了人工智能的基本思想和基本内容，即人工智能是研究人类智能活动的规律，构造具有一定智能的人工系统，研究如何让计算机去完成以往需要人的智力才能胜任的工作，也就是研究如何应用计算机的软硬件来模拟人类某些智能行为的基本理论、方法和技术。

11.2　机器学习基础

如果孤零零地给你一个数，例如 39，你能从中发现什么呢？一般不会有太多发现。这只是一个介于 38 和 40 的数，除此以外，其他所有的"发现"都只能是推测与猜想。接着，再给你多一点儿的信息：39 度，这表示的可能是角度或者是温度。然后，添加一个具体信息：39 摄氏度，这显然是温度，而且是比较高的温度。最后，告诉你这是某个人的口腔温度读数，于是，你知道这个人的体温超过了 39 摄氏度，说明他生病了。

机器学习基础

　　IBM 的研究员萨姆·亚当斯说："每增加一点儿信息，你对数据的理解就会发生显著的变化。"亚当斯说这些话的目的是向我们介绍数据在具体语境中的作用。数据越多，传递的信息就越具体，最终形成知识。各种各样的新数据大量涌现，有利于我们理解数据。但是，亚当斯认为，只有"把所有点连起来"，形成有价值的灵感或发现，才是真正的成果。

11.2.1　机器学习的定义

　　学习能力是智能行为的一个非常重要的特征。H.A.西蒙认为，学习是系统所做的适应性变化，使得系统在下一次完成同样或类似的任务时更为有效。R.S.米哈尔斯基认为，学习是构造或修改对于所经历事物的表示。这些观点各有侧重，第一种观点强调学习的外部行为效果，第二种则强调学习的内部过程。此外，也有从知识工程的实用性角度出发来考虑的。

　　机器学习（见图 11-2）在人工智能的研究中具有十分重要的地位，是人工智能研究的核心之一。它的应用已遍及人工智能的各个分支，如专家系统、自动推理、自然语言理解、模式识别、计算机视觉、智能机器人等领域。对于专家系统中的知识获取瓶颈问题，人们一直在努力试图采用机器学习的方法加以解决。

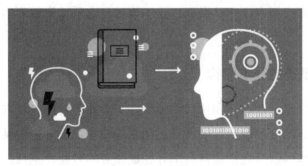

图 11-2　机器学习

　　一个不具有学习能力的智能系统难以称得上是一个真正的智能系统，但是以往的智能系统都普遍缺少学习能力，例如，它们遇到错误时不能自我校正、不会通过经验改善自身的性能、不会自动获取和发现所需的知识。它们的推理仅限于演绎而缺少归纳，因此，至多只能够证明已存在的事实、定理，而不能发现新的定理、定律和规则等。随着人工智能的深入发展，这些局限性表现得愈加突出。

　　机器学习的研究目标是根据生理学、认知科学等对人类学习机理的了解，建立人类学习过程的计算模型或认识模型，发展各种学习理论和学习方法，研究通用的学习算法并进行理论上的分析，建立面向任务的具有特定应用的学习系统。这些研究目标相互影响、相互促进。

　　学习是人类具有的一种重要智能行为，但究竟什么是学习，长期以来众说纷纭。社会学家、逻辑学家和心理学家都各有不同的看法。

　　例如，兰利的定义：机器学习是一门人工智能的学科，其主要研究对象是人工智能，特别是如何在经验学习中改善具体算法的性能。

汤姆·米歇尔的机器学习定义中对信息论的一些概念有详细解释，其中提到："机器学习是对能通过经验自动改进的计算机算法的研究"。

阿尔派丁提出自己的定义：机器学习是指用数据或以往的经验优化计算机程序的性能标准。

顾名思义，机器学习是研究如何使用机器来模拟人类学习活动的一门学科。稍严格的提法是：机器学习是一门研究如何让机器获取新知识和新技能，并识别现有知识的学科。这里所说的机器，指的是计算机，如电子计算机、中子计算机、光子计算机或神经计算机等。

机器能否像人类一样具有学习能力呢？1959 年，塞缪尔设计了一个下棋程序，这个程序具有学习能力，它可以在不断的对弈中改善自己的棋艺。4 年后，这个程序战胜了设计者本人。又过了 3 年，这个程序战胜了美国一个保持 8 年之久的常胜不败的冠军。这个程序向人们展示了机器学习的能力，提出了许多令人深思的社会问题与哲学问题。

机器的能力是否能超过人，很多持否定意见的人的一个主要论据是：机器是人造的，其性能和动作完全是由设计者规定的，因此，无论如何其能力也不会超过设计者本人。这种意见对不具备学习能力的机器来说的确是对的，可是对具备学习能力的机器就值得考虑了，因为这种机器的能力将在应用中不断地提高，过一段时间之后，设计者本人也不知它的能力到了何种水平。

11.2.2　机器学习系统的基本结构

在具体应用中，环境、知识库和执行部分决定了机器学习的工作内容，学习部分所需要解决的问题完全由这 3 部分确定。其中，环境向系统的学习部分提供某些信息，学习部分利用这些信息修改知识库，以提高系统执行部分完成任务的效能，执行部分根据知识库完成任务，同时把获得的信息反馈给学习部分。

（1）影响学习系统设计的最重要的因素是环境向系统提供的信息，或者更具体地说是信息的质量。知识库里存放的是指导执行部分动作的一般原则，但环境向学习系统提供的信息却是各种各样的。如果信息的质量比较高，与一般原则的差别比较小，则学习部分比较容易处理。如果向学习系统提供的是杂乱无章的指导执行具体动作的具体信息，则学习系统需要在获得足够数据之后，删除不必要的细节，进行总结推广，形成指导动作的一般原则，并将其放入知识库。这样，学习部分的任务就比较繁重，设计起来也较为困难。

因为学习系统获得的信息往往是不完全的，所以其所进行的推理并不完全是可靠的，它总结出来的规则可能正确，也可能不正确。这一点要通过执行效果加以检验。正确的规则能使系统的效能提高，应予保留；不正确的规则应予修改或从数据库中删除。

（2）知识库是影响学习系统设计的第二个因素。知识的表示有多种方式，例如特征向量、一阶逻辑语句、产生式规则、语义网络和框架等。这些表示方式各有其特点，在选择表示方式时要兼顾以下 4 个方面。

① 表达能力强。

② 易于推理。

③ 容易修改知识库。

④ 知识表示易于扩展。

学习系统不能在全然没有任何知识的情况下凭空获取知识，每一个学习系统都要求具有某些知识以理解环境提供的信息，分析比较，做出假设，检验并修改假设。因此，更确切地说，学习系统是对现有知识的扩展和改进。

（3）执行部分是整个学习系统的核心，因为执行部分的动作就是学习部分力求改进的动作。同执行部分有关的特性有 3 个：复杂性、反馈和透明性。

11.2.3　机器学习的研究领域

学习是一项复杂的智能活动，学习过程与推理过程是紧密相连的。按照学习中使用推理的多少，机器学习所采用的策略大体上可分为机械学习、示教学习、类比学习和通过事例学习等。学习中所用的推理越多，系统的能力越强。

机器学习的研究领域主要围绕以下 3 个方面进行。

（1）面向任务的研究：研究和分析改进一组预定任务的执行性能的学习系统。

（2）认知模型：研究人类学习过程并进行计算机模拟。

（3）理论分析：从理论上探索各种可能的学习方法和独立于应用领域的算法。

11.3　机器学习分类

机器学习是一门涉及概率论、统计学、逼近论、算法复杂度理论等多领域的交叉学科，专门研究计算机怎样模拟或实现人类的学习行为，以获取新的知识或技能，重新组织已有的知识结构使之不断改善自身的性能。它主要使用归纳、综合，而不是使用演绎。

人类善于发现数据中的模式与关系，但不能快速地处理大量的数据。另外，机器非常善于迅速处理大量数据，但它们得知道怎么做。如果人类知识可以与机器的处理速度相结合，机器就可以处理大量数据而不需要人类干涉。

综合考虑各种学习方法出现的学习策略、知识表示形式、应用领域、学习形式等因素，机器学习有不同的分类方法。

11.3.1　基于学习策略分类

学习策略是指学习过程中系统所采用的推理策略。学习系统由学习和环境两部分组成。环境部分（如教科书或教师）提供信息，学习部分则实现信息转换，将其用能够理解的形式记忆下来，并从中获取有用的信息。在学习过程中，学生（学习部分）使用的推理越少，他对教师（环境部分）的依赖就越大，教师的负担也就越重。基于学习策略的分类就是根据学生实现信息转换所需的推理多少和难易程度来实现的，依从少到多、从简单到复杂的次序分为以下 6 种基本类型。

（1）机械学习。学习者无须任何推理或其他的知识转换，直接获取环境所提供的信息。如塞缪尔的下棋程序、纽厄尔和西蒙的 LT 系统。这类学习系统主要考虑的是如何索引存储的知识并对其加以利用。系统直接通过事先编好、构造好的程序来学习，学习者不做任何工作，或者通过直接接收既定的事实和数据进行学习，对输入信息不做任何的推理。

（2）示教学习。学生从环境（教师或其他信息源如教科书等）获取知识，把知识转换成内部可使用的表示形式，并将新的知识和原有知识有机地结合为一体。所以要求学生有一定程度的推理能力，但环境仍要做大量的工作。教师以某种形式提出和组织知识，以使学生拥有的知识可以不断地增加。这种学习方法和人类社会的学校教学方式相似，学习的任务就是建立一个系统，使它能接受教导和建议，并有效地存储和应用学到的知识。不少专家系统在建立知识库时使用这种学习方法去实现知识获取。

（3）演绎学习。学生所用的推理形式为演绎推理。推理从公理出发，经过逻辑变换推导出结论。这种推理是"保真"变换和特化的过程，使学生在推理过程中可以获取有用的知识。这种学习方法包含宏操作学习、知识编辑和组块技术。演绎推理的逆过程是归纳推理。

（4）类比学习。利用两个不同领域（源域、目标域）中的知识的相似性，可以通过类比，从源域的知识（包括相似的特征和其他性质）推导出目标域的相应知识，从而实现学习。类比学习系统可以使一个已有的计算机应用系统转变为适应于新的领域，来完成原先没有设计的相类似的功能。类比学习需要更多的推理。它一般要求先从知识源（源域）中检索出可用的知识，再将其转换成新的形式，用到新的状况（目标域）中去。类比学习在人类科学技术发展史上起着重要作用，许多科学发现就是通过类比得到的。

（5）基于解释的学习。学生根据教师提供的目标概念、概念的一个例子、领域理论及可操作准则，首先构造一个解释来说明为什么该例子满足目标概念，然后将解释推广为目标概念的一个满足可操作准则的充分条件。基于解释的学习已被广泛应用于知识库求精和改善系统的性能。

（6）归纳学习。归纳学习是指由教师或环境提供某概念的一些实例或反例，让学生通过归纳推理得出该概念的一般描述。这种学习的推理工作量远多于示教学习和演绎学习，因为环境并不提供一般性概念描述（如公理）。从某种程度上说，归纳学习的推理量也比类比学习大，因为没有一个类似的概念可以作为"源概念"加以取用。归纳学习是最基本的、发展也较为成熟的学习方法。

11.3.2　基于知识表示形式分类

学习系统获取的知识可能有行为规则、物理对象的描述、问题求解策略、各种分类及其他用于任务实现的知识。

对于学习中获取的知识，主要有以下一些基于知识表示形式的分类。

（1）代数表达式参数。学习的目标是调节一个固定函数形式的代数表达式参数（或系数）来达到一个理想的性能目标。

（2）决策树。用决策树来决定物体的类属，树中每一内部结点对应一个物体属性，而每一边对应于这些属性的可选值，树的叶结点则对应于物体的每个基本分类。

（3）形式文法。在识别一种特定语言的学习中，通过对该语言的一系列表达式进行归纳，形成该语言的形式文法。

（4）产生式规则。产生式规则表示为条件-动作对，已被广泛地使用。学习系统中的学习行为主要是：生成、泛化、特化或合成产生式规则。

（5）形式逻辑表达式。形式逻辑表达式的基本组成是命题、谓词、变量、约束变量范围的语句，以及嵌入的逻辑表达式。

（6）图和网络。有的系统采用图匹配和图转换方案来有效地比较和索引知识。

（7）框架和模式。每个框架包含一组槽，用于描述事物（概念和个体）的各个方面。

（8）计算机程序和其他的过程编码。获取这种形式的知识，目的在于取得一种能实现特定过程的能力，而不是推断该过程的内部结构。

（9）神经网络。神经网络主要用在联结学习中。学习所获取的知识，最后归纳为一个神经网络。

（10）多种表示形式的组合。有时一个学习系统中获取的知识需要综合应用上述几种知识表示形式。

11.3.3　按应用领域分类

机器学习已经有了十分广泛的应用，例如数据挖掘、计算机视觉、自然语言处理、生物特征识别、搜索引擎、医学诊断、检测信用卡欺诈、证券市场分析、DNA 序列测序、语音和手写识别、战略游戏和机器人运用等，其中很多属于大数据分析技术的应用范畴。其最主要的应用有：专家系统、认知模拟、规划和问题求解、数据挖掘、网络信息服务、图像识别、故障诊断、自然语言理解、机器人和博弈等。

从机器学习的执行部分所反映的任务类型上看，大部分的应用研究领域基本上集中于以下两个范畴：分类和问题求解。

（1）分类任务要求系统依据已知的分类知识对输入的未知模式（该模式的描述）做分析，以确定输入模式的类属。相应的学习目标就是学习用于分类的准则（如分类规则）。

（2）问题求解任务要求对于给定的目标状态，寻找一个将当前状态转换为目标状态的动作序列；机器学习对这一任务的研究工作大部分集中于通过学习来获取能提高问题求解效率的知识（如搜索控制知识、启发式知识等）。

11.3.4 按学习形式分类

按学习形式分类，机器学习包括监督学习、无监督学习。

1. 监督学习（分类）

监督学习即在机器学习过程中提供对错指示，数据组中包含最终结果$(0, 1)$，通过算法让机器自我减少误差。这一类学习主要应用于分类和预测。

分类是一种监督学习技术，它将数据分为相关的、以前学习过的类别。它包括以下两个步骤。

（1）将已经被分类或者有标号的训练数据给系统，这样就可以形成对不同类别的理解。

（2）将未知或者相似数据给系统来分类，基于训练数据形成的理解，算法会分类无标号数据。

如图 11-3 所示，在一个简化的分类过程中，在训练时将有标号的数据给机器，使其建立对分类的理解，然后将未标号的数据给机器，使它进行分类。

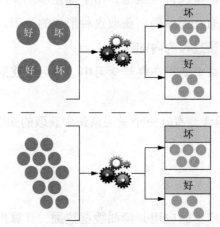

图 11-3　机器学习可以用来自动分类数据

例如，银行想找出哪些客户可能会拖欠贷款。基于历史数据编制一个训练数据集，其中包含标记的曾经拖欠贷款的客户样例和不曾拖欠贷款的客户样例。将这样的训练数据给分类算法，使之形成对"好"或"坏"顾客的认识。最终，将这种认识作用于新的不含标记的客户数据，来发现一个给定的客户属于哪个类。

2. 无监督学习（聚类）

无监督学习又称归纳性学习，通过循环和递减运算来减小误差，达到聚类的目的。通过这项技术，数据被分割成不同的组，这样在每组中的数据有相似的性质。聚类不需要先学习类别。相反，类别是基于分组数据产生的。数据如何成组取决于用什么类型的算法，不同的算法都有不同的技术来确定聚类。

聚类常用在数据挖掘上来理解一个给定数据集的性质。在形成理解之后，聚类可以被用来更好地预测相似但全新或未见过的数据。聚类可以被用在未知文件的分类以及通过将具有相似行为的客户分组的个性化市场营销策略上。图 11-4 所示的散点图描述了可视化表示的聚类。例如，基于已有的客户记录档案，银行想要给现有客户介绍很多新的金融产品。分析师用聚类将客户分类至多组中，然后给每组客户介绍最合适的一个或多个金融产品。

与机器学习相关技术如下所述。

1. 异常检测

异常检测是指在给定数据集中，发现明显与其他数据不一致的数据的过程。这种机器学习技术被用来识别反常、异常和偏差，它们可能是有利的，例如机会，也可能是不利的，例如风险。

异常检测与分类和聚类的概念紧密相关，虽然它的算法专注于寻找不同值。它可以基于监督学习或无监督学习。异常检测的应用包括欺诈检测、医疗诊断、网络数据分析和传感器数据分析等。图 11-5 所示的散点图直观地突出了异常点。

例如，为了查明一笔交易是否涉嫌欺诈，银行的 IT 团队构建了一个基于监督学习使用异常检测技术的系统。首先将一系列已知的欺诈交易送给异常检测算法，在系统训练后，将未知交易送给异常检测算法来判断是否涉嫌欺诈。

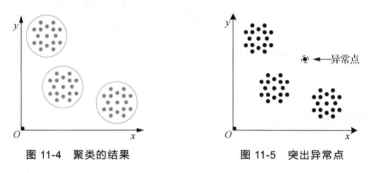

图 11-4　聚类的结果　　　　　　　　图 11-5　突出异常点

2. 过滤

过滤是自动从项目池中寻找有关项目的过程，项目可以基于用户行为或通过匹配多个用户的行为被过滤。过滤常用的媒介是推荐系统，过滤的主要方法是协同过滤和内容过滤。

协同过滤是一项基于联合或合并用户过去行为与他人行为的过滤方法。目标用户过去的行为，包括他们的喜好、评级和购买历史等，会被与相似用户的行为所联合。基于用户行为的相似性，项目被过滤给目标用户，它需要大量用户行为数据来准确地过滤项目。内容过滤是一项专注于用户和项目之间相似性的过滤技术。根据用户以前的行为创造用户文件。用户文件与不同项目之间所确定的相似性使项目被过滤并呈现给用户，它仅专注于用户个体偏好，而不需要其他用户数据。

推荐系统预测用户偏好并为用户生成相应建议。一般推荐的项目包括电影、书本、网页和人。推荐系统也可能基于协同过滤和内容过滤的混合来调整生成建议的准确性和有效性。例如，为了实现交叉销售，一家银行构建了使用内容过滤的推荐系统。基于客户购买的金融产品和相似金融产品性质所找到的匹配项，推荐系统自动推荐客户可能感兴趣的潜在金融产品。

11.4　神经网络与深度学习

神经网络（见图 11-6）是由大量处理单元（或称神经元）互联组成的非线性、自适应信息处理系统。它是在神经科学研究成果的基础上提出的，试图通过模拟大脑神经网络处理、记忆信息的方式进行信息处理。文字识别、语音识别等模式识别适合应用神经网络，此外，神经网络在贷款的风险管理、信用欺诈监测等领域也得到了广泛的应用。

神经网络与深度学习

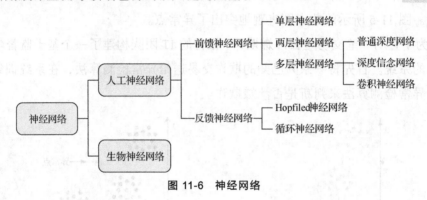

图 11-6　神经网络

11.4.1　人工神经网络的特征

人工神经网络具有以下 4 个基本特征。

（1）非线性。非线性关系是自然界的普遍特性，大脑的智慧就是一种非线性现象。人工神经元处于激活或抑制两种状态，这种行为在数学上表现为一种非线性关系。具有阈值的神经元构成的网络具有更好的性能，可以提高容错性和存储容量。

（2）非局限性。一个神经网络通常由多个神经元广泛连接而成。一个系统的整体行为不仅取决于单个神经元的特征，而且可能主要由单个神经元之间的相互作用、相互连接所决定。人工神经网络通过单个神经元之间的大量连接模拟大脑的非局限性。联想记忆是非局限性的典型例子。

（3）非常定性。人工神经网络具有自适应、自组织、自学习能力。神经网络不但处理的信息可以有各种变化，而且在处理信息的同时，其非线性动力系统本身也在不断变化。经常采用迭代过程描写动力系统的演化过程。

（4）非凸性。一个系统的演化方向，在一定条件下将取决于某个特定的状态函数。例如能量函数，它的极值对应于系统比较稳定的状态。非凸性是指这种函数有多个极值，故系统具有多个较稳定的平衡态，这将导致系统演化的多样性。

人工神经网络是并行分布式系统，采用了与传统人工智能和信息处理技术完全不同的机理，弥补了传统的基于逻辑符号的人工智能在处理直觉、非结构化数据方面的缺陷，具有自适应、自组织和实时学习的特点。

人工神经网络（见图 11-7）中，神经元处理单元可表示不同的对象，例如特征、字母、概念，或者一些有意义的抽象模式。网络中处理单元的类型分为 3 类：输入单元、输出单元和隐单元。输入单元用于接收外部世界的信号与数据；输出单元用于实现系统处理结果的输出；隐单元是处在输入单元和输出单元之间，不能由系统外部观察的单元。神经元之间的连接权值反映了神经元之间的连接强度，信息的表示和处理体现在网络处理单元的连接关系中。

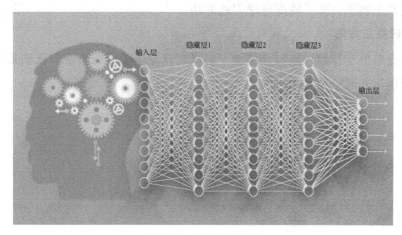

图 11-7　人工神经网络

人工智能技术的发展尤其以深度学习所取得的进步最为显著，深度学习带来的重大技术革命，甚至有可能颠覆过去长期以来人们对互联网技术的认知，实现技术的跨越式发展。

11.4.2　深度学习的意义

从研究的角度看，深度学习是基于多层人工神经网络，以海量数据为输入，发现规则以自学习的方法。深度学习所基于的多层神经网络并非新鲜事物，甚至在 20 世纪 80 年代还被认为没有前途。但近年来，科学家对多层神经网络的算法不断优化，使它出现了突破性的进展。

以往很多算法是线性的，而现实世界大多数事情的特征是复杂、非线性的。例如猫的图像中，就包含颜色、形态等各种信息。深度学习的关键就是通过多层非线性映射将这些信息成功分开。

采用多层神经网络结构的好处是可以减少参数，因为它重复利用中间层的计算单元。还是以识别猫作为例子，它可以学习猫的分层特征：底层从原始像素开始，刻画局部的边缘和纹理；中间层把各种边缘进行组合，描述不同类型的猫的外观；最高层描述的是整个猫的全局特征。

深度学习需要具备超强的计算能力，同时还需要海量数据的不断输入。特别是在信息表示和特征设计方面，过去大量依赖人工，严重影响有效性和通用性。深度学习则彻底颠覆了"人造特征"的范式，开启了数据驱动的"表示学习"范式——由数据自提取特征，计算机自己发现规则，进行自学习。过去，人们对经验的利用靠人类自己完成，而深度学习中，经验以数据形式存在。因此，深度学习，就是关于在计算机上从数据中产生模型的算法，即深度学习算法。

11.4.3　深度学习的方法

我们通过几个例子，来了解深度学习的方法。

示例 1：识别正方形

先从一个简单例子开始，从概念层面上解释究竟发生了什么事情。我们来试试看如何从多个形状中识别正方形（见图 11-8）。

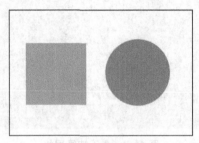

图 11-8　简单例子

检查图 11-8 中是否有 4 条线（简单的概念）。如果找到这样的 4 条线，进一步检查它们是相连的、闭合的和相互垂直的，并且它们的长度是否相等（嵌套的概念层次结构）。

这样就完成了一个复杂的任务（识别一个正方形），并且是以简单、不太抽象的方式来完成它。深度学习本质上在大规模执行类似的逻辑。

示例 2：识别猫

我们通常能用很多属性描述一个事物。其中有些属性可能很关键、很有用，有些属性可能没什么用。我们将属性称为特征，特征辨识是一个数据处理的过程。

以传统方法识别猫，即标注各种特征去识别：大眼睛，有胡子，有花纹等。但这种特征可能分不出是猫还是老虎，是狗还是猫。这种方法叫人制定规则，机器可学习这种规则。

深度学习的方法是，直接给机器大量图片，说图里有猫，再给机器大量图片，说图里没猫，然后来训练深度学习网络，通过深度学习去学猫的特征，计算机就知道了什么是猫（见图 11-9）。

示例 3：训练机械手学习抓取动作

传统方法肯定是看到机械手，就完成函数的编写，移动到标注的位置，利用程序实现一次抓取。

图 11-9 识别猫

而谷歌公司现在用一个深度神经网络训练机器人（见图 11-10），帮助机器人根据摄像头输入和电机命令，预测抓取的结果。简单地说，就是训练机器人的手眼协调能力。机器人会观测自己的机械手，实时纠正抓取运动。所有行为都从学习中自然浮现，而不是依靠传统的系统程序。

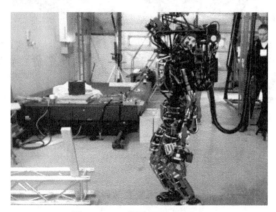

图 11-10 谷歌训练机器人

为了加快学习进程，谷歌公司用了 14 个机械手同时工作，在将近 3 000 小时的训练，相当于 80 万次抓取尝试后，看到智能反应行为的出现。资料显示，没有训练的机械手，前 30 次抓取失败率为 34%，而训练后，失败率降低到 18%。这就是一个自我学习的过程。

示例 4：训练人工神经网络写文章

斯坦福大学的计算机博士安德烈·卡帕蒂曾用托尔斯泰的小说《战争与和平》来训练人工神经网络。每训练 100 次，就让它写文章。在 100 次训练后，它就知道要加空格，但有时是在"胡言乱语"（乱码）。500 次训练后，它能正确拼写一些短单词。1 200 次训练后，它写的文章中有标点符号和长单词。2 000 次训练后，它已经可以正确写更复杂的语句。

整个演化过程是什么样的呢？

以前我们写文章，只需知道语法规则。而在演化过程中，完全没人告诉机器语法规则。甚至，连标点符号和字母的区别都不用告诉它。不告诉机器任何内容，只是不停地用原始数据进行训练，一次一次训练，最后输出结果——就是一条条能让人看得懂的语句。

一切看起来都很有趣。人工智能与深度学习的美妙之处，也正在于此。

示例 5：做胃镜检查

胃不舒服时做检查，常常需要做胃镜检查，甚至要分开做肠、胃镜检查，而且通常还无法检查小肠。有一家公司研发出了一种"胶囊"（摄像头，见图 11-11）。胶囊被吃进去后，在人体内每 5 秒拍一幅图，连续摄像，此后人体再排出胶囊。这样，所有关于肠道和胃部的问题被完整记录。但光是等医生把这些图看完就需要 5 个小时。原本的机器主动检查漏检率高，还需要医生复查。

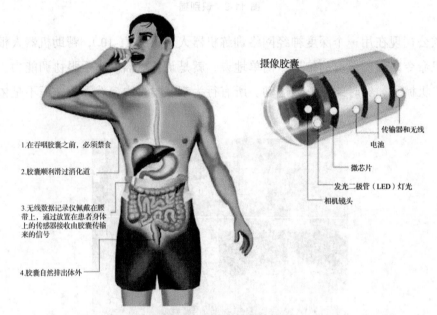

图 11-11　用胶囊做胃镜检查

后来采用深度学习，将采集到的 8 000 多张图片数据输入机器，机器不断学习，这样不仅提高了诊断精确率，还降低了医生的漏检率以及对好医生的经验依赖；而这一切只需要靠机器自己去学习规则。深度学习算法，可以帮助医生做出决策。

11.4.4　深度学习的实现

深度学习本来并不是一种独立的学习方法，它会用到监督学习和无监督学习方法来训练深度神经网络。但由于近几年该领域发展迅猛，一些特有的学习手段（如残差网络）相继被提出，因此越来越多的人将其单独看作一种学习的方法。

最初的深度学习是利用神经网络来解决特征表达问题的一种学习过程。深度神经网络可大致理解为包含多个隐藏层的神经网络。为了提高深层神经网络的训练效果，人们对神经元的连接方法和激活函数等做出了相应的调整。如今，深度学习迅速发展，奇迹般地完成了各种任务，使得似乎所有的机器辅助功能都变为可能，无人驾驶汽车、预防性医疗保健、更好的电影推荐等，都近在眼前或者即将实现。

与大脑中一个神经元可以连接一定距离内的任意神经元不同，ANN（Artificial Neural Network，人工神经网络）具有离散的层、连接和数据传播方向。例如，我们可以把一幅图像切分成图像块，输入神经网络的第一层，在第一层的每一个神经元都把数据传递到第二层，第二层的神经元也完成类似的工作，把数据传递到第三层，依此类推，直到最后一层，然后生成结果。

以道路上的停止（STOP）标志牌（见图 11-12）为例，将一个停止标志牌图像的所有元素都"打碎"，然后用神经元进行"检查"：八边形的外形、救火车般的红颜色、鲜明突出的字母、交通标志的典型尺寸和静止不动的运动特性等。神经网络的任务就是给出结论，它到底是不是一个停止标志牌。神经网络会根据所有权重，给出一个经过深思熟虑的猜测——"概率向量"。

图 11-12　停止标志牌

在这个例子里，系统可能会给出这样的结果：有 86% 的可能性是一个停止标志牌，有 7% 的可能性是一个限速标志牌，有 5% 的可能性是一个风筝挂在树上，然后网络结构告诉神经网络，它的结论是否正确。

神经网络是调制、训练出来的，还是很容易出错的。它最需要的就是训练。需要成百上千甚至几百万张图像来训练，直到神经元的输入的权值都被调制得十分精确，无论是否有雾、晴天还是雨天，每次都能得到正确的结果。只有在这个时候，我们才可以说神经网络成功地自学习到一个停止标志牌的样子。

关键的突破在于，神经网络从根本上显著地增大效果，其层数会变得非常多，神经元也变得非常多，然后给系统输入海量的数据来训练网络。这样就为深度学习加入了"深度"，这就是说神经网络中众多的层。

资深学者本希奥有一段话讲得特别好，引用如下：

Science is NOT a battle，it is a collaboration．We all build on each other's ideas．Science is an act of love，not war．Love for the beauty in the world that surrounds us and love to share and build something together．That makes science a highly satisfying activity，emotionally speaking！

这段话的大致意思是，"科学不是一场战斗，而是一场建立在彼此想法上的合作。科学是一种爱，而不是战争，热爱周围世界的美丽，热爱分享和共同创造美好的事物。从情感上说，这使得科学成为一项令人非常愉悦的活动！"

结合机器学习近年来的迅速发展来看本希奥的这段话，可以感受到其中的深刻含义。未来哪种机器学习算法会成为热点呢？资深专家吴恩达曾表示，"在继深度学习之后，迁移学习将引领下一波机器学习技术"。

11.5　机器学习与深度学习

在有所了解的基础上，我们来对比机器学习和深度学习这两种技术。深度学习与传统的机器学习最主要的区别在于随着数据规模的增加，其性能的变化不同。

当数据很少时，深度学习算法的性能并不好。这是因为深度学习算法需要大量的数据来完美地理解和学习。另外，在这种情况下，传统的机器学习算法使用制定的规则，性能会比较好。

在特征处理方面，机器学习中大多数应用的特征都需要专家确定，然后编码。特征可以是像素值、形状、纹理、位置和方向等。大多数机器学习算法的性能依赖于所提取的特征的准确度。深度学习尝试从数据中直接获取高等级的特征，这是深度学习与传统机器学习算法的主要的区别。基于此，深度学习削减了对每一个问题设计特征提取器的工作。例如，卷积神经网络尝试在前边的层学习低等级的特征（边界、线条等），再学习部分人脸，然后是高级人脸的描述（见图 11-13）。

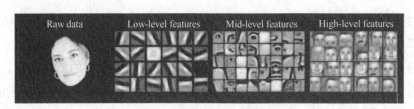

图 11-13　从数据中获取特征

在问题的解决方式上，当应用传统机器学习算法解决问题的时候，传统机器学习通常会将问题分解为多个子问题并逐个解决子问题，最后结合所有子问题的结果获得最终结果。而深度学习提倡直接端到端地解决问题。例如：一个检测多物体的任务需要图像中物体的类型和位置（见图 11-14）。

传统机器学习会将问题分解为两步：物体检测和物体识别，即首先，使用边界框检测算法扫描整张图片找到物体可能存在的区域，然后使用物体识别算法对上一步检测出来的物体进行识别。而深度学习会直接将输入数据进行运算得到输出结果。例如可以直接将图片传给YOLO 网络（一种深度学习算法），YOLO 网络会给出图片中物体的名称。

那么大数据以及各种算法与深度学习有什么区别呢？

图 11-14　需要图像中物体的类型和位置

过去的算法模式，在数学上叫线性，也就是说 x 和 y 的关系是对应的，它是一种函数映射的体现。但这种算法在海量数据面前遇到了瓶颈。国际上知名的 ImageNet 图像分类大赛中，如果用传统算法，识别错误率一直降不下去；采用深度学习后，错误率大幅降低。在 2010 年，获胜的系统只能准确标记 72% 的图片；到了 2012 年，多伦多大学的杰夫·辛顿利用深度学习，带领团队实现了 85% 的准确率；2015 年的 ImageNet 图像分类大赛上，一个深度学习系统以 96% 的准确率第一次超过了人类（人类平均有 95% 的准确率）。

计算机识图的能力，已经超过了人类。尤其在图像识别和语音识别等复杂应用方面，深度学习技术取得了优越的性能。

【习题】

1. 人工智能是（　　）的一个分支，它企图了解智能的实质，并生产出一种新的能以人类智能相似的方式做出反应的智能机器。

　　A．电气学科　　　　　　　　　　B．神经学科

　　C．生物工程　　　　　　　　　　D．计算机科学

2. 人工智能的研究领域包括机器学习（深度学习）、智能机器人、（　　）、语音识别、经济政治决策等。

　　① 自然语言处理　　　　　　　　② 控制系统与仿真系统

　　③ 视觉与图像处理　　　　　　　④ 软件工程与自动测试

　　A．②③④　　　　　　　　　　　B．①②③

　　C．①②④　　　　　　　　　　　D．①③④

3. 尼尔森教授对人工智能下了这样一个定义："人工智能是关于（　　）的学科——表示它以及获得它并使用它的科学。"

　　A．知识　　　　　B．算法　　　　　C．智慧　　　　　D．能力

4. 在具体语境中，数据越多，传递的信息就越具体，最终形成知识。各种各样的新数据大量涌现，（　　　）。但只有"把所有点连起来"，形成有价值的灵感或发现，才是真正的成果。

  A. 增加了处理数据的负担　　　　 B. 加大了数据的混乱现象

  C. 有利于人们理解数据　　　　　 D. 会使数据愈加难以理解

5. 机器学习的研究目标是根据生理学、认知科学等对人类学习机理的了解，（　　　）。这些研究目标相互影响、相互促进。

  ① 建立人类学习过程的计算模型或认识模型，发展各种学习理论和学习方法

  ② 研究通用的学习算法并进行理论上的分析

  ③ 构建专用的学习设备并推广应用实践

  ④ 建立面向任务的具有特定应用的学习系统

  A. ①②③　　　 B. ①②④　　　 C. ②③④　　　 D. ①③④

6. 机器学习是一门研究如何让机器获取新知识和新技能，并识别现有知识的学科。这里所说的机器，指的是（　　　）。

  A. 光电机　　　 B. 自动机　　　 C. 运算器　　　 D. 计算机

7. 在机器学习的具体应用中，（　　　）决定了机器学习的工作内容，学习部分所需要解决的问题完全由这3部分确定。

  ① 机器　　　 ② 环境　　　 ③ 知识库　　　 ④ 执行部分

  A. ②③④　　　 B. ①②③　　　 C. ①②④　　　 D. ①③④

8. 影响学习系统设计的最重要的因素是（　　　）。

  A. 执行部分　　 B. 知识库　　　 C. 信息质量　　 D. 数据数量

9. 知识库是影响学习系统设计的第二个因素。知识的表示有多种方式，在选择表示方式时要兼顾（　　　）和知识表示易于扩展等方面。

  ① 易于整合　　 ② 表达能力强　 ③ 易于推理　　 ④ 容易修改知识库

  A. ①②③　　　 B. ②③④　　　 C. ①②④　　　 D. ①③④

10. 执行部分是整个学习系统的核心，因为其动作就是学习部分力求改进的动作。与之有关的特性有3个：（　　　）。

  ① 复杂性　　　 ② 反馈　　　 ③ 透明性　　　 ④ 系统性

  A. ②③④　　　 B. ①②④　　　 C. ①③④　　　 D. ①②③

11. 按照学习中使用推理的多少，机器学习所采用的策略大体上可分为（　　　）和通过事例学习等。学习中所用的推理越多，系统的能力越强。

  ① 机械学习　　 ② 反馈学习　　 ③ 示教学习　　 ④ 类比学习

  A. ②③④　　　 B. ①②④　　　 C. ①③④　　　 D. ①②③

12. 人类善于发现数据中的（　　　），但不能快速地处理大量的数据。另外，机器非常善于迅速处理大量数据，但它们得知道怎么做。如果人类知识可以与机器的处理速度相结合，

机器就可以处理大量数据而不需要人类干涉。

  A. 大小与数量　　B. 模式与规律　　C. 模式与关系　　D. 数量与关系

  13. 分类是一种（　　）学习技术，它将数据分为相关的、以前学习过的类别。这项技术的常见应用是过滤垃圾邮件。

  A. 完全自动　　　B. 监督　　　　C. 无监督　　　　D. 无须控制

  14. 聚类是一种（　　）学习技术，通过这项技术，数据被分割成不同的组，每组中的数据有相似的性质。类别是基于分组数据产生的，数据如何成组取决于用什么类型的算法。

  A. 手工处理　　　B. 有控制　　　C. 监督　　　　　D. 无监督

  15. 聚类常用在（　　）上来理解一个给定数据集的性质。在形成理解之后，聚类可以被用来更好地预测相似但全新或未见过的数据。

  A. 自动计算　　　B. 程序设计　　C. 数据挖掘　　　D. 数值分析

  16. 异常检测是指在给定数据集中，发现明显与其他数据不一致的数据的过程。这种机器学习技术被用来识别反常、异常和偏差，它们可能是（　　）的，例如机会，也可能是（　　）的，例如风险。

  A. 无价值　有价值　　　　　　　B. 有利　不利

  C. 不利　有利　　　　　　　　　D. 有价值　无价值

  17. 过滤是自动从项目池中寻找有关项目的过程，项目可以基于用户行为或通过匹配多个用户的行为被过滤。过滤的主要方法是（　　）。

  A. 完全过滤和不完全过滤　　　　B. 数值过滤和字符过滤

  C. 自动过滤和手动过滤　　　　　D. 协同过滤和内容过滤

  18. 神经网络是由大量处理单元（或称神经元）互联组成的（　　）、自适应信息处理系统。它试图通过模拟大脑神经网络处理、记忆信息的方式进行信息处理。

  A. 非线性　　　B. 线性　　　C. 块状　　　D. 条状

  19. 人工神经网络具有非线性和（　　）等（4个）基本特征。

  ① 非局限性　　　② 非常定性　　　③ 非凸性　　　④ 非凹性

  A. ②③④　　　B. ①②④　　　C. ①③④　　　D. ①②③

12 第12章　大数据安全与法律

导读案例

《中华人民共和国个人信息保护法》施行

2021年11月1日《中华人民共和国个人信息保护法》正式施行。这是一部全面的法律，用于规范个人信息的处理和收集以及跨境传输。

与以往类似法律不同，《中华人民共和国个人信息保护法》第十三条，将员工和人力资源管理人员纳入个人信息保护范围。这意味着与雇用和人力资源相关的个人信息，包括薪酬和绩效评估信息，除非经过匿名处理或获得员工的知情同意，否则不得将其发送到中国境外（见图12-1）。这对可能在中国境外拥有母公司和人力资源部门的公司产生了影响。

图 12-1　个人信息保护

《中华人民共和国个人信息保护法》类似于欧盟的《通用数据保护条例》（GDPR），但一些重要方面有所不同。与 GDPR 一样，《中华人民共和国个人信息保护法》具有广泛的域外管辖权。因此，即使是在中国没有业务的公司，如果从在中国的人那里收集数据，也可能受到《中华人民共和国个人信息保护法》的影响。

它们之间有重大差异，例如 GDPR 要宽容一些，如果接收国拥有强大的数据保护制度，则可以在不增加额外保护的情况下传输数据，但是在中国不行。如果你要向中国境外发送个人数据，在合法转移之前有先决条件。

另一个不同之处在于，《中华人民共和国个人信息保护法》有明确规定，政府部门不能越界，但公共安全和国家安全方面也有例外。此外，未经中国政府同意，公司不得转让与执法或司法事项有关的个人信息。法律要求那些在中国没有业务的外国公司指定一名当地代表，就像代理人一样，处理有关在中国收集的个人信息的问题。如果出现问题，这些公司仍然要承担责任。责任基本上延伸到个人信息的原始收集者。

总之，中国自身的数字经济发展规模和基础，以及对未来发展的宏观愿景，都决定了在设计个人信息保护的中国方案时，有着基于自身国情的特殊考量。《中华人民共和国个人信息保护法》虽然在整体上与国际规则接轨，但是在具体机制上仍然有细微的差别。

资料来源：知乎，2021-10-12。

阅读上文，请思考、分析并简单记录。

（1）2021年11月1日《中华人民共和国个人信息保护法》正式施行。请在网络上找到该文件，阅读、了解该法律文件的主要内容。请简单记录你的阅读体会。

答：_____

_____

_____

_____

（2）请通过网络搜索浏览欧盟的《通用数据保护条例》（GDPR）。这两个法律文件在哪些方面有所不同？请简单阐述。

答：_____

_____

_____

_____

（3）《中华人民共和国个人信息保护法》明确规定，未经中国政府同意，公司不得转让与执法或司法事项有关的个人信息。法律要求那些在中国没有业务的外国公司必须指定一名当地代表，就像代理人一样。这样做的具体作用是什么？

答：_____

_____

_____

_____

（4）请简单描述你所知道的上一周发生的国际、国内或者身边的大事。

答：_____

_____

_____

_____

12.1 大数据的安全问题

大数据的安全问题

传统的数据安全侧重于信息内容（信息资产）的管理，更多地将信息作为企业/机构的自有资产进行相对静态的管理，不能适应实时动态的大规模数据流转和大量用户数据处理的特点。大数据的特性和新的技术架构颠覆了传统的数据管理方式，在数据来源、数据处理、数据使用和数据思维等方面带来革命性的变化，这样给大数据的安全防护带来了严峻的挑战。大数据的安全不仅是大数据平台的安全，还是以数据为核心，在全生命周期的各阶段流转过程中，在数据采集汇聚、数据存储处理、数据共享使用等方面的安全。

云计算、社交网络和移动互联网的兴起，对数据存储的安全性要求随之提高。各种在线应用进行大量数据共享的一个潜在问题就是信息安全问题。虽然信息安全技术发展迅速，然而企图破坏和规避信息保护的各种网络犯罪的手段也在发展中，更加不易追踪和防范。

数据安全的一个方面是管理。在加强技术保护的同时，加强全民的信息安全意识，完善保护信息安全的政策和流程至关重要。

根据中华人民共和国工业和信息化部网络安全管理局的相关定义，所谓数据安全风险信息，主要是通过检测、评估、信息搜集、授权监测等手段获取的。数据安全风险包括但不限于以下这些。

（1）数据泄露，数据被恶意获取，或者转移、发布至不安全环境等相关风险。

（2）数据篡改，造成数据破坏的修改、增加、删除等相关风险。

（3）数据滥用，数据超范围、超用途、超时间使用等相关风险。

（4）违规传输，数据未按照有关规定擅自进行传输等相关风险。

（5）非法访问，数据遭未授权访问等相关风险。

（6）流量异常，数据流量规模异常、流量内容异常等相关风险。

此外，可能存在数据安全风险还包括由相关政府部门组织授权监测的暴露在互联网上的数据库、大数据平台等数据资产信息。

12.1.1 采集汇聚安全

大数据环境下，随着物联网、5G 的发展，出现了各种不同的终端接入方式和各种各样的数据应用。来自大量终端设备和应用的超大规模数据输入，对鉴别大数据的真实性提出了挑战，数据来源不可信、源数据被篡改都是需要防范的风险。数据传输需要各种协议相互配合，有些协议缺乏专业的数据安全保护机制，从数据源到大数据平台的数据传输可能带来安全风险。数据采集过程中存在的误差会造成数据本身的失真和偏差，数据传输过程中的泄漏、破坏或拦截会带来隐私泄露、谣言传播等安全管理失控的问题。因此，大数据传输中信道安全、数据防破坏、数据防篡改和设备物理安全等几个方面都需要考虑。

12.1.2　存储处理安全

大数据平台处理数据的模式与传统信息系统处理数据的模式不同。传统数据的产生、存储、计算、传输都对应界限明确的实体，可以清晰地通过拓扑结构表示，这种处理方式用边界防护相对有效。但大数据平台，采用新的处理范式和数据处理方式（MapReduce、列存储等）。存储平台同时也是计算平台，应用分布式存储、分布式数据库、NewSQL、NoSQL、分布式并行计算、流式计算等技术，平台内可以同时使用多种数据处理方式，完成多种业务处理，导致边界模糊，传统的安全防护方式难以奏效。大数据安全事故分析如图 12-2 所示。

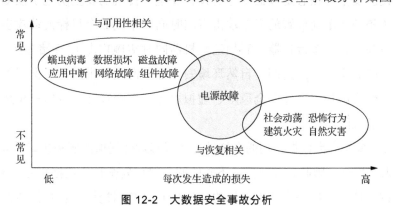

图 12-2　大数据安全事故分析

（1）大数据平台的分布式计算涉及多台计算机和多条通信链路，一旦出现多点故障，容易导致分布式系统出现问题。此外，分布式计算涉及的组织较多，在安全攻击和非授权访问防护方面比较脆弱。

（2）由于数据被分块存储在各个数据节点，传统的安全防护在分布式存储方式下很难奏效，其面临的主要安全问题是数据丢失和数据泄露。具体如下。

① 数据的安全域划分无效。

② 细粒度的访问存储、访问控制措施不健全，用作服务器软件的 NoSQL 未有足够的安全内置访问控制措施，使客户端应用程序需要内建安全措施，因此产生授权过程身份验证和输入验证等安全挑战。

③ 分布式节点之间的传输网络易受到攻击、劫持和破坏，使得存储数据的完整性、机密性难以保证。

④ 数据分布式存储增大了各个存储节点暴露的风险。在开放的网络化社会，攻击者更容易找到侵入点，以相对较低的成本就可以获得"滚雪球"式的收益。一旦遭受攻击，失窃的数据量和损失是十分巨大的。

⑤ 传统的数据存储加密技术在性能上面很难满足高速、大容量数据的加密要求。

（3）大数据平台访问控制的安全隐患主要体现在：用户多样性和业务场景多样性带来的权限控制多样性和精细化要求，超过了平台自身访问控制能够实现的安全级别，策略控制无法满足权限的动态性需求，传统的角色访问控制不能将角色、活动和权限有效地对应起来。因此，在大数据平台下的访问控制机制需要对新问题进行分析和探索。

（4）针对大数据的新型安全攻击中最具代表性的是高级持续性攻击。由于这类攻击具有潜伏性和低活跃性的特性，因此其持续性过程成了一个不确定的实时过程，且产生的异常行为不易被捕获。传统的基于内置攻击事件库的特征实时匹配检测技术对这种攻击无效。大数据应用为攻击者实施可持续的数据分析和攻击提供了极好的隐藏环境，一旦攻击得手，失窃的数据量甚至是难以估量的。

（5）基础设施安全的核心是数据中心的设备安全。传统的安全防范手段如网络防分布式拒绝服务攻击（指处于不同位置的多个攻击者同时向一个或数个目标发动攻击，或者一个攻击者控制位于不同位置的多台机器并利用这些机器同时实施攻击）、存储加密、容灾备份、服务器安全加固、防病毒、接入控制、自然环境安全等。而主要来自大数据服务所依赖的云计算技术的风险，包括虚拟化软件安全风险、虚拟服务器安全风险、容器安全风险，以及由于云服务引起的商业风险等。

（6）服务接口安全。大数据应用的多样性，使得其对外提供的服务接口千差万别，这一点也给攻击者带来了机会。因此，如何保证不同的服务接口安全是大数据平台的又一巨大挑战。

（7）数据挖掘技术使用安全。大数据的应用核心是数据挖掘，从数据中挖掘出高价值信息为企业所用，是大数据价值的体现。然而使用数据挖掘技术为企业创造价值的同时，容易产生隐私泄露的问题。如何防止数据滥用和数据挖掘导致的隐私泄露，是大数据安全工作中一个最主要的挑战。

12.1.3　共享使用安全

互联网给人们的生活带来了方便，同时也使得个人信息的保护变得更加困难。

（1）数据的保密问题。频繁的数据流转和交换使得数据泄露不再是一次性的事件，众多非敏感的数据可以通过二次组合形成敏感的数据。通过大数据的聚合分析能形成更有价值的衍生数据，如何更好地在数据使用过程中对敏感数据进行加密、脱敏、管控、审查等，阻止外部攻击者采取数据窃密、数据挖掘、根据算法模型参数梯度分析对训练数据的特征进行逆向工程推导等攻击行为，避免隐私泄露，仍然是大数据环境下的巨大挑战。

（2）数据保护策略问题。大数据环境下，汇聚不同渠道、不同用途和不同重要级别的数据，通过大数据融合技术形成不同的数据产品，使大数据成为有价值的知识，发挥巨大作用。如何对这些数据进行保护，以支撑不同渠道、不同用途、不同重要级别的数据充分共享、安全合规地使用，确保大数据环境下高并发多用户使用场景中数据不被泄露、不被非法使用，是大数据安全工作的又一个关键性挑战。

（3）数据的权属问题。大数据环境下，大数据与传统的数据资产不同，传统的数据是属于组织和个人的，而大数据具有不同程度的社会性。一些敏感数据的所有权和使用权并没有被明确界定，很多基于大数据的分析都未考虑到其中涉及的隐私问题。在防止数据丢失、被盗取、被滥用和被破坏方面存在一定的技术难度，传统的安全工具不再像以前那么有用。如何管控大数据环境下数据流转、权属关系、使用行为和追溯敏感数据资源流向，解决数据权属关系不清、数据越权使用等问题是一个巨大的挑战。

12.2　大数据的管理维度

数据已成为国家基础性战略资源，建立健全大数据安全保障体系，对大数据平台及服务进行安全评估，是推进大数据产业化工作的重要基础任务。《中华人民共和国网络安全法》《网络产品和服务安全审查办法（试行）》《工业和信息化领域数据安全管理办法（试行）》等法律法规的陆续实施，对大数据使用者提出了诸多合规要求。如何避免大数据安全风险，确保大数据使用符合网络安全法律法规，成为急需解决的问题。

大数据管理具有分布式、无中心、多组织协调等特点。因此有必要从数据语义、生命周期和信息技术 3 个维度（见图 12-3）去认识数据管理技术涉及的数据内涵，分析和理解数据管理过程中需要采用的信息安全技术及其管控措施和机制。

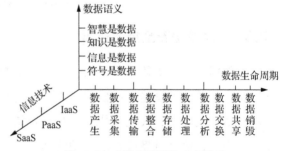

图 12-3　大数据管理的 3 个维度

从大数据使用者的角度看，大数据生态系统应提供包括大数据应用安全管理、身份鉴别和访问控制、数据业务安全管理、大数据基础设施安全管理和大数据系统应急响应管理等业务安全功能，因此大数据业务目标应包括这 5 个方面。

在"2020 全国大数据标准化工作会议暨全国信标委大数据标准工作组第七次全会"上发布了《大数据标准化白皮书（2020 版）》（简称白皮书）。白皮书指出了目前大数据产业化发展面临的安全挑战，包括法律法规与相关标准的挑战、数据安全和个人信息保护的挑战、大数据技术和平台安全的挑战。针对这些挑战，我国已经在大数据安全指引、国家标准及法律法规建设方面取得阶段性成果，但大数据运营过程中的大数据平台安全机制不足、传统安全措施难以适应大数据平台和大数据应用、大数据应用访问控制困难、基础密码技术及密钥操作性复杂等信息技术安全问题亟待解决。

12.3 大数据的安全体系

在大数据时代，如何确保网络数据的完整性、可用性和保密性，不受数据泄露和非法篡改的安全威胁影响，已成为政府机构、企事业单位信息化健康发展所要考虑的核心问题。对大数据环境下面临的安全问题和挑战进行分析，提出基于大数据分析和威胁情报共享为基础的大数据协同安全防护体系，将大数据安全技术体系、安全治理、安全测评与安全运维相结合，在数据分类分级和全生命周期安全的基础上，体系性地解决大数据不同层次的安全问题。大数据安全保障框架如图 12-4 所示。

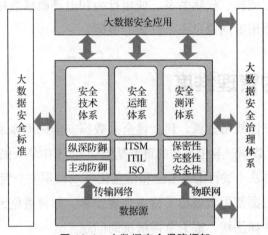

图 12-4 大数据安全保障框架

12.3.1 大数据安全技术体系

大数据安全技术体系（见图 12-5）是大数据安全管理、安全运行的技术保障。以密码基础设施、认证基础设施、可信服务管理、密钥管理设施、安全监测预警五大安全基础设施为支撑，结合大数据、人工智能和分布式存储，可解决传统安全解决方案中数据离散、单点计算能力不足、信息孤岛和无法联动的问题。

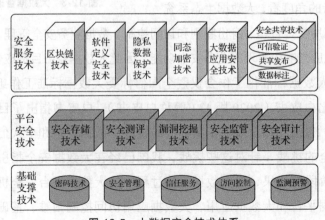

图 12-5 大数据安全技术体系

12.3.2 大数据安全治理

大数据安全治理的目标是确保大数据"合法合规"安全流转，在保障大数据安全的前提下，实现其价值最大化，以达成企业的业务目标。大数据安全治理体系行使数据的安全管理、运行监管和效能评估的职能，主要内容如下。

（1）构架大数据安全治理的治理流程、治理组织结构、治理策略和确保数据在流转过程中的访问控制、安全保密和安全监管等安全保障机制。

（2）制定数据治理过程中的安全管理架构，包括人员组成、角色分配、管理流程和大数据的安全管理策略等。

（3）明确大数据安全治理中元数据、数据质量、数据血缘、主数据管理和数据全生命周期安全治理方式。

（4）对大数据环境下数据主要参与者，包括数据提供者（数据源）、大数据平台、数据管理者和数据使用者制定明确的安全治理目标，规划安全治理策略。

12.3.3 大数据安全测评

大数据安全测评是安全地提供大数据服务的保障，其目标是验证与评估所有保护大数据的安全策略、安全产品和安全技术的有效性及性能等，确保所使用的安全防护手段都能满足主要参与者安全防护的需求，主要内容如下。

（1）构建大数据安全测评的组织结构、人员组成、责任分工和安全测评需要达到的目标等。

（2）明确大数据场景下安全测评的标准、范围、计划、流程、策略和方式等，大数据环境下的安全分析包括基于场景的数据流安全评估、基于利益攸关者的需求安全评估等。

（3）制定评估标准，明确各个安全防护手段需要达到的安全防护效能，包括功能、性能、可靠性、可用性、保密性、完整性等。

（4）按照《信息安全技术 数据安全能力成熟度模型》评估安全态势并形成相关的大数据安全评估报告等，将其作为大数据安全建设能够投入应用的依据。

12.3.4 大数据安全运维

大数据安全运维的目标主要是确保大数据系统能安全、持续、稳定、可靠运行，在大数据系统运行过程中行使资源调配、系统升级、服务启停、容灾备份、性能优化、应急处置、应用部署和安全管控等职能，主要内容如下。

（1）明确大数据安全运维体系的组织形式、运维架构、安全运维策略、权限划分等。

（2）制定不同安全运维流程（包括基础设施安全管控、病毒防护、平台调优、资源分配和系统部署、应用和数据的容灾备份等业务流程）和明确运维的重点方向等。

（3）明确安全运维的标准规范和规章制度。由于运维人员具有较大的操作权限，为防范内部人员风险，要对大数据环境的核心部分和危险行为做到事前、事中和事后有记录，可跟踪和能审计。

12.3.5 以数据为中心的安全防护要素

基于威胁情报共享和采用大数据分析技术的大数据安全防护技术体系，可以实现大数据安全威胁的快速响应。它集安全态势感知、监测预警、快速响应和主动防御为一体，基于数据分级分类实施不同的安全策略，使用不同的安全产品协同进行安全防护。以数据为核心，以安全机制为手段，以涉及数据的防护主体为目标，以参与者为关注点，构建大数据安全协同主动防护体系（见图 12-6）。

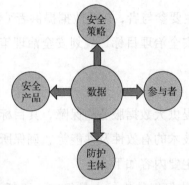

图 12-6　以数据为中心的安全防护要素

（1）数据是指需要防护的大数据对象，存在于大数据流转的各个阶段，即采集、传输、存储、处理、共享、使用和销毁等阶段。

（2）安全策略是指对大数据对象进行安全防护的流程、策略、配置和方法等，如根据数据的不同安全等级和防护需求，实施主动防御、访问控制、授权、隔离、过滤、加密、脱敏等。

（3）安全产品是指在对大数据进行安全防护时使用的具体产品，如数据库防火墙、审计、主动防御系统、**APT** 检测、高速密码机、数据脱敏系统、云密码资源池、数据分级分类系统等。

（4）防护主体是指需要防护的承载大数据流转过程的软硬件载体，包括服务器、网络设备、存储设备、大数据平台、应用系统等。

（5）参与者是指参与大数据流转过程中的改变大数据状态和流转过程的主体，主要包括大数据提供者、管理者、使用者和大数据平台等。

12.4　大数据伦理与法规

人们逐渐认识到，为了让网络与信息技术长远地造福于社会，就必须规

大数据伦理与法规

范对网络的访问和使用，这样就对政府、学术界和法律界提出了挑战。人们面临的一个难题就是如何制定和完善网络法规，具体地说，就是如何在计算机空间里保护公民的隐私、规范网络言论、保护电子知识产权以及保障网络安全等。

12.4.1　大数据的伦理问题

大数据产业面临的伦理问题正日益成为阻碍其发展的瓶颈。这些问题主要包括数据主权和数据权问题、隐私权和自主权的侵犯问题、数据利用失衡问题。这 3 个问题影响了大数据的生产、采集、存储、交易流转和开发使用全过程。

1. 数据主权和数据权问题

由于跨境数据流动剧增、数据经济价值凸显、个人隐私危机爆发等多方面因素，数据主权和数据权问题已成为大数据产业发展遭遇的关键问题。数据的跨境流动是不可避免的，但这也给国家安全带来了威胁，数据主权问题由此产生。数据主权是指国家对其政权管辖地域内的数据享有生成、传播、管理、控制和利用的权利。数据主权是国家主权在信息化、数字化和全球化发展趋势下新的表现形式，是各国在大数据时代维护国家主权和独立，反对数据垄断和霸权主义的必然要求。数据主权是国家安全的保障。

数据权包括机构数据权和个人数据权。机构数据权是企业和其他机构对个人数据的采集权和使用权。个人数据权是指个人拥有对自身数据的控制权，以保护自身隐私信息不受侵犯。数据权是企业的核心竞争力，也是个人的基本权利。个人在互联网上产生了大量的数据，这些数据与个人的隐私密切相关，个人也拥有这些数据的财产权。

数据财产权是数据主权和数据权的核心内容。以大数据为主的信息技术赋予了数据以财产属性。数据财产是指将数据符号固定于介质之上，具有一定的价值，能够为人们所感知和利用的一种新型财产。数据财产包含形式要素和实质要素两个部分，数据符号所依附的介质为其形式要素，数据财产所承载的有价值的信息为其实质要素。数据权问题目前还没有得到彻底解决，数据主权的争夺也日益白热化。数据主权和数据权不明的直接后果就是国家安全受到威胁，数据交易活动存在法律风险和利益冲突，个人的隐私和利益受到侵犯。

2. 隐私权和自主权的侵犯问题

数据的使用和个人的隐私保护是大数据产业发展面临的一大冲突。在大数据环境下，个人在互联网上的任何行为都会变成数据被沉淀下来，而这些数据的汇集都可能最终导致个人隐私的泄露。绝大多数互联网企业通过记录用户不断产生的数据，监控用户在互联网上所有的行为，对用户进行画像，分析其兴趣爱好、行为习惯，对用户做各种分类，然后以精准广告的形式给用户提供符合其偏好的产品或服务。另外，互联网公司还可以通过消费数据等分析、评估消费者的信用，从而提供精准的金融服务来盈利。在这两种商业模式中，用户成为被观察、分析和监测的对象，这是以牺牲隐私来成全的商业模式。

3. 数据利用失衡问题

数据利用失衡主要体现在两个方面。第一，数据的利用率较低。随着移动互联网的发展，每天都有海量的数据产生，全球数据规模呈指数级增长，但是根据福瑞斯特研究公司对大型企业的调研结果显示，企业的数据利用率仅在12%左右。就掌握大量数据的政府而言，数据利用率更低。第二，"数字鸿沟"现象日益显著。"数字鸿沟"束缚数据流通，导致数据利用水平较低。大数据的"政用""民用"和"工用"，相对于大数据在商用领域的发展，无论是技术、人才还是数据规模都有巨大的差距。

现阶段，我国大数据应用较为成熟的领域是电商、电信和金融领域，在医疗、能源、教育等领域则处于起步阶段。由于大数据在电商、电信、金融等商用领域产生了巨大利益，数据资源、社会资源、人才资源均往这些领域倾斜，涉及政务、民生、工业等的经济利益较弱的领域，市场占比很少。在商用领域内，优势的行业或优势的企业也往往占据了大量的数据资源。例如，大型互联网公司的大数据发展指数对比小、中型企业的就呈现碾压态势。大数据的"政用""民用"和"工用"对于改善民生、辅助政府决策、提升工业信息化水平、推动社会进步可以起到巨大的作用，因此大数据的发展应该更加均衡，这也符合国家大数据战略中服务经济社会发展和人民生活改善的方向。

12.4.2 大数据的伦理规则

为了有效保护个人数据权利，促进数据的共享流通，世界各国对大数据产业发展提出了各自的伦理和法律规制方案。大数据战略已经成为我国的国家战略，从国家到地方都纷纷出台了大数据产业的发展规划和政策条例。2013年2月1日正式实施《信息安全技术 公共及商用服务信息系统个人信息保护指南》，2016年实施《中华人民共和国网络安全法》。我们可以结合我国大数据产业现状，建立起一套我国大数据产业的伦理规制体系和法律保障体系，为我国大数据战略的实施保驾护航。

1. 建立规范的数据共享机制和数据共享标准

以开放共享的伦理精神为指导，建立规范的数据共享机制，解决目前大数据产业由于开放共享伦理的缺失而导致的数据孤岛、共享缺失、权力极化、资源危机，以及数据滥用、共享滥用、权力滥用、侵犯人权等问题。同时针对不同的数据类型和不同行业领域的数据价值开发，制定合理的数据共享标准，最终达到维护国家数据主权、保障机构和个人的数据权、优化大数据产业结构、保障大数据产业健康发展的目标。

2. 尊重个人的数据权，提高国民大数据素养

大数据技术创新、研发和应用的目的是促使人们幸福和提高人们的生活质量，任何行动都应根据不伤害人和有益于人的伦理原则给予评价。大数据产业的发展应当以尊重和保护个人的数据权为前提，个人的数据权主要包括访问权、修改权、删除或遗忘权、可携带权、决

定权。随着社会各界越来越关注个人的数据权，我国不仅在大数据产业的发展中应尊重个人的数据权，在国家立法层面也应逐步完善保护个人信息的法律法规。

相对于机构，个人处于弱势，国民应提高大数据素养，主动维护自身的数据权。因此，我们应普及大数据伦理的宣传和教育，专家学者要从多方面向企业、政府和公众开展大数据讲座，帮助群众提升大数据素养，以缩小甚至消除个人数据权和机构数据权的失衡。

3. 建立大数据算法的透明审查机制

大数据算法是大数据管理与挖掘的核心主题，大数据的处理、分析、应用都是由大数据算法来支撑和实现的。随着大数据"杀熟"、大数据算法歧视等事件的出现，社会对大数据算法的"黑盒子"问题的质疑也越来越多。企业和政府在使用数据的过程中，必须提高该过程对公众的透明度，"将选择权回归个人"。例如，应该参照药品说明书建立大数据算法的透明审查机制，向社会公布大数据算法的"说明书"。药品说明书不仅包含药品名称、规格、生产企业、有效期、主要成分、适应症、用法、用量等基本药品信息，还包含药理作用、药代动力学等重要信息。对大数据算法的管理应参照这类说明书的管理规定。

4. 建立大数据行业的道德自律机制和监督平台

企业在大数据产业中占主导地位，建立行业的道德自律机制对于解决大数据产业的伦理问题有积极作用。为保障大数据产业健康发展，应建立大数据行业的道德自律机制和监督平台。在目前相关伦理规范相对滞后的发展阶段，如果不加强道德自律建设，大数据技术就有可能会引发灾难性的后果，因此加强道德自律建设必须从现在开始。

12.4.3　数据安全法施行

鉴于大数据的战略意义，我国高度重视大数据安全问题，发布了一系列与大数据安全相关的法律法规和政策。2012 年，云安全联盟（Cloud Security Alliance，CSA）成立大数据工作组，旨在寻找大数据安全问题的解决方案。2013 年 7 月，中华人民共和国工业和信息化部公布了《电信和互联网用户个人信息保护规定》，明确电信业务经营者、互联网信息服务提供者收集、使用用户个人信息的规则和信息安全保障措施。2015 年 8 月，中华人民共和国国务院印发了《促进大数据发展行动纲要》，提出要健全大数据安全保障体系，完善制度和标准体系。2016 年 3 月，第十二届全国人民代表大会第四次会议表决通过了《中华人民共和国国民经济和社会发展第十三个五年规划纲要》，提出把大数据作为基础性战略资源，明确指出要建立大数据安全管理制度，实行数据资源分类分级管理，保障数据的安全、高效、可信。在产业界和学术界，大数据的安全研究已经成为热点。国际标准化组织、产业联盟、企业和研究机构等都已开展相关研究以解决大数据安全问题。

2016 年，全国信息安全标准化技术委员会正式成立大数据安全标准特别工作组，负责大数据和云计算相关的安全标准制定工作。在标准化方面，我国制定了《信息安全技

术 大数据服务安全能力要求》《信息安全技术 大数据安全管理指南》《信息安全技术 数据安全能力成熟度模型》等数据安全标准。由于数据与业务关系紧密，各行业也纷纷出台了各自的数据安全分级分类标准，典型的有《银行数据资产安全分级标准与安全管理体系建设方法》《电信和互联网大数据安全管控分类分级实施指南》《证券期货业数据分类分级指引》等，它们用于对各自行业领域的敏感数据按业务进行分类，按敏感等级（数据泄露后造成的影响）进行分级。安全防护系统可以根据相应级别的数据采用不同严格程度的安全措施和防护策略。在大数据安全产品领域，形成了平台厂商和第三方安全厂商这两类发展模式。

2021年9月1日起，《中华人民共和国数据安全法》施行，目的是规范跨境数据流动，规范数字经济，保护中国网民对保障自身数据安全的合理诉求。

【习题】

1. 传统的信息安全侧重于（　　　）的管理，更多地将其作为企业/机构的自有资产进行相对静态的管理。

    A. 基础设施　　　　B. 数据算法　　　　C. 信息设备　　　　D. 信息内容

2. 大数据的安全不仅是大数据平台的安全，还是以（　　　）为核心，在全生命周期的各阶段流转过程中，在采集汇聚、存储处理、共享使用等方面的安全。

    A. 管理　　　　　　B. 数据　　　　　　C. 设备　　　　　　D. 网络

3. 数据安全的一个方面是（　　　）。在加强技术保护的同时，加强全民的信息安全意识，完善保护信息安全的政策和流程至关重要。

    A. 管理　　　　　　B. 数据　　　　　　C. 设备　　　　　　D. 网络

4. 所谓数据安全风险信息，主要是通过检测、评估、信息搜集、授权监测等手段获取的，数据安全风险包括（　　　）。

    ① 数据泄露　　　　② 算法白盒　　　　③ 数据篡改　　　　④ 数据滥用

    A. ①②④　　　　　B. ①②③　　　　　C. ②③④　　　　　D. ①③④

5. （　　　）安全是指大数据环境下，物联网、5G等技术带来各种终端接入方式和数据应用，对鉴别大数据的真实性提出了挑战，数据来源不可信、源数据被篡改都是需要防范的风险。

    A. 存储处理　　　　B. 算法优化　　　　C. 采集汇聚　　　　D. 共享使用

6. （　　　）安全是指大数据平台采用新的处理范式和数据处理方式，它可以同时使用多种数据处理方式，完成多种业务处理，导致边界模糊，传统的安全防护方式难以奏效。

    A. 存储处理　　　　B. 算法优化　　　　C. 采集汇聚　　　　D. 共享使用

7. （　　）安全是指互联网给人们的生活带来了方便，同时也使得个人信息的保护变得更加困难。

  A．存储处理 B．算法优化 C．采集汇聚 D．共享使用

8. 大数据管理具有分布式、无中心、多组织协调等特点。因此有必要从（　　）3 个维度去认识数据管理技术涉及的数据内涵，分析和理解需要采用的信息安全技术及其管控措施和机制。

  ① 拓扑结构 ② 数据语义 ③ 生命周期 ④ 信息技术

  A．①②④ B．①②③ C．②③④ D．①③④

9. 大数据安全技术体系是大数据安全管理、安全运行的技术保障。以密码基础设施、（　　）、安全监测预警五大安全基础设施为支撑。

  ① 认证基础设施 ② 可信服务管理 ③ 生命周期回溯 ④ 密钥管理设施

  A．①②④ B．①②③ C．②③④ D．①③④

10. 大数据安全治理的目标是确保大数据“（　　）”安全流转，在保障大数据安全的前提下，实现其价值最大化，以达成企业的业务目标。

  A．存储方便 B．合法合规 C．宽松自由 D．应用尽用

11. 大数据安全治理体系要行使数据的（　　）的职能。

  ① 收益统计 ② 安全管理 ③ 运行监管 ④ 效能评估

  A．①②④ B．①②③ C．②③④ D．①③④

12. 大数据安全测评是安全地提供大数据服务的保障，其目标是验证、评估所有保护大数据的（　　）的有效性和性能等。

  ① 安全策略 ② 安全管理 ③ 安全产品 ④ 安全技术

  A．①②④ B．①②③ C．②③④ D．①③④

13. 大数据（　　）要在大数据系统运行过程中行使资源调配、系统升级、服务启停、容灾备份、性能优化、应急处置、应用部署和安全管控等职能。

  A．安全建设 B．安全运维 C．安全测评 D．安全治理

14. 在大数据安全协同主动防护体系中，（　　）是指需要防护的大数据对象，包括大数据流转的各个阶段，即采集、传输、存储、处理、共享、使用和销毁等阶段。

  A．数据 B．安全产品 C．安全策略 D．防护主体

15. 在大数据安全协同主动防护体系中，（　　）可以根据数据的不同安全等级和防护需求，实施主动防御、访问控制、授权、隔离、过滤、加密、脱敏等。

  A．数据 B．安全产品 C．安全策略 D．防护主体

16. 在大数据安全协同主动防护体系中，（　　）是指在对大数据进行安全防护时使用的具体产品，如数据库防火墙、审计、主动防御系统、数据脱敏系统、数据分级分类系统等。

  A．数据 B．安全产品 C．安全策略 D．防护主体

17. 大数据产业面临的伦理问题正日益成为阻碍其发展的瓶颈。这些问题主要包括（   ），这 3 个问题影响了大数据的生产、采集、存储、交易流转和开发使用全过程。

　　① 认证与诚信基础　　　　　　② 数据主权和数据权问题

　　③ 隐私权和自主权的侵犯问题　④ 数据利用失衡问题

　　A. ①②④　　　　B. ①②③　　　　C. ②③④　　　　D. ①③④

18. （   ）是指国家对其政权管辖地域内的数据享有生成、传播、管理、控制和利用的权利，它是国家安全的保障。

　　A. 数据主权　　　B. 隐私权　　　　C. 数据财产权　　　D. 数据权

19. （   ）包括机构数据权和个人数据权，它是企业的核心竞争力，也是个人的基本权利。

　　A. 数据主权　　　B. 隐私权　　　　C. 数据财产权　　　D. 数据权

第13章 数据科学与职业技能

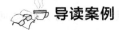 **导读案例**

"得数据者得天下"

我们的衣食住行都与大数据有关，每天的生活都离不开大数据，每个人都被大数据裹挟着。大数据提高了我们的生活品质，为每个人提供了创新平台和机会。

大数据通过数据整合分析和深度挖掘，发现规律，创造价值，进而建立起物理世界到数字世界，再到网络世界的无缝链接。大数据时代，线上与线下、虚拟与现实、软件与硬件跨界融合，将重塑我们的认知和实践模式，开启一场新的产业突进与经济转型（数字经济的抽象示意如图 13-1 所示）。

图 13-1 数字经济的抽象示意

中共中央党校（国家行政学院）常务副院长马建堂说，大数据其实就是海量的、非结构化的、电子形态存在的数据，通过数据分析，能产生价值，带来商机。

而《大数据时代》的作者维克托·舍恩伯格这样定义大数据，"大数据是人们在大规模数据的基础上可以做到的事情，而这些事情在小规模数据的基础上无法完成。"

1. 大数据是"21世纪的石油和金矿"

时任中华人民共和国工业和信息化部部长苗圩曾经将大数据形容为"21世纪的石油和金矿"，是一个国家提升综合竞争力的又一关键资源。他指出，大数据可以大幅提升人类认识和改造世界的能力，正以前所未有的速度颠覆着人类探索世界的方法，焕发出变革经济社会的巨大力量。"得数据者得天下"已成全球普遍共识。

"从资源的角度看，大数据是'未来的石油'；从国家治理的角度看，大数据可以提升治理效率、重构治理模式，将掀起一场国家治理革命；从经济增长的角度看，大数据是全球经济低迷环境下的产业亮点；从国家安全的角度看，大数据能成为大国之间博弈和较量的'利器'。"大数据的战略意义被如是界定。

总之，国家间的竞争焦点因大数据而改变，国家间的竞争将从资本、土地、人口、资源转向对大数据的争夺，全球竞争版图将分成数据强国和数据弱国两大新阵营。

苗圩指出，数据强国主要表现为拥有数据的规模、数据活跃程度及解释、处置、运用数据的能力。数字主权将成为继边防、海防、空防之后另一大国博弈的空间。谁掌握了数据的主动权和主导权，谁就能赢得未来。新一轮的大国竞争，并不只是在硝烟弥漫的战场，更是通过大数据增强对整个世界局势的影响力和主导权。

2. 大数据可促进国家治理变革

专家们普遍认为，大数据的渗透力远超人们想象，它正改变甚至颠覆我们所处的时代，将对经济社会发展、企业经营和政府治理等方方面面产生深远影响。

的确，大数据不仅是一场技术革命，还是一场管理革命。它能提升人们的认知能力，是促进国家治理变革的基础性力量。在国家治理领域，打造阳光政府、责任政府、智慧政府都离不开大数据，大数据能为解决以往的"顽疾"和"痛点"提供强大支撑；大数据还能将精准医疗、个性化教育、社会监管、舆情监测预警等以往无法实现的环节变得简单、可操作。

时任中国行政体制改革研究会副会长周文彰认同大数据将引发一场治理革命。他说："大数据将通过全息数据呈现，使政府从'主观主义''经验主义'的模糊治理方式，迈向'实事求是''数据驱动'的精准治理方式。在大数据条件下，'人在干、云在算、天在看'，数据驱动的'精准治理体系''智慧决策体系''阳光权力平台'都将逐渐成为现实。"对于决策者而言，大数据能实现将整个苍穹尽收眼底，可以解决"坐井观天""一叶障目""瞎子摸象""城门失火，殃及池鱼"问题。另外，大数据是人类认识世界和改造世界能力的升华，它能提升人类"一叶知秋""运筹帷幄，决胜千里"的能力。

专家们认为，大数据时代开辟了政府治理现代化的新途径：大数据助力决策科学化，公共服务个性化、精准化；实现信息共享融合，推动治理结构变革，从一元主导到多元合作；

大数据促使社会发展和商业模式变革，加速产业融合。

3. 中国具备数据强国潜力，在 2020 年数据规模位居第一

2015 年是中国建设制造强国和网络强国承前启后的关键之年。此后，大数据充当着越来越重要的角色，中国也具备成为数据强国的优势条件。

近年来，中国共产党中央委员会、中华人民共和国国务院高度重视大数据的创新发展，准确把握大融合、大变革的发展趋势，制定发布了《中国制造 2025》和"互联网+"行动计划，出台了《关于促进大数据发展的行动纲要》，为我国大数据的发展指明了方向，可以将其看作大数据发展"顶层设计"和"战略部署"，具有划时代的深远影响。

中华人民共和国工业和信息化部正在构建 5G 产业链（见图 13-2）、大数据产业链，推动公共数据资源开放共享，将大数据打造成经济提质增效的新引擎。

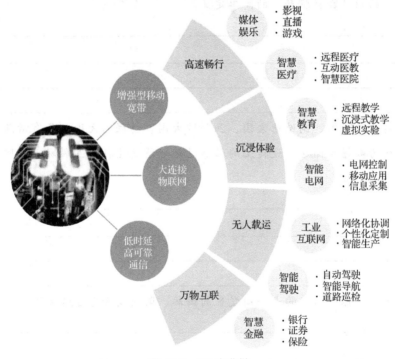

图 13-2　5G 产业链

另外，中国是人口大国、制造业大国、互联网大国、物联网大国，具有活跃的数据生产主体，未来几年成为数据大国也是逻辑上的必然结果。中国成为数据强国的潜力极为突出，2010 年中国数据占全球数据比例为 10%，2013 年占比为 13%，2020 年占比达 18%。专家指出，中国在许多应用领域已与主要发达国家处于同一起跑线上，具备了厚积薄发、登高望远的条件，在新一轮国际竞争和大国博弈中具有超越的潜在优势。中国应顺应时代的发展趋势，抓住大数据发展带来的契机，拥抱大数据，充分利用大数据提升国家治理能力和国际竞争力。

资料来源：数据科学家网。

阅读上文，请思考、分析并简单记录。

（1）时任中华人民共和国工业和信息化部部长苗圩曾经将大数据形容为"21世纪的石油和金矿"，是一个国家提升综合竞争力的又一关键资源，它可以大幅提升人类认识和改造世界的能力。请简述你对大数据发展的看法。

答：_____

_____

_____

（2）有专家认为，大数据将引发一场治理革命，它将通过全息数据呈现，使政府从"主观主义""经验主义"的模糊治理方式，迈向"实事求是""数据驱动"的精准治理方式。请通过网络搜索，给出"数据驱动"的简单定义。

答：_____

_____

_____

（3）中国是人口大国、制造业大国、互联网大国、物联网大国，具有活跃的数据生产主体，未来几年成为数据大国也是逻辑上的必然结果。请简述社交互联网、物联网和工业互联网对大数据来源的意义。

答：_____

_____

_____

（4）请简单描述你所知道的上一周发生的国际、国内或者身边的大事。

答：_____

_____

_____

13.1　计算思维

数据素养是指具备数据意识和数据敏感性，能够有效且恰当地获取、分析、处理、利用和展现数据。它是统计素养、媒介素养和信息素养的延伸与扩展。我们可以从5个方面来思考数据素养，即对数据的敏感性，数据的收集能力，数据的分析、处理能力，利用数据进行决策的能力，对数据的批判性思维。

13.1.1　计算思维的概念

　　计算思维是运用计算机科学的基础概念进行问题求解、系统设计，以及人类行为理解等涵盖计算机科学之广度的一系列思维活动。

　　为了让人们更易于理解，我们可以将计算思维进一步定义为：通过约简、嵌入、转化和仿真等方法，把一个看来困难的问题重新阐释成一个我们知道怎样解决的问题；是一种递归思维、并行处理方式，既能把代码译成数据又能把数据译成代码的方法；是一种多维分析推广的类型检查方法；是一种采用抽象和分解来控制庞杂的任务或进行巨大、复杂系统设计的方法；是基于关注分离的方法，即在系统中为达到目的而对软件元素进行划分与对比，通过适当的关注分离，将复杂的事物变成可管理的。计算思维也是一种选择合适的方式去陈述一个问题或对一个问题的相关方面建模使其易于处理的思维方法；是按照预防、保护要求及通过冗余、容错、纠错等方式，并从最坏情况进行系统恢复的思维方法；是利用启发式推理寻求解答，即在不确定情况下的规划、学习和调度的思维方法；是利用海量数据来加快计算，在时间和空间之间、在处理能力和存储容量之间进行折中的思维方法。

　　计算思维吸取了解决问题所采用的一般数学思维方法，包括现实世界中用于巨复杂系统的设计与评估的一般工程思维方法，以及对于复杂性、智能、心理、人类行为的理解等的一般科学思维方法。

　　计算思维建立在计算过程的能力和限制之上。计算方法和模型使我们敢于去实现那些原本无法由个人独立完成的问题求解和系统设计。计算思维直面机器智能的不解之谜：什么人比计算机做得好？什么计算机比人做得好？最基本的问题是：什么是可计算的？

　　计算思维最根本的内容，即其本质是抽象和自动化。计算思维中的抽象完全超越物理的时空观，并完全用符号来表示，数学抽象只是一类特例。

　　与数学和物理科学相比，计算思维中的抽象显得更为丰富，也更为复杂。数学抽象的最大特点是抛开现实事物的物理、化学和生物学等特性，而仅保留其量的关系和空间的形式，而计算思维中的抽象却不仅仅如此。

13.1.2　计算思维的作用

　　计算思维是每个人的基本素养（见图 13-3）。在培养学生时，不仅要帮助其掌握阅读、写作和算术（Reading, wRiting, aRithmetic——3R），还要帮助其学会计算思维。正如印刷出版促进了 3R 的普及，计算和计算机也以类似的正反馈促进了计算思维的传播。

　　当我们必须求解一个特定问题时，首先会问：解决这个问题有多么困难？什么才是最佳的解决方法？计算机科学根据坚实的理论基础来准确地回答这些问题。表述问题是工具的基本能力，必须考虑的因素包括机器的指令系统、资源约束和操作环境等。

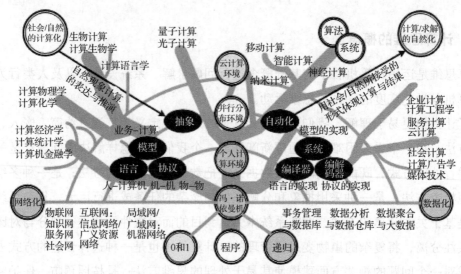

图 13-3 计算之树：计算思维教育空间

为了有效地求解一个问题，我们可能要进一步问：一个近似解是否就足够了，是否可以利用随机化，以及是否允许误报和漏报。此时，很好地印证了"计算思维是通过约简、嵌入、转化和仿真等方法，把一个看来困难的问题重新阐释成一个我们知道怎样解决的问题"。

计算思维将渗透到我们每个人的生活之中。我们已经见证了计算思维对其他学科的影响，例如，机器学习改变了统计学。就数学尺度和维数而言，统计学习在各类问题中的应用规模仅在几年前还是不可想象的。各种组织的统计部门都聘请了计算机科学人才，计算机系正在与统计学系"联姻"。

计算机科学人才对生物科学越来越感兴趣，因为他们坚信生物学家能够从计算思维中获益。计算机科学对生物学的贡献绝不限于其能够在海量序列数据中寻找模式规律的本领，最终希望是数据结构和算法（我们自身的计算抽象和方法）能够以其体现自身功能的方式来表示蛋白质的结构。计算生物学正改变着生物学家的思考方式。类似地，计算博弈理论正改变着经济学家的思考方式，纳米计算正改变着化学家的思考方式，量子计算正改变着物理学家的思考方式。

这种思维将成为每个人的技能，而不仅仅限于科学家的技能。普适计算之于今天就如计算思维之于明天。普适计算是已成为今日现实的昨日之梦，而计算思维就是明日现实。

13.1.3 计算思维的特点

计算思维有以下几个特点。

（1）是概念化，不是程序化。计算机科学不是计算机编程。像计算机科学家那样去思考意味着远不止能为计算机编程，还要求能够在抽象的多个层次上思考。

许多人将计算机科学等同于计算机编程。主修计算机科学的学生们看到的也只是一个狭窄的就业范围。许多人认为计算机科学的基础研究已经完成，剩下的只是工程问题。当我们行动起来去改变这一领域的社会形象时，计算思维就是一个引导着计算机教育家、研究者和实践者的试图实现的宏大愿景。

（2）是根本的，不是刻板的技能。根本技能是每一个人为了在现代社会中发挥职能所必须掌握的。刻板技能意味着机械地重复。具有讽刺意味的是，当计算机像人类一样思考之后，思维可就真的变成机械的了。

（3）是人的，不是计算机的思维方式。计算思维是人类求解问题的一条途径，但绝非使人类像计算机那样"思考"。计算机枯燥且沉闷，人类聪颖且富有想象力，人类可赋予计算机"激情"。配置了计算设备，我们就能用自己的智慧去解决那些之前不敢尝试的问题，达到"只有想不到，没有做不到"的境界。

（4）数学思维和工程思维的互补与融合。计算机科学在本质上源自数学思维，因为像所有的科学一样，其形式化基础建立于数学之上。计算机科学又在本质上源自工程思维，因为我们建造的是能够与实际世界互动的系统，基本计算设备的限制迫使计算机科学家必须计算性地思考，不能只是数学性地思考。构建虚拟世界的自由使我们能够设计超越物理世界的各种系统。

（5）是思想，不是人造物。不只是我们生产的软件、硬件等人造物将以物理形式呈现并时时刻刻触及我们的生活，更重要的是还将有我们用以求解问题、管理日常生活、与他人交流和互动的计算概念。当计算思维真正融入人类活动的整体而不再表现为一种显式之哲学的时候，它就将成为一种现实（计算思维抽象见图 13-4）。

图 13-4　计算思维抽象

因此，特别需要向人们传送下面两个主要信息。

（1）智力上的挑战和引人入胜的科学问题依旧亟待理解和解决。这些问题的解答仅仅受限于我们自己的好奇心和创造力。一个人可以主修英语或者数学，接着从事各种各样的工作。对于计算机科学也一样，一个人可以主修计算机科学，接着从事医学、法律、商业、政治，以及任何其他类型的工作，甚至艺术工作。

（2）应该让"怎么像计算机科学家一样思考"这样的课程，面向所有专业的学生，而不仅仅是计算机科学专业的学生。应当使广大学生接触计算的方法和模型，设法激发公众对计算机领域科学探索的兴趣。应当传播计算机科学的快乐、崇高和力量，致力于使计算思维成为常识。

13.2　数据工程师的社会责任

　　计算机、网络、大数据和人工智能技术正在使世界经历一场巨大的变革，这场变革不但体现在人们的日常工作和生活中，而且深刻地反映在社会经济、文化等各个方面。例如，网络信息的膨胀正在逐步瓦解信息集中控制的现状；与传统的通信方式相比，计算机通信更有利于不同性别、种族、文化和语言的人们之间的交流，更有助于减少交流中的偏见和误解。

数据工程师的
社会责任

13.2.1　职业化和道德责任

　　"职业化"通常也被称为"职业特性""职业作风"或"专业精神"等，应该视为从业人员、职业团体及服务对象——公众之间的三方关系准则。该准则是从事某一工作，并得以生存和发展的必要条件。实际上，该准则隐含地为从业人员、职业团体（由雇主作为代表）和公众（或社会）拟订了一个三方协议，其中规定的各方的需求、期望和责任就构成了职业化的基本内涵。如从业人员希望职业团体能够抵制来自社会的不合理要求，能够对职业目标、指导方针和技能要求不断进行检查、评价和更新，从而保持该职业的吸引力。而职业团体也对从业人员提出了要求，要求从业人员具有与职业理想相称的价值观念，具有足够的、完成规定服务所要求的知识和技能。类似地，社会对职业团体以及职业团体对社会都具有一定的期望和需求。任何领域提供的任何一项专业服务都应该达到使三方满意的目标，至少能够使三方彼此接受对方。

　　职业化是一个适用于所有职业的一个总的原则性协议，但具体到某一个行业时，还应考虑其自身特殊的要求。虽然职业道德规范没有法律法规所具有的强制性，但遵守这些规范对行业的健康发展是至关重要的。

　　道德准则被设计用来帮助计算机专业人士决定其有关道德问题的判断。许多专业机构（诸如美国计算机协会、英国计算机协会、澳大利亚计算机协会等）都颁布了道德准则，每种准则在细节上都存在着差别，为专业人士行为提供了整体指南准则。

　　计算机伦理研究所颁布的最短准则如下。

　　（1）不要使用计算机来伤害他人。

　　（2）不要干扰他人的计算机工作。

　　（3）不要监控他人的文件。

　　（4）不要使用计算机来偷窃。

（5）不要使用计算机来提供假证词。

（6）不要使用或者复制你没有付费的软件。

（7）不要在没有获得允许的情况下使用他人的计算机资源。

（8）不要盗用他人的智能成果。

（9）应该考虑到自己所编写程序的社会后果。

（10）使用计算机时应该体现出对信息的尊重。

13.2.2 ACM 职业道德责任

美国计算机协会（Association for Computing Machinery，ACM）为专业人士行为制定的道德准则有 21 条，包括"必须遵守现有的地区、国家以及国际的法律，除非有明确准则要求不必这样做。"

在计算机日益成为各个领域及各项社会事务中心角色的今天，那些直接或间接从事软件设计和软件开发的人员，有着既可从善也可从恶的极大机会，同时还可影响周围其他从事该职业的人的行为。为能保证使其尽量发挥有益的作用，必须要求从业者致力于使软件工程师成为一个有益的和受人尊敬的职业。为此，1998 年，IEEE-CS（Institute of Electrical and Electronics Engineers-Computer Society，电子电气工程师学会计算机学会）和 ACM 联合特别工作组在对多个计算学科和工程学科规范进行广泛研究的基础上，制订了软件工程师职业化的一个关键规范即《软件工程资格和专业规范》。该规范不代表立法，它只是向实践者指明社会期望他们达到的标准，以及同行们的共同追求和相互的期望。该规范要求软件工程师应该坚持以下 8 项原则。

原则 1：公众。 从职业角色来说，软件工程师应当始终关注公众的利益，按照与公众的安全、健康和幸福相一致的方式发挥作用。

原则 2：客户和雇主。 软件工程师应当有一个认知，什么是其客户和雇主的最大利益。他们应该总是以职业的方式担当他们的客户或雇主的忠实代理人和委托人。

原则 3：产品。 软件工程师应当尽可能地确保他们开发的软件对于公众、雇主、客户以及用户是有用的，在质量上是可接受的，在时间上要按期完成并且费用合理，同时没有错误。

原则 4：判断。 软件工程师应当完全坚持自己独立自主的专业判断并维护其判断的声誉。

原则 5：管理。 软件工程的管理者和领导应当通过规范的方法赞成和促进软件管理的发展与维护，并鼓励他们所领导的人员履行个人和集体的义务。

原则 6：职业。 软件工程师应该提高他们职业的正直性和声誉，并与公众的兴趣保持一致。

原则 7：同事。 软件工程师应该公平、合理地对待他们的同事，并应该采取积极的步骤支持社团的活动。

原则 8：自身。软件工程师应当在他们的整个职业生涯中，积极参与有关职业规范的学习，努力提高从事自己的职业所应该具有的能力，以推进职业规范的发展。

13.2.3　软件工程师道德基础

在软件开发的过程中，软件工程师（见图 13-5）及工程管理人员不可避免地会在某些与工程相关的事务上产生冲突。软件工程师应该以符合道德的方式减少和妥善地处理这些冲突。

图 13-5　软件工程师

1996 年 11 月，IEEE 指定并批准了《工程师基于道德基础提出异议的指导方针草案》，提出了以下 9 条指导方针。

（1）确立清晰的技术基础：尽量弄清事实，充分理解技术上的不同观点，而且一旦证实对方的观点是正确的，就要毫不犹豫地接受。

（2）使自己的观点具有较高的职业水准，尽量使其客观和不带有个人感情色彩，避免涉及无关的事务和感情冲动。

（3）及早发现问题，尽量在最低层的管理部门解决问题。

（4）在因为某事务而决定单干之前，要确保该事务足够重要，值得为此冒险。

（5）利用组织的争端裁决机制解决问题。

（6）保留记录，收集文件。当认识到自己处境严峻的时候，应着手制作日志，记录自己采取的每一项措施及其时间，并备份重要文件，防止突发事件。

（7）辞职：当在组织内无法化解冲突的时候，要考虑自己是去还是留。选择辞职既有好处也有坏处，做出决定之前要慎重考虑。

（8）匿名：工程师在认识到组织内部存在严重危害，而且公开提醒组织的注意可能会招致有关人员超出其限度的强烈反应时，对该问题的反映可以考虑采用匿名报告的形式。

（9）外部介入：组织内部化解冲突的努力失败后，如果工程人员决定让外界人员或机构介入，那么不管他是否决定辞职，都必须认真考虑让谁介入。可能的选择有：执法机关、政府官员、立法人员或公共利益组织等。

13.3　数据科学与职业技能

数据科学可以简单地理解为预测分析和数据挖掘，是统计分析和机器学习技术的结合，用于获取数据中的推断和洞察。相关方法包括回归分析、关联规则（例如市场购物车分析）、优化技术和仿真（例如蒙特卡罗仿真）。

数据科学与职业技能

数据科学的典型技术包括优化模型、预测模型、预报、统计分析。

数据科学的数据类型包括结构化/非结构化数据、多种类型数据源、超大数据集。

商务智能和数据科学都是企业所需要的，用于应对不断出现的各种商业挑战。商务智能和数据科学有不同的定位和范畴，商务智能更关注过去的旧数据，其结果的商业价值相对较低；而数据科学更关注新数据和对未来的预测，其结果的商业价值相对更高。但是，它们并不存在明确的划分，只是各有偏重而已。

大数据需要数据科学，数据科学要做到的不仅有存储和管理，还有预测式的分析（例如如果这样做，会发生什么）。数据学科是统计学的论证，真正利用到了统计学的力量。只有这样看待，才能够从数据中获得经验和未来的指导。但是，数据科学并非简单应用统计学，需要新的应用、新的平台和新的数据观，而不仅是现有的传统的基础架构与软件平台。

13.3.1　数据科学的相关技能

通常，数据科学的实践需要 3 个一般领域的技能，即商业洞察、计算机技术/编程和统计学/数学。另外，不同的工作对象，其具体技能集合会有所不同。为探索数据科学从业人员应该具有的职业技能，多个研究项目进行了不同的探索，综合得出数据科学从业人员相关的 25 项技能（见表 13-1）。

表 13-1 反映了通常与数据科学从业人员相关的技能集合。在进行针对数据科学从业人员的调查中，调查者要求数据科学从业人员指出他们在 25 项不同数据科学技能上的熟练程度。

表 13-1　数据科学从业人员相关的 25 项技能

技能领域	技能详情
商业	（1）产品设计和开发 （2）项目管理 （3）商业开发 （4）预算 （5）管理和兼容性（如安全性）
技术	（1）管理非结构化数据（如 NoSQL） （2）管理结构化数据（如 SQL、JSON、XML） （3）自然语言处理（NLP）和文本挖掘 （4）机器学习（如决策树、神经网络、支持向量机、聚类） （5）大数据和分布式数据（如 Hadoop、Map Reduce、Spark）

技能领域	技能详情
数学&建模	（1）最优化（如线性优化、整数优化、凸优化、全局优化） （2）数学（如线性代数、实变分析、微积分） （3）图模型（如社会网络） （4）算法（如计算复杂性、计算科学理论）和仿真（例如离散、基于 Agent、连续） （5）贝叶斯统计（如马尔可夫链、蒙特卡罗方法）
编程	（1）系统管理（如 UNIX）和设计 （2）数据库管理（如 MySQL、NoSQL） （3）云管理 （4）后端编程（如 Java/Rails/Objective C） （5）前端编程（如 JavaScript、HTML、CSS）
统计	（1）数据管理（如重编码、去重复项、整合单个数据源、网络抓取） （2）数据挖掘（如 R、Python、SPSS、SAS）和可视化（如图形、地图、基于 Web 的数据可视化） （3）统计学和统计建模（如一般线性模型、时空数据分析、地理信息系统） （4）科学/科学方法（如实验设计、研究设计） （5）沟通（如分享结果、写作/发表、展示、博客）

注：可以使用不知道（0分）、略知（20分）、新手（40分）、熟练（60分）、非常熟练（80分）、专家（100分）来衡量对上述 25 项技能的熟悉程度。

一项基于 620 名数据科学从业人员的研究，针对不同专业人员得到这样一组参考得分：商业经理 = 250 分；开发人员 = 222 分；创意人员 = 221 分；专业研究人员 = 353 分。

13.3.2　重要数据科学技能排序

以拥有重要数据科学技能的数据科学从业人员百分比对表 13-1 中的 25 项技能进行排序。排序结果表明，所有数据科学从业人员中最常见的十大数据科学技能是：

统计——沟通（87%）；

技术——管理结构化数据（75%）；

数学&建模——数学（71%）；

商业——项目管理（71%）；

统计——数据挖掘和可视化（71%）；

统计——科学/科学方法（65%）；

统计——数据管理（65%）；

商业——产品设计和开发（59%）；

统计——统计学和统计建模（59%）；

商业——商业开发（53%）。

许多重要的数据科学技能都属于统计领域：所有的 5 项与统计相关的技能都出现在前 10 项中，包括沟通、数据挖掘和可视化、科学/科学方法，以及统计学和统计建模；另外，与商业相关的 3 项技能出现在前 10 项中，包括项目管理、产品设计和开发、商业开发；而编程相关技能没有出现在前 10 项中。

13.3.3　技能因职业角色而异

我们按不同的职业角色（商业经理、开发人员、创意人员、研究人员）来看看他们的十大数据科学技能。以下分析指出了对于每个职业角色的数据科学从业人员所拥有的每项数据科学技能的出现频率。可以看到，一些重要数据科学技能在不同角色中是通用的，包括沟通、管理结构化数据、数学、项目管理、数据挖掘和可视化、数据管理，以及产品设计和开发。然而，除了这些相似之处还有相当大的差异。

（1）商业经理。那些认为自己是商业经理（尤其是领导者、商务人士和企业家）的数据科学从业人员的十大数据科学技能是：

统计——沟通（91%）；

商业——项目管理（86%）；

商业——商业开发（77%）；

技术——管理结构化数据（74%）；

商业——预算（71%）；

商业——产品设计和开发（70%）；

数学&建模——数学（65%）；

统计——数据管理（64%）；

统计——数据挖掘和可视化（64%）；

商业——管理和兼容性（61%）。

只与商业经理相关的重要数据科学技能毫无疑问是商业领域的。这些技能包括商业开发、预算以及管理和兼容性。

（2）开发人员。那些认为自己是开发人员（尤其是工程师）的数据科学从业人员的十大数据科学技能是：

技术——管理结构化数据（91%）；

统计——沟通（85%）；

统计——数据挖掘和可视化（76%）；

商业——产品设计和开发（75%）；

数学&建模——数学（75%）；

统计——数据管理（75%）；

商业——项目管理（74%）；

编程——数据库管理（73%）；

编程——后端编程（70%）；

编程——系统管理（65%）。

只与开发者相关的技能属于技术领域和编程领域。这些重要的技能包括后端编程、系统管理以及数据库管理。虽然这些数据科学从业人员具备这些技能，但是他们中只有少数人拥有那些在大数据世界中很重要的，更加技术化、更加依赖编程的技能。例如，少于一半人掌握云管理（42%）、大数据和分布式数据（48%）、NLP（Natural Language Processing，自然语言处理）和文本挖掘（42%）。

（3）创意人员。那些认为自己是创意人员（尤其是艺术家）的数据科学从业人员的十大数据科学技能是：

统计——沟通（87%）；

技术——管理结构化数据（79%）；

商业——项目管理（77%）；

统计——数据挖掘和可视化（77%）；

数学&建模——数学（75%）；

商业——产品设计和开发（68%）；

统计——科学/科学方法（68%）；

统计——数据管理（67%）；

统计——统计学和统计建模（63%）；

商业——商业开发（58%）。

这里并没有针对创意人员的重要技能。事实上，他们的重要数据科学技能与研究人员的紧密匹配，10 项中有 8 项一致。

（4）研究人员。那些认为自己是研究人员（尤其是科学家和统计学家）的数据科学从业人员的十大数据科学技能是：

统计——沟通（90%）；

统计——数据挖掘和可视化（81%）；

数学&建模——数学（80%）；

统计——科学/科学方法（78%）；

统计——统计学和统计建模（75%）；

技术——管理结构化数据（73%）；

统计——数据管理（69%）；

商业——项目管理（68%）；

技术——机器学习（58%）；

数学&建模——最优化（56%）。

研究人员的重要数据科学技能主要属于统计领域。另外，只在研究人员上体现的重要数据科学技能是高度定量技能，包括机器学习和最优化。

上述研究所列举的重要数据科学技能取决于你正在考虑成为哪种类型的数据科学从业人员。虽然一些技能看起来在不同类型的数据科学从业人员间通用（尤其是沟通、管理结构化数据、数学、项目管理、数据挖掘和可视化、数据管理，以及产品设计和开发），但是其他数据科学技能对特定领域也有独特之处。开发人员的重要技能包含编程相关的技能，研究人员的重要技能则包含数学相关的技能，当然商业经理的重要技能包含商业相关的技能。

这些结果对数据科学从业人员感兴趣的领域和他们的招聘者及组织都有影响。数据科学从业人员可以使用这些结果来了解不同类型工作需要具备的技能。如果你有较强的统计能力，你可能会寻找一个有较强研究性质的工作。你可以了解技能并找对应的工作。

13.3.4 大数据生态系统关键角色

通常，企业自身再加上政府，还有与数据服务商等其他公司结成的战略联盟等，可以获得业务上所需的数据。

从技术方面来看，硬盘价格下降、NoSQL 数据库等技术的出现，使得与过去相比，大量数据能够以廉价、高效的方式进行存储。此外，像 Hadoop 这样能够在通用性服务器上工作的分布式处理技术的出现，也使得对庞大的非结构化数据进行统计处理的工作比以往更快速且更廉价。

然而，就算所拥有的工具再完美，工具本身是不可能让数据产生价值的。事实上，我们还需要能够运用这些工具的专门人才，他们能够从堆积如山的大量数据中找到"金矿"，并将数据的价值以易懂的形式传达给决策者，最终使其得以在业务上实现。

大数据的出现，催生了新的数据生态系统。为了提供有效的数据服务，它需要 3 种关键角色。表 13-2 介绍了这 3 种角色，以及每种角色具有代表性的专业人员。

表 13-2　　　　　　　　　　新数据生态系统中的 3 个关键角色

角色	描述	专业人员举例
深度分析人才	通过定量学科（例如数学、统计学和机器学习）高等训练的人员：精通技术，具有非常强的分析技能和处理原始数据、非结构化数据的综合能力，熟悉大规模复杂分析技术	数据科学家、统计学家、经济学家、数学家
数据理解专业人员	具有统计学和/或机器学习知识的人员：知道如何定义使用先进分析方法可以解决的关键问题	金融分析师、市场研究分析师、生命科学家、运营经理、业务和职能经理
技术和数据的使用者	提供专业技术用于支持分析型项目的人员：技能包括计算机程序设计和数据库管理	计算机程序员、数据库管理员、计算机系统分析师

【习题】

1.（　　）是指具备数据意识和数据敏感性，能够有效且恰当地获取、分析、处理、利用和展现数据。它是统计素养、媒介素养和信息素养的延伸与扩展。

　　A．数学水平　　　B．统计素质　　　C．程序能力　　　D．数据素养

2. 我们可以从 5 个方面来思考数据素养，即对数据的敏感性，数据的收集能力，（   ）。

　　① 对数据的编程能力　　　　　　　② 数据的分析、处理能力

　　③ 利用数据进行决策的能力　　　　④ 对数据的批判性思维

　　A. ②③④　　　　B. ①③④　　　　C. ①②④　　　　D. ①②③

3. 计算思维是运用（   ）的基础概念进行问题求解、系统设计，以及人类行为理解等涵盖计算机科学之广度的一系列思维活动。

　　A. 算术与微积分　　B. 计算机科学　　　C. 工程科学　　　D. 算法分析

4. 计算思维直面机器智能的不解之谜：什么人比计算机做得好？什么计算机比人做得好？最基本的问题是：什么是（   ）？

　　A. 可裁剪的　　　B. 可处理的　　　　C. 可计算的　　　D. 优化算法

5. 美国计算机协会（ACM）为专业人士行为制定了道德准则，要求软件工程师应该坚持 8 项原则，但其中不包括（   ）。

　　A. 即使与现行规则相左，软件工程师也应该坚持维护雇主的最大利益

　　B. 软件工程师应当始终关注公众的利益，按照与公众的安全、健康和幸福相一致的方式发挥作用

　　C. 软件工程师应当尽可能地确保他们开发的软件对于公众、雇主、客户以及用户是有用的，在质量上是可接受的，在时间上要按期完成且费用合理，同时没有错误

　　D. 软件工程师应当在他们的整个职业生涯中，积极参与有关职业规范的学习，努力提高从事自己的职业所应该具有的能力，以推进职业规范的发展

6. 尽管不可避免，在某些与工程相关的事务上与工程管理人员产生冲突时，软件工程师应该以符合（   ）的方式减少和妥善地处理这些冲突。

　　A. 惯例　　　　　B. 雇主意图　　　C. 经济利益　　　D. 道德

7. 为了减少和妥善地处理冲突，IEEE 制定并批准了《工程师基于道德基础提出异议的指导方针草案》，提出了 9 条指导方针。但是，下列（   ）不在这 9 条中。

　　A. 确立清晰的技术基础：尽量弄清事实，充分理解技术上的不同观点，而且一旦证实对方的观点是正确的，就要毫不犹豫地接受

　　B. 使自己的观点具有较高的职业水准，尽量使其客观和不带有个人感情色彩

　　C. 及早发现问题，尽量向管理高层反应情况，以求及时解决问题

　　D. 利用组织的争端裁决机制解决问题

8. 商务智能和数据科学用于帮助企业应对不断出现的各种商业挑战。商务智能更关注（   ），而数据科学更关注（   ）和对未来的预测。

　　A. 旧数据　新数据　　　　　　　　B. 旧数据　结构数据

　　C. 新数据　非结构数据　　　　　　D. 结构数据　非结构数据

9. 数据科学是统计分析和机器学习技术的结合，用于获取数据中的推断和洞察。以下（　　）不是数据科学的相关方法。

    A. 回归分析　　　　B. 关联规则　　　　C. 网格分析　　　　D. 仿真

10. 数据科学的典型技术不包括（　　）。

    A. 冰点分析　　　　B. 优化模型　　　　C. 预测模型　　　　D. 统计分析

11. 商业智能更关注过去的旧数据，其结果的商业价值相对较低；而数据科学更关注（　　），其结果的商业价值相对更高。

    A. 在对旧数据提炼后综合新数据　　　　B. 对旧数据的深度提炼

    C. 新旧数据的综合　　　　D. 新数据和对未来的预测

12. 数据科学并非简单应用统计学，不仅是现有的传统的基础架构与软件平台，而且是需要新的应用、新的平台和新的（　　）。

    A. 认知观　　　　B. 数据观　　　　C. 哲学观　　　　D. 体验观

13. 通常，数据科学的实践需要 3 个一般领域的技能，（　　）不是其中之一。

    A. 商业洞察　　　　　　　　　　B. 计算机技术/编程

    C. 博弈论和决策论　　　　　　　D. 统计学/数学

14. 在数据科学领域中，开发人员的重要技能包含（　　）相关的技能，研究人员的重要技能则包含（　　）相关的技能，当然商业经理的重要技能包含（　　）相关的技能。

    A. 硬件　电子　管理　　　　　　B. 工程　物理　运筹学

    C. 编程　电子　运筹学　　　　　D. 编程　数学　商业

15. 研究表明，重要数据科学技能取决于你正在考虑成为哪种类型的数据科学从业人员。有一些技能在不同类型的数据科学从业人员间通用，例如（　　）以及管理结构化数据、数据挖掘和可视化、数据管理、产品设计和开发。

    ① 沟通　　　　② 数学　　　　③ 项目管理　　　　④ 商业能力

    A. ①②③　　　　B. ②③④　　　　C. ①②④　　　　D. ①③④

16. 一些数据科学技能对特定领域有独特之处。开发人员的重要技能包含（　　），研究人员的重要技能则包含数学相关的技能，当然商业经理的重要技能包含商业相关的技能。

    A. 绘图相关的技能　　　　　　　B. 逻辑相关的技能

    C. 编程相关的技能　　　　　　　D. 沟通相关的技能

17. 大数据的出现催生了新的数据生态系统。为了提供有效的数据服务，（　　）不是它需要的关键角色。

    A. 深度分析人才　　　　　　　　B. 数据理解专业人员

    C. 网络维护工程师　　　　　　　D. 技术和数据的使用者

18. （　　）是通过定量学科（例如数学、统计学和机器学习）高等训练的人员：精通技术，具有非常强的分析技能和处理原始数据、非结构化数据的综合能力，熟悉大规模复杂分析技术。

    A．深度分析人才   B．数据理解专业人员

    C．网络维护工程师   D．技术和数据的使能者

19.（   ）是具有统计学和/或机器学习知识的人员：知道如何定义使用先进分析方法可以解决的关键问题。

    A．深度分析人才   B．数据理解专业人员

    C．网络维护工程师   D．技术和数据的使能者

20.（   ）是提供专业技术用于支持分析型项目的人员：技能包括计算机程序设计和数据库管理。

    A．深度分析人才   B．数据理解专业人员

    C．网络维护工程师   D．技术和数据的使能者

14 第14章 大数据的未来

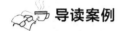 **导读案例**

加快建立与完善数据产权制度

推动数据产权制度的建立与完善,让数据确权更精准、数据流动更通畅,数字经济将获得更广阔的发展空间,迸发更强大的创新活力。

党的二十大报告提出,"加快建设制造强国、质量强国、航天强国、交通强国、网络强国、数字中国。"2021 年,我国数字经济规模达到45.5万亿元,位居全球第二,为经济发展提供了强大动力。习近平总书记在主持中央全面深化改革委员会第二十六次会议时强调:"统筹推进数据产权、流通交易、收益分配、安全治理,加快构建数据基础制度体系。"

数据产权制度体系是支撑数字经济发展壮大的关键。建设数据产权制度,重在做好数据分类分级及数据产权分置,根据其不同特性进行区别化的精准管理,从而保护数据要素市场各参与方的合法权益。具体而言,可以从以下几方面着手。

一是确定数据权利主体,分类分级推进公共数据、企业数据、个人数据确权授权使用。从发展角度看,近 3 年来,我国数据产量每年保持约 30%的增速,厘清各主体的数据权利与义务,有利于优化数据资产管理,促进数据有序流通。从安全角度看,数据分类分级是数据安全的基础。对于关系国家安全或重大公共利益的公共数据,要明确其公有性质,所有权归国家所有,根据数据级别采取不同的保护措施。对于承载个人信息的数据,应划定隐私与一般数据的边界,在保护隐私的同时通过脱敏、加密等技术手段促进一般数据流通。

二是确定数据权利内容。区别于传统要素，数据具有可复制性、非排他性等特点，同一数据上可能承载多方主体的数据权利，这也为法理层面的数据确权带来了很大困难。对此，还需建立数据资源持有权、数据加工使用权、数据产品经营权等分置的产权运行机制。

三是在明确数据权属的基础上，健全数据要素权益保护制度。其中既包括充分保护数据被采集方的合法权益，也包括尊重数据处理者为采集、存储、处理数据所付出的劳动、技术、资本，依法保护其使用数据和获得收益的权利。

数据是数字经济的关键生产要素。明确数据产权归属、建立数据产权制度，是推进数据要素市场化的重要前提。

资料来源：《人民日报》，2022-11-03。

阅读上文，请思考、分析并简单记录。

（1）请通过阅读上文以及网络搜索，简单阐述什么是数据产权。

答：_____

_____

_____

（2）数据产权制度体系是支撑数字经济发展壮大的关键。请简述应该从哪几个方面入手来保护数据要素市场各参与方的合法权益。

答：_____

_____

_____

（3）党的二十大报告提出，"加快建设制造强国、质量强国、航天强国、交通强国、网络强国、数字中国。"请简单阐述你认为"数字中国"的内容、内涵是什么？

答：_____

_____

_____

（4）请简单描述你所知道的上一周发生的国际、国内或者身边的大事。

答：_____

_____

_____

_____

14.1　连接开放数据

曾提出万维网方案、被誉为"WWW 之父"的英国计算机科学家蒂姆·伯纳斯-李爵士说，当初他创建世界上第一个网络浏览器以及服务器的时候，动力源于一种挫折感。那时他跟一班优秀的科学家一起工作，可是不同的人用不同的机器，他们所使用的文件格式也不完全一样。要想在这样的数据之上有所作为，就需要不断地转换格式，唯有如此才能挖掘出数据的无限潜力。蒂姆说，当时他给自己的老板介绍了互联网的构想，可是，老板给他的答复是"想法还很模糊，但是很让人兴奋"。

尽管今日的互联网无限风光，但是蒂姆依然对于不能高效地在网络上获取数据而耿耿于怀。尽管我们都知道网络上有海量的数据，但是我们不懂得怎么去利用。

14.1.1　LOD 运动

2009 年，美国的蒂姆曾经在会议中喊出了"马上给我原始数据！"这句话。蒂姆提出的将数据公开并连接起来以对社会产生巨大价值为目的进行共享的主张，被称为 LOD（Linked Open Data，连接开放数据，如图 14-1 所示）。LOD 倡导将国家及地方政府等公职机构所拥有的统计数据、地理信息数据、生命科学数据等开放出来并相互连接，以为社会整体带来巨大价值为目的进行共享。LOD 与倡导积极公开政府信息及公民参与行政的"政府公开"运动紧密相连，且不断在世界各国中推广开来。

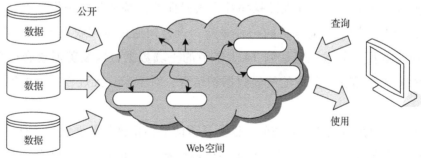

- 利用Web技术将开放数据（Open Data）进行公开和连接（Link）的机制
- 将Web空间作为巨大的数据库，可供查询和使用

图 14-1　LOD 的概念

针对政府机构拒绝公开数据的状况，蒂姆·伯纳斯-李强烈呼吁："请把未经任何加工的原始数据交给我们。我们想要的正是这些数据。希望公开原始数据。"随即，他在演讲中继续谈到："从工作到娱乐，数据存在于我们生活中的各个角落。然而，数据产生地的数量并不重要，重要的是将数据连接起来。通过将数据相互连接，就可以获得在传统网络中所无法获得的力量，这样会产生出巨大的力量。如果你们认为这个构想很不错，那么现在正是开始行动的时候。"

"传统网络中所无法获得的"，意思是说传统的 Web 以人类参与为前提，而通过计算机进行自动化信息处理还相对落后。例如，HTML 所描述的信息，对人类来说是容易理解的，但对于计算机来说，处理起来就比较费力。LOD 的前提是，利用 Web 的现有架构，采用计算机容易处理的机器可读格式的数据来进行信息的共享。蒂姆·伯纳斯-李的设想是，如果任何数据都可以在 Web 上公开，人们便可以使用这些数据实现过去所未曾想象过的壮举。

例如，英国政府官员在官方博客中写到："我们有自行车事故发生地点的原始统计数据。"随后仅仅过了两天，《泰晤士报》就在其在线版"时代在线"上，利用这些原始统计数据和地图数据开发出了相应的服务并公开发布。

蒂姆指出，互联网上的数据都是"地下"的，我们要把它们带到"地上"，让整个世界通过相互连接的数据而变得更有意义。蒂姆的做法是：

（1）以类似于 HTML 的格式来标示数据；

（2）获取有价值的数据；

（3）揭示数据间的关系。

蒂姆说："我们需要获得这样的数据，因为这样有助于催生新的科学发现，相互连接的数据越多，数据的价值也越大。"我们可以让学生去分析相互连接的数据，理解政府运作的新机理。而要治疗癌症、阿尔茨海默病，解决金融危机、气候变暖的问题，我们都需要实现数据共享，而不是关起门来，各搞各的。应当"撕开"社交型网站间的商业屏障，开放政府的数据。

14.1.2 利用开放数据的创业型公司

某气象服务公司的业务是向农民销售综合气候保险。综合气候保险是农民为了预防恶劣气候所造成的农作物减产而购买的一种保险。该公司通过美国农业部公开的过去 60 年的农作物收获量数据，与数据量达到 14 太字节的土壤数据，以及美国政府在美国 100 万个地点安装的多普勒雷达所获取的气候数据相结合，对玉米、大豆、冬小麦的收获量进行预测。

所有这些数据都是可以免费获取的，因此是否能够根据这些数据催生出有魅力的商品和服务才是关键。该公司的两位创始人，其中一位曾负责过分布式计算。此外，该公司 60 名员工中，有 12 名拥有环境科学或应用数据方面的博士学位，该公司聚集了一大批能够用数据来解决现实问题的人才。此外，该公司还自称"世界上屈指可数的 MapReduce 驾驭者"，他们利用云计算服务来处理政府公开的庞大数据。

有用的数据、具备高超技术的人才，再加上能够廉价完成庞大数据处理的计算环境，该公司将这些条件结合起来，对土壤、水体、气温等条件对农作物收成产生的影响进行分析，从而催生出了气候保险这一商品。该公司的 CEO 认为："只要能够长期获取高质量的数据，无论是加拿大还是巴西，在任何地方我们都能够提供服务。"

14.2　大数据资产的崛起

企业自身收集的大量数据称为"大数据资产"，将数据转化为优势的企业将有能力降低成本、提升价格、区分优劣、吸引更多顾客并最终留住更多顾客。这主要包含以下两层意思。

（1）对初创公司来说，现在有大量的机会能够通过创建应用来建立竞争优势，且应用一经创建立即能被使用。

（2）将数据和依靠数据办事的能力作为核心资产的企业（不管是初创公司还是大型公司）会拥有极大的竞争优势。

14.2.1　数据市场的兴起

在国家、地方政府等公职机关不断努力强化开放数据的同时，民间组织为了促进数据的顺利流通，也设立了数据的交易场所——数据市场（见图 14-2）。数据市场是指将人口、环境、金融、零售、天气、体育等的数据集中到一起，使其能够进行交易的机制。换句话说，就是数据的一站式商店。

图 14-2　数据市场

数据市场的基本功能包括收费、认证、数据格式管理、服务管理等，在所涉猎的数据对象、数据丰富程度、收费模式、数据模型、查询语言、数据工具等方面各有不同。

14.2.2　不同的商业模式

各家运营数据市场的公司并没有确立一个明确的商业模式，不过这些公司都设计了各自不同的收益模型，试图建立依靠数据本身来获得收益的商业模式。它们所提供的数据除了从合作伙伴企业征集的数据外，也包括通过网页抓取来收集的数据。

另外，IT 大企业不期望通过数据使用费本身来获得收益。由于运营数据市场的公司和 IT 大企业都是在各自运营的云计算平台上提供数据的，因此在云端工作的应用程序可以很容易地集成数据市场中的数据，从而提升应用价值，并通过收取云计算平台的使用费来获得收益。它们所提供的数据是由合作伙伴企业提供的。

从数据市场的性质角度看，其数据量必然随着时间的推移而不断增长。因此，作为支撑的基础架构必须拥有足够的可扩展性。当数据调用集中时，需要足够承受大量访问的能力。微软公司和亚马逊公司通过运用云计算来平稳运营数据市场，展现了自身云计算平台的坚固性。

未来的发展趋势，应该是将连接开放数据与数据市场的思路进行融合，从而确保数据市场之间的兼容性。

14.2.3　将原创数据变为增值数据

无论是与其他公司结成联盟还是利用数据服务商，如果自己的公司拥有原创数据，接下来就可以通过与其他公司的数据进行整合来催生出新的附加价值，从而将数据升华成为增值数据。这样能够产生相乘的放大效果，这也是大数据运用的真正价值之一。

选择哪家公司的数据与自己公司的原创数据整合，这需要想象力。在自己公司内部认为已经没什么用的数据，对于其他公司来说很可能就是求之不得的宝贝。例如，体育公司提供了一款面向智能手机的慢跑应用，它通过使用北斗导航系统在地图上记录跑步的路线，然后将这些数据匿名化并进行统计，就可以找出跑步者最喜欢的路线。在体育用品店看来，这样的数据对门店选址是非常有用的。此外，在考虑具备淋浴、储物柜功能的收费休息区以及自动售货机的设置地点、售货品种时，这样的数据也是非常有用的。

对于拥有原创数据的企业和数据服务商来说，不应该将目光局限在自己的行业中，而应该以更加开阔的视野来制定数据运用的战略。

14.2.4　大数据催生新的应用程序

我们已经见证了一系列大数据新应用程序的诞生，而这仅仅是冰山一角。现在，很多应用程序都聚集在业务问题上，但是将来会出现更多打破整个大环境和产业现状的应用程序。以加利福尼亚州圣克鲁斯警局为例，他们通过分析历史犯罪记录，预测犯罪即将发生的地方，然后，他们派警员到有可能发生犯罪的地方。事实证明，这有利于降低犯罪率。也就是说，只要在一天中适当的时间或者一周中适当的一天（这取决于历史数据分析的结果），将警员安插在适当的地方，就能减少犯罪。一家数据公司为警方提供协助——该公司通过分析、处理犯罪记录这种类型的大数据，以使其能在特定用途上发挥效用。

大数据催生出一系列新应用程序，这也意味着大数据不只为大公司所用，大数据将影响各种规模的公司，同时还会影响到我们的个人生活——从如何生活、如何相爱到如何学习。大数据再也不是有着大量数据分析师和数据工程师的大型企业的"专利"。

分析大数据的基础架构已经具备（至少对企业来说），这些基础架构中的大部分组件都能在"云"中找到。最初实施大数据的基础架构是很容易的。有大量的公共数据可以利用，如此一来，企业家将会创建大量的大数据应用程序。企业家和投资者所面临的挑战就是找到有意义的数据组合，包括公开的和私人的数据，然后将其在具体的应用中结合起来——这些应用将在未来几年内为很多人带来真正的好处。

14.2.5　在大数据"空白"中提取最大价值

大数据为创业和投资开辟了一些新的领域。你不需要是统计学家、工程师或者数据分析师，就可以轻松获取数据，然后凭借分析和洞察力开发可行的产品。这是一个充满机遇的技术领域。就像脸书让照片分享变得更容易一样，新产品不仅能使分析变得更简单，还能将分析结果与人分享，并使用户从这种协作中学到一些东西。

将众多内部数据聚合到一个地方，或者将公共数据和个人数据相结合，也能开辟出产品开发和投资的新机遇。新数据组合能带来更优的信用评级、更好的城市规划，公司将有能力比竞争对手更快速、敏捷地发现市场变化并做出反应。虽然如今网上有大量数据——从学校的成绩指标、天气信息到人口普查数据，数据应有尽有，但是这些数据的原始数据依然很难获取。

收集数据、将数据标准化，并且要以一种使人能轻易获取信息的方式呈现数据可不容易。数据服务的范围已经到了不得不细分的时刻，因为处理这些数据太难了。新数据服务也会因为我们生成的新数据而涌现。因为智能手机配备有全球定位系统、动力感应和内置联网功能，它们就成为生成低成本的具体位置数据的完美选择。研发者也已经开始创建应用程序来检测路面异常情况，比方说基于震动来检测路面坑洞。

要从这样的"空白"机遇里提炼出最大的价值，不仅需要金融市场理解大数据业务，还需要其订阅大数据业务。在大数据、云计算、移动应用以及社会等因素的影响下，不难想象，信息技术在未来 20 年的发展一定会更精彩。

14.3　大数据发展趋势

大数据是继云计算、移动互联网之后信息技术领域的又一大热门话题。根据预测，数据将继续以每年 40%的速度持续增加，而大数据所带来的市场规模也将以每年翻一番的速度增长。有关大数据的话题也逐渐从讨论大数据相关的概念，转移到研究从业务和应用出发如何让大数据真正实现其所蕴含的价值。大数据无疑给众多的 IT 企业带来了新的成长机会，同时也带来了前所未有的挑战。

大数据发展趋势

14.3.1　信息领域的突破性发展

随着数据量的持续增大，学术界和工业界都在关注着大数据的发展，探索新的大数据技术、开发新的工具和服务，努力将"信息过载"转换成"信息优势"。大数据将跟移动计算和云计算一起成为信息领域企业所"必须有"的竞争力。如何应对大数据所带来的挑战，如何抓住机会真正实现大数据的价值，将是未来信息领域持续关注的课题，并同时会带来信息领域的突破性发展。

（1）物联网。物联网是指把所有物品通过信息传感设备与互联网连接起来，进行信息交换，即物物相息，以实现智能化识别和管理。物联网是新一代信息技术的重要组成部分，也是信息化时代的重要产物。物联网的核心和基础仍然是互联网，它是在互联网的基础上延伸和扩展的网络。其用户端延伸和扩展到了任何物品，进行信息交换和通信，也就是物物相息。

（2）智慧城市。智慧城市是指运用信息和通信技术手段感测、分析、整合城市运行核心系统的各项关键信息，对包括民生、环保、公共安全、城市服务、工商业活动在内的各种需求做出智能响应。智慧城市的实质是利用先进的信息技术，实现城市智慧式管理和运行，进而为城市中的人创造更美好的生活，促进城市的和谐、可持续发展。这个趋势的成败取决于数据是否足够，这有赖于政府部门与民营企业的合作。此外，其中的5G网络是全世界通用的规格，因此，如果产品被一个智慧城市采用，它将可以应用在全世界的智慧城市。

（3）虚拟现实（Virtual Reality，VR）、增强现实（Augment Reality，AR）与混合现实（Mixed Reality，MR）。虚拟现实技术是一种创建和体验虚拟世界的计算机仿真系统，它利用计算机生成一种模拟环境；增强现实技术是一种多源信息融合的、交互式的三维动态视景和实体行为的仿真系统，使用户沉浸到该环境中。混合现实技术是虚拟现实技术的进一步发展（见图14-3），该技术通过在现实场景呈现虚拟场景信息，在现实世界、虚拟世界和用户之间搭起一个交互反馈的信息回路，以增强用户体验的真实感。混合现实技术是一个技术组合，不仅能提供新的观看方法，还能提供新的输入方法，而且所有方法相互结合，从而推动创新。类似混合现实的输入和输出的结合方式对小、中型企业而言是关键的差异化优势。这样，混合现实技术就可以直接影响工作流程，帮助企业提高工作效率和创新能力。

图14-3　混合现实

（4）区块链技术。区块链是分布式数据存储、点对点传输、共识机制、加密算法等计算机技术的新型应用模式。共识机制是区块链系统中实现不同节点之间建立信任、获取权益的数学算法。区块链技术是指一种全民参与记账的方式。所有的系统背后都有一个数据库，你可以把数据库看成一个大账本，区块链有很多不同的应用。

（5）语音识别技术。语音识别技术所涉及的领域包括信号处理、模式识别、概率论和信息论、发声机理和听觉机理、人工智能等。人们预计，语音识别技术将进入工业、家电、通信、汽车电子产品、医疗、家庭服务、消费电子产品等各个领域，是信息技术领域重要的科学技术之一。

（6）人工智能。人工智能是研究、开发用于模拟、延伸和扩展人的智能的理论、方法、技术及应用系统的一门技术科学。人工智能需要汇入很多信息才能进化，进而产生一些令人意想不到的结果。它对经济发展会产生剧烈影响。

（7）数字汇流。在不同的使用情境之下，人们会需要不一样的数字装置——仅屏幕大小就有好多种选项，音响、摄影机等都需要不同的配套产品。所有的装置会使用同一个远端资料库，让人们的数字生活可以完全同步，随时、无缝地切换使用情境。除了设备的汇流，人们更应关心的是数字汇流，这是网络商业模式的汇流，或者更明确地说，它是"内容"与"电商"的汇流。

14.3.2　未来发展趋势的专家预测

专家对大数据发展趋势的一些预测是值得企业关注的。很多人都认为大数据是一种流行技术，很多新兴技术正在迅速发展。

（1）更加关注数据治理。随着企业不断收集大量数据，滥用这些数据的风险也随之增加。这一点就是许多专家期望重新强调数据治理的原因。数据治理将回到最前沿，"随着分析和诊断平台的扩展，来自数据的衍生事实将在业务中更加无缝地共享，因为数据治理工具将有助于确保数据的机密性、完整性和被正确使用。"

（2）增强分析将加速制定决策。咨询公司高德纳的分析师认为，增强分析会影响大数据的未来发展趋势。它涉及将人工智能、机器学习和自然语言处理等技术应用于大数据平台，这有助于企业更快地做出决策，并更有效地识别趋势。这种趋势确实是使分析民主化……这实际上是在短时间内采用更少的技能获得洞察力。

（3）大数据将补充而不是取代研究人员的工作。如今许多大数据平台是如此先进，以至于人们开始期待不久之后大数据平台可以取代人类进行工作，这是可以理解的。但是，有专家认为，这一结果不太可能实现，尤其是在使用大数据协助市场研究等应用领域。数据科学有助于识别相关性。因此，数据科学家可以提供以前不曾知道的模式、网络、依赖性。但是，要使数据科学真正增加附加值，研究人员需要了解数据的场景，并解释数据。市场研究实际上是在理解人类的行为和动机，数据科学无法独立渗透。例如，某研究企业在其全球团队中拥有1 000多名数据科学家，但还雇用了其他专业人员，包括民族学专家和行为科学家。

（4）云计算将塑造客户体验。当人们权衡大数据趋势时，云计算成为一个主要的讨论话题。知情人士希望从中了解一些当前情况以及当用户将大数据与云计算结合在一起时可能会发生的情况。大数据分析的未来趋势之一是使用信息来增强客户体验。拥有"云优先"的心态将会有所帮助，越来越多的品牌互动是通过数字服务进行的，因此，企业必须找到改进、更新的方法，并以前所未有的速度提供新产品和服务。那么云计算技术如何融入其中？有专家预测："考虑到速度，企业将采用现代的云原生模式，该模式通过使用最新方法开发和管理的现代微服务架构来促进容器化部署。"

（5）公有云和私有云（见图14-4）的共存性不断提高。如今，许多企业已经考虑或正在使用云计算技术，企业认识到可以同时选择公有云和私有云，而不是只能选择其中之一。公有云和私有云可以共存的想法将成为现实。在混合云架构的支持下，多云IT战略将在确保企业具有更好的数据管理能力和可见性的同时，确保其数据保持可访问性和安全性。人们期待私有云在未来不仅存在于数据中心，还将出现在边缘。随着5G和边缘部署的继续推出，混合云将出现在边缘，以确保实时监控和管理数据。这意味着企业将期望更多的云计算服务提供商确保它们能够在所有环境中满足其混合云需求。

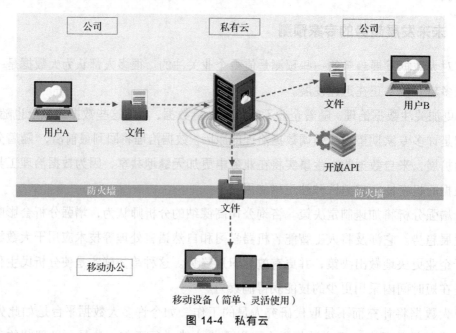

图 14-4　私有云

（6）云计算技术将使大数据更易于访问。云计算的主要优点之一是，它使人们可以从任何地方访问应用程序。在这个时代，大多数员工都知道如何使用自助式大数据应用程序。大数据分析可能会在企业中应用得更加广泛。企业IT团队经理和IT人员都被认为具有胜任大数据工作的能力，就像当今大多数员工都被认为了解电子表格和演示文稿一样。大量数据的分析将成为几乎每个业务决策的前提，就像现在的成本和收益分析一样。但这并不意味着每个人都必须成为数据科学家。自助服务工具将使大数据分析更容易实现。管理者将使用简化的、类似电子表格的界面来利用云计算，并在任何设备进行高级分析。

大数据是时代发展中一个必然的产物，而且大数据正在加速渗透到我们的日常生活中，在衣食住行各个层面均有体现。大数据时代，一切可量化、可分析。大数据未来的发展趋势，一定以多种技术为依托且相互结合，这样才能释放大数据的"洪荒之力"。

14.4　大数据技术展望

大数据技术展望

如今，人们寻求获得更多的数据有着充分的理由，因为数据分析推动了数字创新。然而，将这些庞大的数据转化为可操作的洞察力仍然是一个难题。而那些获得应对强大数据挑战的解决方案的组织将能够更好地从数字创新的成果中获得经济利益。

14.4.1　数据管理仍然很难

大数据分析有着相当明确的重要思想：找到隐藏在大量数据中的信息模式，训练机器学习模型以发现这些模式，并将这些模式实施到生产中以进行自动操作。

然而，将数据投入生产要比看上去困难得多。收集来自不同信息"孤岛"的数据需要提取、转换和加载（ETL）以及数据库技能。清理和标记机器学习训练的数据也需要耗费大量的时间和费用，特别是在使用深度学习技术时。此外，强调安全、可靠的数据处理方式还需要更多技能。

有些人将数据称为"新石油"，它也被称为"新货币"。无论怎样比喻，大家都认为数据具有价值，并且如果对其不重视将会带来更大的风险。

欧盟通过颁布 GDPR 阐明了数据管理不善的财务后果。美国公司也必须遵守由美国及其各州等创建的约 80 个不同的数据管理法规。

数据泄露正在引发问题。大多数组织已经意识到无序发展的大数据时代即将结束，社会对数据滥用或隐私泄露行为不再容忍。出于这些原因，数据管理仍然是一个巨大的挑战，数据工程师将继续是大数据团队中最受欢迎的角色之一。

14.4.2　"数据孤岛"继续激增

在最初 Hadoop 的开发热潮中，人们认为可以将所有数据（包括分析数据和事务工作负载）整合到一个平台上。但由于各种原因，这个想法从未真正实现过。其面临的最大挑战是不同类型的数据具有不同的存储要求，关系数据库、图形数据库、时间序列数据库、HDF（用于存储和分发科学数据的一种自我描述、多对象文件格式）和对象存储都有各自的优缺点。如果开发人员将所有数据塞进一个适合所有数据的"数据湖"中，他们就无法最大限度地发挥其优势。

在某些情况下，将大量数据集中到一个地方确实有意义。例如，云数据存储库为企业提供了灵活且经济、高效的存储方式，而 Hadoop 仍然是非结构化数据存储和分析的经济、高效的存储方式。但对于大多数公司而言，除了集中存储，分散的"数据孤岛"将会继续激增。

14.4.3　流媒体分析的突破

组织处理新数据越快，业务发展就越好。这是实时分析或流式分析的推动力。但组织一直面临的挑战是要真正做到这一点非常困难，而且成本也很高，但随着组织的分析团队的成熟和技术的进步，这种情况正在发生变化。NewSQL 数据库、内存数据网格和专用流分析平台围绕通用功能进行融合，这时需要对输入数据进行超快处理，通常使用机器学习模型来进行自动化决策。将流媒体分析与 Spark 等开源流式框架中的 SQL 功能相结合，组织就可以获得更大的进步。

14.4.4　技术发展带来技能转变

大数据项目通常需要在人力资源方面投入最大成本，因为工作人员最终构建和运行大数据项目，并使其发挥作用。无论使用何种技术，找到具有合适技能的人员对于将数据转化为洞察力至关重要。

未来，人们会看到企业对于神经网络专业人才的巨大需求。在数据科学家（而不是人工智能专家）拥有的技能中，Python 仍然在编程语言中占主导地位，尽管对 R、MATLAB、Scala、Java 和 C 等语言还有很多工作要做。

随着数据治理计划的启动，对数据管理人员的需求将会增加。能够使用核心工具（数据库、Spark、Airflow 等）的数据工程师将继续看到他们的机会增加。此外，人们还可以看到企业对机器学习工程师的需求剧增。

然而，随着自动化数据科学平台的进步和发展，组织的一些工作可以通过数据分析师或"公民数据科学家"来完成，这是因为众所周知，数据和业务相关的知识及技能可能会让组织在大数据道路上走得更远，而不是统计和编程相关的知识及技能。

机器学习的蓬勃发展将在大数据中发挥巨大作用，这是由不同类型数据的可用性和相关领域的技术进步推动的。机器学习日趋复杂，如今，除了自动驾驶汽车、欺诈设备检测或零售趋势分析之外，还远没有发挥它的全部潜力。伯纳德·马尔则说："让我着迷的是将大数据与机器学习，尤其是自然语言处理相结合，计算机自行进行分析以发现新的疾病类型，然后在数据中找到它们的存在。"

14.4.5　"快速数据"和"可操作数据"

一些专家认为，大数据已经过时，"快速数据"将很快取代它。与大数据（通常依靠 Hadoop 和 NoSQL 数据库以批处理模式分析数据）不同，快速数据允许实时流处理数据。流处理可以在 1 毫秒内迅速分析和预测任何事件。这无疑更有价值，更加便于在数据到达时立即做出业务决策并采取行动。

"可操作数据"是大数据与商业价值之间缺失的一环。正如前面所提到的，没有分析，数量庞大且结构繁复的大数据本身毫无价值。有专家说，99.5%的数据从未被分析过，因此未能提供有价值的见解。然而，通过分析平台分析特定数据，机构可以使信息准确化和标准化，从而使得见解有助于机构做出更明智的商业决策，并改善自身的运营。

14.4.6　预测分析将数据转换为预测

2010 年《科学》杂志上刊登的一篇文章指出，虽然人们的出行模式有很大不同，但大多数是可以预测的。这意味着我们能够根据个体之前的行为预测未来的行为。事实上，93%的人类行为可预测。

大数据技术的战略意义并不在于掌握庞大数据，而在于对有意义的数据进行专业化处理。换言之，如果把大数据比作一种产业，那么这种产业实现盈利的关键是提高对数据的"加工能力"，通过"加工"实现数据的"增值"，而预测则是大数据最大的用途之一。

大数据预测分析是一种假设性的数据分析，旨在基于历史数据和分析技术，如机器学习和统计建模，对未来的结果进行预测。在先进的预测分析工具和模型的帮助下，任何机构现在都可以使用过去和当前的数据来预测未来几毫秒、几天或几年的趋势和行为。

作为一门学科，预测分析已存在了几十年，随着由人员和传感器采集的数据的增加以及经济高效的处理能力的增长，预测分析的重要性也在不断增长。

例如，20 世纪 90 年代中期，一位名叫丹·斯坦伯格的商业科学家帮助大通银行预测数百万份按揭贷款的风险。大通银行采纳了斯坦伯格的由数据驱动的预测分析技术，借助斯坦伯格研发的系统来评估、处理大量的银行按揭贷款。这一技术除了用于定向给用户发送建议贷款的邮件之外，更是精确预测了按揭贷款申请人的未来还款行为，由此极大降低了放贷风险并增加了盈利。不难看出，大通银行使用了预测分析这一技术来探索未来，并在此过程中定义合理的业务决策和流程。

又如，通过分析 70 个你在微信中点赞过的内容，分析公司对你的了解程度将超过你的朋友；分析 150 个点赞过的内容，它对你的了解将超过你的父母；分析 300 个点赞过的内容，它将比你的配偶更了解你。可以肯定的是，大数据影响的绝不仅仅是技术。任何数字技术都不仅仅改变了社会，改变了行业，还影响了人与人、人与物之间的连接。也许我们对大数据的感受之所以真切，是因为在某个意义上来看"人类本身也是数据"。

【习题】

1. 被誉为"万维网之父"的计算机科学家蒂姆·伯纳斯-李爵士说，当初他创建世界上第一个网络浏览器以及服务器的时候，动力源于一种（　　　）。

　　A. 挫折感　　　　B. 荣誉感　　　　C. 冲动　　　　D. 爆发力

2. 在科技娱乐设计大会上，蒂姆面对听众喊出了"马上给我（　　）数据！"，提出将数据公开并连接以对社会产生巨大价值为目的进行共享的主张。

  A. 关键   B. 综合   C. 精确   D. 原始

3. 蒂姆指出，"数据存在于我们生活中的各个角落。然而，数据产生地的数量并不重要，重要的是将数据（　　）起来。通过将数据相互连接，就可以获得在传统网络中所无法获得的力量。"

  A. 聚集   B. 约束   C. 连接   D. 膨胀

4. 蒂姆指出，要让整个世界通过相互连接的数据而变得更有意义。他的做法是（　　）。

  ① 以类似于 HTML 的格式来标示数据 ② 获取有价值的数据

  ③ 优化算法，提高数据准确性 ④ 揭示数据间的关系

  A. ①③④   B. ①②④   C. ①②③   D. ②③④

5. 促进人们公开所拥有的数据并将它们连接起来，从而对社会整体产生巨大价值的（　　），已经对政府公开产生影响。

  A. LOD   B. 云存储   C. 精准连接 D. 连接复制

6. 某气象服务公司将（　　）等条件结合起来，对土壤、水体、气温等条件对农作物收成产生的影响进行分析，从而催生出了向农民销售的综合气候保险商品。

  ① 有用的数据   ② 充足的资金

  ③ 具备高超技术的人才   ④ 能够廉价完成庞大数据处理的计算环境

  A. ①②④   B. ②③④   C. ①②③   D. ①③④

7. 企业自身收集的大量数据称为"（　　）"，将数据转化为优势的企业将有能力降低成本、提升价格、区分优劣、吸引更多顾客并最终留住更多顾客。

  A. 计算资源 B. 大数据资产 C. 信息数据库 D. 数据资源库

8. 在国家、地方政府等公职机关不断努力强化开放数据的同时，（　　）为了促进数据的顺利流通，也设立了数据的交易场所——数据市场。

  A. 监管场所 B. 金融机构 C. 民间组织 D. 政府机构

9. （　　）是指将人口、环境、金融、零售、天气、体育等的数据集中到一起，使其能够进行交易的机制。换句话说，就是数据的一站式商店。

  A. 监管机构 B. 数据市场 C. 数据仓库 D. 交易机构

10. 各家运营数据市场的公司并没有确立一个明确的（　　），不过这些公司都设计了各自不同的（　　）。

  A. 商业模式 收益模型   B. 收益模型 商业模式

  C. 商业模型 收益模式   D. 收益模式 商业模型

11. 无论如何，如果自己的公司拥有（　　），就可以与其他数据进行整合来催生出新的附加价值，从而产生相乘的放大效果，这也是大数据运用的真正价值之一。

  A. 原型数据 B. 数据仓库 C. 原创数据 D. 增值数据

12. 对于拥有原创数据的企业和数据服务商来说，（　　　）将目光局限在自己的行业中，而应该以更加开阔的视野来制定数据运用的战略。

    A. 或许　　　　　　B. 不应该　　　　　　C. 应该　　　　　　D. 需要

13. 随着数据量的持续增大，学术界和工业界都在关注着大数据的发展，探索新的大数据技术、开发新的工具和服务，努力实现"（　　　）"。

    A. 数据挖掘　　　　B. 数据仓库　　　　C. 信息过载　　　　D. 信息优势

14. 作为大数据发展的趋势之一，（　　　）是指把所有物品通过信息传感设备与互联网连接起来，进行信息交换，即物物相息，以实现智能化识别和管理。

    A. 物联网　　　　　B. 区块链　　　　　C. 智慧城市　　　　D. VR 与 AR

15. 作为大数据发展的趋势之一，（　　　）是指运用信息和通信技术手段感测、分析、整合城市运行核心系统的各项关键信息，对包括民生、环保、公共安全、城市服务、工商业活动在内的各种需求做出智能响应。

    A. 物联网　　　　　B. 区块链　　　　　C. 智慧城市　　　　D. VR 与 AR

16. 作为大数据发展的趋势之一，（　　　）分别是一种创建和体验虚拟世界的计算机仿真系统，一种多源信息融合的、交互式的三维动态视景和实体行为的仿真系统，使用户沉浸到该环境中。

    A. 物联网　　　　　B. 区块链　　　　　C. 智慧城市　　　　D. VR 与 AR

17. 作为大数据发展的趋势之一，（　　　）是分布式数据存储、点对点传输、共识机制、加密算法等计算机技术的新型应用模式。

    A. 物联网　　　　　B. 区块链　　　　　C. 智慧城市　　　　D. VR 与 AR

18. 作为大数据发展的趋势之一，（　　　）技术将进入工业、家电、通信、汽车电子产品、医疗、家庭服务、消费电子产品等各个领域。很多专家都认为它是信息技术领域重要的科学技术之一。

    A. 语音识别　　　　B. 人工智能　　　　C. 虚拟现实　　　　D. 增强现实

19. 作为大数据发展的趋势之一，（　　　）需要汇入很多信息才能进化，进而产生一些令人意想不到的结果。它对经济发展会产生剧烈影响。

    A. 语音识别　　　　B. 人工智能　　　　C. 虚拟现实　　　　D. 数字汇流

20. 作为大数据发展的趋势之一，（　　　）是指在不同的使用情境之下，人们会需要不一样的数字装置，需要不同的配套产品。所有的装置会使用同一个远端资料库，让人们的数字生活可以完全同步，随时、无缝地切换使用情境。

    A. 语音识别　　　　B. 人工智能　　　　C. 虚拟现实　　　　D. 数字汇流

FL 附录 课程教学进度表

（20 —20 学年第 　学期）

课程号：＿＿＿＿＿＿　课程名称：＿＿＿＿＿＿＿＿＿＿　学分： 2 　周学时： 2

总学时：＿＿32＿＿（实践学时：＿＿＿＿＿）　主讲教师：＿＿＿＿＿＿＿＿

序号	校历周次	章名称与内容	学时	教学方法	课后作业布置
1	1、2	第1章　走进数字文明	4		作业
2	3	第2章　数字化转型与数字经济	2		作业
3	4	第3章　大数据思维变革	2		作业
4	5	第4章　大数据商业规则	2		作业
5	6	第5章　大数据促进医疗与健康	2		作业
6	7	第6章　大数据与城市大脑	2		作业
7	8	第7章　大数据可视化	2	课前导读案例+课堂教学	作业
8	9	第8章　大数据预测分析	2		作业
9	10、11	第9章　大数据处理与存储	4		作业
10	12	第10章　大数据与云计算	2		作业
11	13	第11章　大数据与人工智能	2		作业
12	14	第12章　大数据安全与法律	2		作业
13	15	第13章　数据科学与职业技能	2		作业
14	16	第14章　大数据的未来	2		作业

填表人（签字）：　　　　　　　　　　　　　　　　日期：

系（教研室）主任（签字）：　　　　　　　　　　　日期：